电子材料分析技术

陈智栋　王文昌　主编

中国石化出版社
·北京·

内 容 提 要

本书系统全面地阐述了电子材料分析技术及其应用,是该领域一部较为专业的著作。书中讲解了仪器设备的基本原理、重要组成部分和关键技术参数;以特定电子材料为对象介绍了样品制备、分析方法和分析步骤;通过组织形貌、物相、成分和价键以及可靠性分析等章节系统全面地介绍了电子材料分析技术的应用。

本书为一部现代材料分析方法与技术指南,通过理论阐述和丰富翔实的案例剖析,给从事电子材料研究、开发、生产及质量检测等相关领域专业人士,以及高校师生和科研工作者提供参考依据。

图书在版编目(CIP)数据

电子材料分析技术/陈智栋,王文昌主编.—北京:
中国石化出版社,2025.2. — ISBN 978-7-5114-7874-0

Ⅰ. TN04

中国国家版本馆 CIP 数据核字第 2025M0S697 号

中国石化出版社出版发行

地址:北京市东城区安定门外大街 58 号
邮编:100011 电话:(010)57512500
发行部电话:(010)57512575
http://www.sinopec-press.com
E-mail:press@sinopec.com
河北宝昌佳彩印刷有限公司印刷
全国各地新华书店经销
*
787 毫米×1092 毫米 16 开本 14.5 印张 318 千字
2025 年 2 月第 1 版 2025 年 2 月第 1 次印刷
定价:78.00 元

前言

   电子材料作为材料科学的一个重要分支，在推动现代科学技术蓬勃发展以及电子工业持续进步方面，发挥着极为重要的作用。自20世纪以来，电子材料的领域不断涌现出各类新型材料，这些新材料的诞生不仅有力推动了与之相关的各个领域在技术层面实现了显著进步，同时也为材料分析技术带来了全新的挑战与更高的要求。

   在当今时代，随着材料科学的不断发展和进步，电子材料分析技术已然成为揭示材料内在本质、探索全新材料以及优化材料性能的核心关键手段，其在材料研究领域的重要地位日益凸显，已成为不可或缺的重要组成部分。掌握分析仪器的原理、结构以及分析方法，无疑是透彻理解电子材料的性质、实现精准解析的重中之重。因此，为契合现代电子材料日新月异的发展态势，有关电子材料分析的教材、技术指南、作业指导书也应与时俱进，紧密贴合当下电子材料分析的实际需求。

   本书旨在全面系统地介绍电子材料分析技术，第1章组织形貌分析介绍了常见的显微分析设备、基本原理、样品制备以及应用场景，揭示了电子材料的晶粒尺寸、形状、取向、界面结构以及微观缺陷等关键信息；第2章晶体的物相分析主要介绍了X射线衍射的基本原理，利用X射线衍射确定电子材料中的物相组成、晶体结构、相变过程及织构特征；第3章成分和价键(电子)结构分析介绍了X光谱和电子能谱等分析技术，探讨这些技术在元素成分分析、价态鉴定及化学键结构表征中的应用；第4章分子结构分析介绍了紫外-可见吸收光谱、红外光谱、拉曼光谱、分子发光光谱、核磁共振波谱等分子结构分析技术，通过这些技术可以更深入理解电子材料的分子构象和排列方式；第5章电化学分析为电子材料在能源、催化以及传感等领域的应用提供了科学依据；第6章材料的物理性能分析是电子材料在实际应用中最直观的体现，通过物理性能分析可以直观地了解电子材料的热学性能、电学性能和磁学性能；第7章可靠性分析试验为电子材料在实际应用中的稳定性提供了重要的保障；第8章分析样品的制备确保了分析结果的准确性和可靠性，为后续的测试奠定了基础。

　本书是编者结合多年的电子材料分析的实践经验和教学、科研工作总结以及其他院校的相关教材和文献资料编写而成，可作为电子、材料、化学、化工、物理、能源、机械等多学科的师生和科研人员的参考书，助力他们系统掌握电子材料分析的基本原理、仪器结构、样品制备及实际应用，为学生独立展开科研工作奠定坚实的基础。

　本书第1章至第4章和第7章由王文昌编写，第5、6、8章由陈智栋编写，全书由陈智栋、王文昌统稿。在编写过程中引用了文献、资料中的部分内容、图表和数据，在此向他们表示衷心的谢意！阔智电子材料科技的光崎尚利先生和谢佩云女士在本书的编写过程中给予了许多指导与帮助，常州大学的吴其虎、智佳佳、明智耀、方田、姚龙梅等同学为本书的录入、绘图等工作付出了辛勤的汗水，在此一并表示感谢。

　由于编者水平有限，加之时间仓促，书中难免存在不足之处，敬请各位专家和广大读者批评指正。

目录

Contents

第1章　组织形貌分析

1.1　组织形貌分析概述

微观结构的观察和分析对于理解材料的本质至关重要。一部探索微观世界的历史，是建立在不断发展的显微技术之上的，从光学显微镜到电子显微镜，再到扫描探针显微镜，人们观测显微组织的能力不断提高，现在已经可以直接观测到原子的图像。

光在通过显微镜时要发生衍射，所以物体上的一个点在成像时，不会是一个点，而是一个衍射光斑。如果两个衍射光斑靠得太近，它们将无法区分。所以对于使用可见光作为光源的显微镜，它的分辨率极限是 0.2μm。分辨率与照明光源的波长直接相关，若要提高显微镜的分辨本领，关键是要有短波长的照明源。沿着电磁波谱短波长方向，紫外线的波长比可见光的短，可供照明使用的紫外线限于波长 200～390nm 的范围。这样，用紫外线作照明光源，用石英玻璃透镜聚焦成像的紫外显微镜分辨本领可达 100nm，比可见光作光源的显微镜提高了 1 倍。X 射线和 γ 射线的波长更短，但是由于它们直线传播且具有极强的穿透能力，不能直接被聚焦，不适用于显微镜的照明光源。为此，必须寻找一种既要波长短，又能使之聚焦成像的新型照明光源，才有可能突破光学显微镜的分辨本领。

电子具有波动性使人们想到可以用电子作为显微镜的光源。扫描电子显微镜是将电子枪发射出来的电子聚焦成很细的电子束，用此电子束在样品表面进行扫描，电子束激发样品表面发射二次电子，二次电子被收集并转换成电信号，在荧光屏上同步扫描成像。由于样品表面形貌各异，发射的二次电子强度不同，对应在屏幕上亮度不同，得到表面形貌像。目前扫描电子显微镜的分辨率已经达到了 1nm，以蔡司 SUPRA-55 为例分辨率是 0.8nm@15kV。扫描电镜与 X 射线能谱配合使用，使得在分析表面形貌的同时，还能分析样品的元素成分及在相应视野内的元素分布。因此，扫描电镜不仅仅是光学显微镜的简单延伸，而是一种能够同时实现形貌和成分分析的仪器。在研究物质微观结构及性能方面，它已经成为必要的分析手段。在各类分析手段中，它使用率最高，是研究物质表面结构最有效的工具，不但可以用来检查金属或非金属的断口、磨损面、涂覆面、切削表面、抛光及蚀刻表面以及粉末和复合材料的形貌等，而且可对物体表面成分迅速作定性与定量上的分析。同时，也广泛地应用于磁头、印刷、电路板、半导体元件、材料等研究、生产制造与分析检验中。

用电子代替可见光，已经是一个伟大的进步，但是创新永无止境。1983 年又诞生了扫描隧道显微镜(STM)。它依靠所谓的"隧道效应"工作。扫描隧道显微镜没有镜头，它使用一根探针，探针和物体之间加上电压，如果探针距离物体表面很近，大约在纳米级的距离

1

上，隧道效应就会起作用。电子会穿过物体与探针之间的空隙，形成一股微弱的电流。如果探针与物体的距离发生变化，这股电流也会相应地改变。这样，通过测量电流可以探测物体表面的形状，分辨率可以达到原子的级别。今天，这项技术已经被推广到许多方面，改变微探针的性能，可以测量样品表面的导电性、导磁性等，现在已经成为庞大的扫描探针显微镜(SPM)家族。建立在 SPM 技术之上的纳米加工工艺研究、纳米结构理化性能表征、材料和器件纳米尺度形貌分析、高密度储存技术，是当今科学技术中最活跃的前沿领域之一。它已被用来探测各种表面力、纳米力学性能、对生物过程进行现场观察，还被用来将电荷定向沉积、对材料进行纳米加工等。

1.2　光学显微镜分析

光学显微镜(Optical Microscope, OM)是利用光学原理，把人眼所不能分辨的微小物体放大成像，以供人们提取微细结构信息的光学仪器。

光学显微镜有多种分类方法，按使用目镜的数目可分为三目、双目和单目显微镜；按图像是否有立体感可分为立体视觉和非立体视觉显微镜；按观察对象可分为生物和金相显微镜等；按光学原理可分为偏光、相衬和微分干涉对比显微镜等；按光源类型可分为普通光、荧光、红外光和激光显微镜等；按接收器类型可分为目视、摄影和电视显微镜等。常用的显微镜有双目连续变倍体视显微镜、金相显微镜、偏光显微镜、紫外荧光显微镜等。

1.2.1　光学显微镜原理及结构

显微镜是利用凸透镜的放大成像原理，将人眼不能分辨的微小物体放大到人眼能分辨的尺寸，其主要是增大近处微小物体对眼睛的张角(视角大的物体在视网膜上成像大)，用角放大率 M 表示它们的放大本领。因同一件物体对眼睛的张角与物体和眼睛的距离有关，所以一般规定像离眼睛距离为 25cm(明视距离)处的放大率为仪器的放大率。显微镜观察物体时通常视角甚小，因此视角之比可用其正切之比代替。

光学显微镜包括光学系统和机械装置两大部分，见图 1-1。光学系统包含目镜、物镜、光源(卤素灯、钨丝灯、汞灯、荧光灯、金屑卤化物灯等)和聚光器(聚光镜、针孔光阑)。机械装置包含机架、目镜筒、物镜转换器、载物台和调焦机构。

1.2.2　光学显微镜的重要技术参数

技术参数主要有数值孔径、分辨率、放大率和有效放大率。

数值孔径：表示物镜分辨细节能力的参数，是判断物镜性能高低的重要标志。

分辨率：由物镜的数值孔径与照明光源的波长两个因素决定，数值孔径值越大，照明光线波长越短，分辨率就越高。可见光的波长在 390~760nm，最佳情况下，光学玻璃透镜分辨本领的理论极限可达 200nm。

放大率和有效放大率：由于经过物镜和目镜的两次放大，所以显微镜总的放大率应该是物镜放大率和目镜放大率的乘积。例如，如果物镜的放大率为 10 倍，目镜的放大率为 5 倍，那么显微镜的总放大率就是 50 倍(10 倍乘以 5 倍等于 50 倍)。这种放大机制使得显微

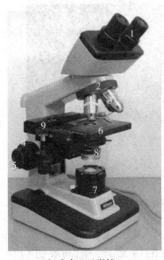

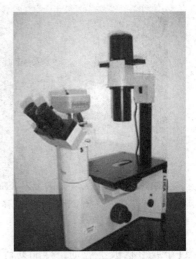

(a)标准直立显微镜　　　　　　　　(b)立体显微镜　　　　　　　　(c)倒置显微镜

图1-1　光学显微镜的结构示意图

1—目镜；2—物镜转台(用于固定多个物镜)；3—物镜、调焦旋钮(用于移动载物台)；
4—粗调；5—微调；6—载物台(固定样品)；7—光源(灯或镜子)；8—光阑和聚光镜；9—机械载物台

镜能够显著地增大观察物体的尺寸，从而便于观察和研究。放大率是显微镜的重要参数，在使用显微镜时，应根据实际需要选择合适的放大率，避免盲目追求高放大率而忽略实际观察效果和操作便利性。同时，了解显微镜的有效放大倍率极限，有助于更好地利用显微镜进行观察和研究。

1.2.3　显微镜观察样品制备

材料的显微组织与材料的物理性能和力学性能直接相关，因而对研究者来说极为重要；然而，如果用光学显微镜直接观察某个没有经过预处理的表面，那么有可能任何显微组织都不会显露出来，这是由于材料的表面状态使入射光发生漫射。因此，适当的样品制备是观测到材料的显微组织的前提。

传统的样品制备目标是获得一个光亮无划痕的抛光表面。现代制样的观点已经发生了很大的变化，更强调有效去除样品的表面损伤，并尽量减少新的制备缺陷，以显示真实的显微组织。按照步骤划分，可以将样品制备分成切割取样、镶样、磨光、抛光、腐蚀五个部分。每一部分都同样重要，直接影响着最终的制样效果。如图1-2(a)是封装线路板经过镶嵌、研磨后用显微镜观察的焊接部位离子迁移，图1-2(b)是铜线路间离子迁移。

（1）切割取样

取样部位及检验面的选择取决于被分析材料或零件的特点、加工工艺过程及热处理过程，应选择有代表性的部位，能够反映材料的真实结构。通常，样品必须从较大的基体上取下来。切割方法包括锯、车、刨、砂轮切片机切割、电火花切割、锤击及氧气切割等，目的是获取一个便于后续处理的合适尺寸和形状的样品。

（2）镶样

如果样品大小合适且便于把持，有时可不镶样，直接进行后续的步骤，但在样品尺寸

3

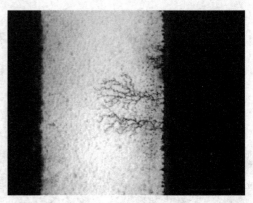

(a)焊接部位的离子迁移   (b)铜线路间的离子迁移

图1-2　材料的显微组织图

过小或形状极不规则，样品易碎需要保护或进行自动化样品制备的情况下，就需要进行样品的镶嵌，以便于后续的磨光和抛光。

镶样可分为两大类。一是采用专门的镶样机和树脂粉末，在合适的加热温度和压力下，将试样镶嵌在固化的树脂中。这一方法称为热压镶嵌，也称热镶嵌。二是在室温下将混合好的树脂液体（由树脂和固化剂按一定比例配成）浇入不同尺寸的样品模具，通过放热反应使树脂固化。这一方法称为室温可浇注镶嵌，也称冷镶嵌。冷镶嵌温度较低，适用于对压力和热量敏感的材料。

（3）磨光

磨光分为粗磨与精磨两个过程。粗磨的主要目的是整平试样，去除表面变形层并磨成合适的形状；精磨则是为了消除粗磨时留下的较深的磨痕，为抛光做好准备。切割（和镶嵌）之后的样品表面很粗糙，是一个布满划痕的非完美平面，而且表面以下的材料存在着切割留下的损伤层，这都需要后续的磨光过程加以改善。磨光通常在水湿碳化硅砂纸上进行。有效的磨光要求每一步的研磨颗粒比上一步的小一或两个标号。需注意的是，每一步磨光工序本身都会产生损伤，但也都可去除上一步的损伤。随着研磨颗粒粒度的减小，损伤的深度将减小，金属去除速率也随之下降。最后一道磨光工序产生的损伤层应非常浅，以保证能在以后的抛光过程中去除。

（4）抛光

抛光的目的是去除磨光留下的细微磨痕，获得光亮无痕的无变形的镜面，这样的表面是观察真实显微组织的基础。抛光方法通常有三种，即机械抛光、电解抛光和化学抛光，其中机械抛光比较常用。

（5）腐蚀

大多数金属组织中不同的相对于光具有相近的反射能力，在显微镜下常常无法看到光滑平面样品的组织结构。为此必须用一定的化学试剂对样品表面进行腐蚀，选择性地溶解某些部分（如晶界），从而使样品表面呈现微小的凹凸不平，这些凹凸不平都在光学系统的景深范围内，用显微镜就可以看清楚样品组织的形貌、大小分布。常用的腐蚀方法有化学腐蚀法和电解腐蚀法。

1.2.4 光学显微镜的分类与应用

按照光路的不同可以分为亮视野显微镜和暗视野显微镜。根据应用的目的不同，可以分为生物显微镜、金相显微镜、相差显微镜、偏光显微镜、荧光显微镜等。下面，将介绍一些当前常用的光学显微镜技术。

（1）亮视野显微镜

亮视野显微镜是最简单的光学显微镜形式，光源从上方或下方照射样品，收集透射或反射的光以形成可以查看的图像。图像的对比度和颜色是由吸收和反射在样品区域内变化而形成的。亮视野显微镜是第一种开发的光学显微镜，使用相对简单的光学装置，使早期科学家能够研究传输中的微生物和细胞，目前还广泛用于研究其他部分透明的样品，例如透射模式下的薄材料，如图1-3(a)亮视野显微镜，透射模式下看到的石墨（深灰色）和石墨烯（浅灰色）薄片，在这里图像上看到的亮度差异与石墨层的厚度成正比。图1-3(b)是反射模式下 SiO_2 表面上的石墨烯和石墨薄片，可见到表面小的污染物。

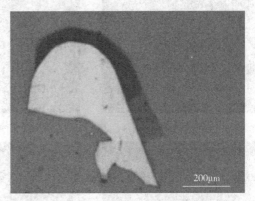

(a)透射模式：在显微镜下看到的石墨（深灰色）和　　　　　(b)反射模式：SiO_2 表面上的石墨烯和石墨薄片
　　　　石墨烯（浅灰色）薄片

图1-3　亮视野显微镜

（2）暗视野显微镜

暗视野显微镜是一种仅收集被样品散射的光的技术。这是通过添加阻挡照明光直接成像的孔来实现的，这样只能看到被样品散射的照明光。通过这种方式，暗场显微镜突出显示散射光的小结构(图1-4)，并且对于揭示亮视野显微镜中不可见的特征非常有用，而无须以任何方式修改样品。然而，由于在最终图像中看到的唯一光是被散射的光，因此暗场图像可能非常暗并且需要高照明功率，这可能会损坏样品。

（3）金相显微镜

金相学主要指借助光学(金相)显微镜和体视显微镜等对金属材料显微组织、低倍组织和断口组织的成像以及分析和表征的方法，其主要反映和表征构成材料的相和组织组成物、晶粒(包括可能存在的亚晶)、非金属夹杂物乃至某些晶体缺陷(如位错)的数量、形貌、大小、分布、取向、空间排布状态等。如图1-5为纯镍镀层与 Ni-GO(氧化石墨烯)复合镀层的金相显微图片。可以明显看出，随着镀液中 GO 纳米粒子添加量的增加，镀层中氧化石墨烯微粒含量逐渐增多，当氧化石墨烯添加量达到 0.75g/L 时，GO 在复合镀层中分布均匀，继续向镀液中添加纳米微粒，得到的复合镀层表面颗粒过大、分布不均，镀层稳定性下降。

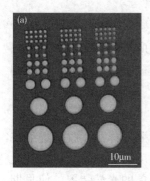 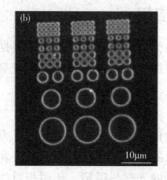 

图 1-4　亮视野和暗视野成像

（a）为亮视野照明下的聚合物微结构。（b）为与（a）中结构相同的暗视野图像，突出显示边缘散射和表面污染。
（c）为与（a）和（b）相似的结构，被直径为 100~300nm 的纳米晶体覆盖。仅观察到纳米晶体散射的光，
而背景光被强烈抑制

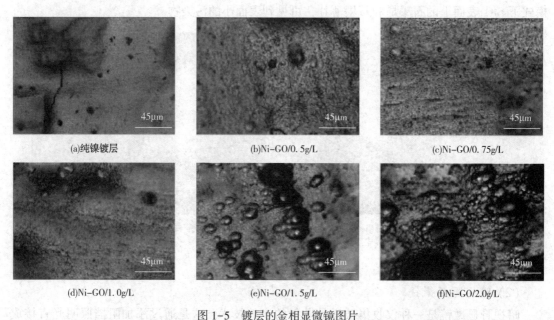

图 1-5　镀层的金相显微镜图片

注：（a）、（b）、（c）、（d）、（e）、（f）为加入不同 GO 的 Ni-GO 复合镀层

（4）相差显微镜

相差显微镜的原理基于光的波动性质，即光波在穿过介质时，其相位会发生变化。这种变化与介质的折射率之差及其厚度有关，形成了所谓的"相差"。这种显微镜对光程敏感，能够区分出物体与背景之间的微小差异，从而使得物体的轮廓在显微镜下更加明显。相差显微镜的这种特性对于观察和分析粉末材料等微小物体的形态和结构非常有用。这种技术特别适用于没有对比意义的透明样品，能够提供高对比度的图像，帮助研究人员更好地理解和研究样品的细微结构和动态变化。如图 1-6 所示，利用相差显微镜拍摄的粉末材料结构图可以看出，对于粉末材料的显微摄影，利用附加光源从侧面斜向的光线，即可将粉末材料的立体图像映衬出来，这样拍摄的图像才具有立体感，反之，如果利用普通的显微镜自身的光源，从载玻片的下方送光线，所摄制的图像就没有立体感。

(a)镍合金粉末

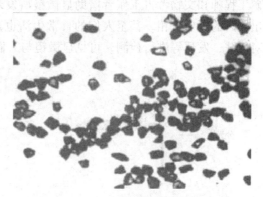
(b)人造金刚石粉末

图1-6 利用相差显微镜拍摄的粉末材料结构图像

（5）偏光显微镜

偏光显微镜就是将普通光改变为偏振光进行观察的方法，以鉴别某一物质是单折射性（各向同性）还是双折射性（各向异性）。双折射性是晶体的基本特征。因此，偏光显微镜特别适用于研究透明与不透明各向异性材料被广泛地应用在矿物、高分子、纤维、玻璃、半导体、化学等领域。例如，橄榄石堆积物的显微照片（图1-7），由具有不同双折射性的晶体堆积而成。整个样品的厚度和折射率的变化会导致不同的颜色。

图1-7 橄榄石堆积物的显微照片

（6）荧光显微镜

荧光显微镜是以紫外线为光源，用以照射被检物体，使之发出荧光，然后在显微镜下观察物体的形状及其所在位置，其工作原理和结构如图1-8(a)所示。荧光显微镜除了用于研究细胞内物质的吸收、运输、化学物质的分布及定位外，还有一些物质本身虽不能发荧光，但如果用荧光染料或荧光抗体染色后，经紫外线照射亦可发荧光，荧光显微镜就是对这类物质进行定性和定量研究的工具之一。另外，在电子产品生产过程中，随着荧光类材料的使用量增多，荧光显微镜在电子信息产业中的应用也在逐步提高。图1-8(b)显示了有机晶体中分子的荧光图像（晶体轮廓显示为黄色虚线），由于有来自其他分子和晶体材料的荧光，背景并不完全黑暗。

光学显微镜应用于各个领域，在生物医学中，实验室离不开这种实验仪器，它可以帮助人们研究未知的世界。医院是显微镜的最大应用场所，主要用来检查患者的体液变化、入侵人体的病菌、细胞组织结构的变化等信息，为医生提供制定治疗方案的参考依据和验证手段，在基因工程、显微外科手术中，显微镜更是医生必备的工具。农业方面，育种、病虫害防治等工作离不开显微镜的帮助。工业生产中，精细零件的加工检测和装配调整、材料性能的研究是显微镜可以大显身手的地方。刑侦人员常常依靠显微镜来分析各种微观的罪迹，作为确定真凶的重要手段。生态环境部门检测各种固体污染物时也得借助显微镜。

地矿工程师和文物考古工作者借助显微镜所发现的蛛丝马迹可以判断深埋地下的矿藏或推断出尘封的历史真相。甚至人们的日常生活也离不开显微镜，如美容美发行业，能用显微镜对皮肤、发质等进行检测。可见显微镜与人们的生产生活结合得多么的紧密。

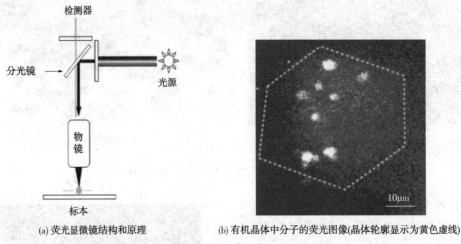

| (a) 荧光显微镜结构和原理 | (b) 有机晶体中分子的荧光图像(晶体轮廓显示为黄色虚线) |

图 1-8　荧光显微镜工作原理及结构图

1.3　激光扫描共聚焦荧光显微镜

　　激光扫描共聚焦荧光显微镜是光学显微镜与现代激光技术、高灵敏探测技术、扫描控制技术以及微机图像处理技术、荧光及标记技术的结合。利用计算机、激光和图像处理技术获得样品三维数据，图 1-9(a) 为奥林巴斯生产的 LEXT OLS5000 激光扫描共聚焦荧光显微镜。

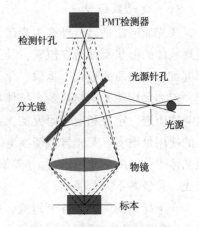

(a)奥林巴斯生产的 LEXT OLS5000 激光扫描共聚焦荧光显微镜　　(b) 激光扫描共聚焦荧光显微镜原理图

图 1-9　激光扫描共聚焦荧光显微镜实物及原理图

1.3.1　激光扫描共聚焦荧光显微镜原理

　　激光扫描共聚焦荧光显微镜是以激光作为光源，激光器发出的激光通过光源针孔形成点光源，经过透镜、分光镜形成平行光后，再通过物镜聚焦在样品上，并对样品内聚焦平面上的每一点进行扫描。样品被激光激发后的出射光波长比入射光长，可通过分光镜，经过透镜再次聚焦，到达检测针孔处，被后续的光电倍增管检测到，并在显示器上成像，得到所需的荧光图像[图1-9(b)]，而非聚焦光线被探测针孔光栏阻挡，不能通过探测针孔，因而不能在显示器上显出荧光信号。这种双共轭成像方式称为共聚焦。因采用激光作为光源，故称之为"激光扫描共聚焦荧光显微镜"。

1.3.2　激光扫描共聚焦荧光显微镜结构

主要包括扫描模块、荧光显微镜系统、常用激光器及辅助设备等。

① 扫描模块。扫描模块主要由针孔光阑（控制光学切片的厚度）、分光镜（按波长改变光线传播方向）、发射荧光分色器（选择一定波长范围的光进行检测）、检测器（光电倍增管）组成。

② 荧光显微镜系统。显微镜是激光扫描共聚焦荧光显微镜的主要组件，关系到系统的成像质量。物镜应选取大数值孔径、平场复消色差物镜，有利于荧光的采集和成像的清晰。物镜组的转换、滤色片组的选取、载物台的移动调节、焦平面的记忆锁定一般都由计算机自动控制。激光扫描共聚焦荧光显微镜所用的荧光显微镜大体与常规荧光显微镜相同，但又有其特点：需与扫描器连接，使激光能进入显微镜物镜照射样品，并使样品发射的荧光到达检测器；需有光路转换装置，即汞灯与激光转换，同时汞灯光线强度可调。

③ 常用激光器。激光扫描共聚焦荧光显微镜使用的激光光源有单激光和多激光系统，常用的激光器包括以下三种类型：半导体激光器：405nm（近紫外谱线）；氩离子激光器：457nm、477nm、488nm、514nm（蓝绿光）；惰性气体激光器：氦氖激光器543nm（绿光-氦氖绿激光器），633nm（红光-氦氖红激光器）；UV激光器（紫外激光器）：351nm、364nm（紫外光）。

④ 辅助设备：包括风冷、水冷、电子冷却系统及稳压电源等。

1.3.3　激光扫描共聚焦荧光显微镜特点

激光扫描共聚焦荧光显微镜相对普通荧光显微镜的优点如下：

① 由于激光扫描共聚焦荧光显微镜的图像是以电信号的形式记录下来的，所以可以采用各种模拟和数字的电子技术进行图像处理。

② 激光扫描共聚焦荧光显微镜利用共聚焦系统有效地排除了焦点以外的光信号干扰，提高了分辨率，显著改善了视野的广度和深度，使无损伤的光学切片成为可能，达到了三维空间定位。

③ 由于激光扫描共聚焦荧光显微镜能随时采集和记录检测信号，为生命科学开拓了一条观察活细胞结构及特定分子、离子生物学变化的新途径。

④ 激光扫描共聚焦荧光显微镜除具有成像功能外，还有图像处理功能和细胞生物学功能，前者包括光学切片、三维图像重建、细胞物理和生物学测定、荧光定量、定位分析以及离子的实时定量测定；后者包括黏附细胞的分选、激光细胞纤维外壳及光陷阱技术、荧光漂白后恢复技术等。

而激光扫描共聚焦荧光显微镜的缺点主要包括光漂白和光毒作用。

① 光漂白：为了获得足够的信噪比必须提高激光的强度，而高强度的激光会使染料在连续扫描过程中迅速褪色，这种现象限制了样品的观察时间，因为长时间的观察可能导致染料失去荧光，从而影响图像的质量。

② 光毒作用：在激光照射下，许多荧光染料分子会产生单态氧或自由基等细胞毒素，这种现象称为光毒作用。这要求在操作时限制扫描时间和激发光强度，以保持样品的活性，避免对样品造成损害。

1.3.4 激光扫描共聚焦荧光显微镜对观察样品的要求

对生物体样品的观察有如下要求：

① 有时样品需要经荧光探针标记。

② 悬浮细胞，甩片或滴片后，用盖玻片封片。

③ 载玻片厚度应在 0.8~1.2mm，盖玻片应光洁，厚度在 0.17mm 左右。

④ 样品不能太厚，如太厚激发光大部分消耗在标本下部，而物镜直接观察到的上部不能充分激发。

⑤ 尽量去除非特异性荧光信号。

⑥ 封片剂多用甘油与磷酸钠缓冲溶液的混合液（9∶1），而对于普通样品（如薄膜）的粗糙度和轮廓的观察，与普通的光学显微镜的要求基本相同。

1.3.5 激光扫描共聚焦荧光显微镜的应用

（1）粗糙度的比较

如图 1-10 所示，显示了两个不同基材表面的粗糙度。无须破坏样品，可观察微小凹凸的底部及顶部，测量伤痕的深度。可检测透明薄膜的厚度。

 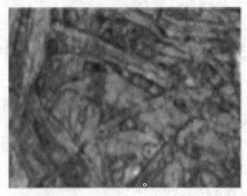

Rp=7.607μm Rv=21.315μm Rp=7.535μm Rv=14.046μm
Rz=28.922μm Ra=2.118μm Rz=21.581μm Ra=2.092μm

图 1-10　不同基材表面的粗糙度

（2）单分子荧光定位

图 1-11 为单分子荧光的共聚焦荧光图像。小点对应于单个分子的荧光，而较大的点对应于分子簇。此处的荧光背景比简单的荧光显微镜图像弱得多，如亮点之间的暗区所见。

50μm

图 1-11　单分子荧光的共聚焦荧光图像

1.4　扫描电子显微镜分析

扫描电子显微镜(SEM)是利用二次电子信号成像来观察样品的表面形态，即用电子束去扫描样品，通过电子束与样品的相互作用产生各种效应，其中主要是样品的二次电子。二次电子能够产生样品表面放大的形貌像，这个像是在样品被扫描时按时序建立起来的，即使用逐点成像的方法获得放大像。

1.4.1　扫描电子显微镜原理

图 1-12(a)是扫描电子显微镜外观照片(蔡司 EVO-MA18)。扫描电子显微镜类型多样，不同类型的扫描电子显微镜存在性能上的差异。

如图 1-12(b)所示，扫描电子显微镜的原理就是利用聚焦得非常细的高能电子束在试样上扫描，激发出各种物理信息。通过对这些信息的接收、放大和显示成像，获得测试试样表面形貌的观察。

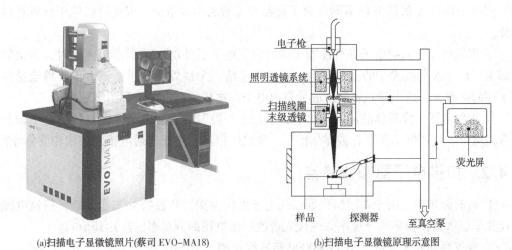

(a)扫描电子显微镜照片(蔡司 EVO-MA18)　　　(b)扫描电子显微镜原理示意图

图 1-12　扫描电子显微镜及原理示意图

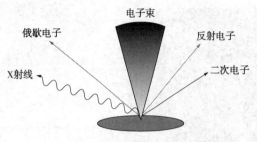

图 1-13　电子束激发样品产生的信号

当一束极细的高能入射电子轰击扫描样品表面时，如图 1-13 所示，被激发的区域将产生二次电子、俄歇电子、特征 X 射线和连续谱 X 射线、背散射电子、透射电子，以及在可见、紫外、红外光区域产生的电磁辐射。

① 二次电子。二次电子是指被入射电子轰击出来的样品中原子的核外电子。当入射电子和样品中原子的核外电子发生非弹性散射作用时会损失部分能量，这部分能量激发核外电子脱离原子，能量大于材料逸出功的价电子可从样品表面逸出，变成真空中的自由电子，即二次电子。这些电子的能量较低，通常不超过 50eV，大多数二次电子只带有几个电子伏的能量。二次电子对样品表面状态非常敏感，能有效地显示样品表面的微观形貌。由于它发自样品表层，产生二次电子的面积与入射电子的照射面积大体一致，所以二次电子的分辨率较高，一般可达到 5~10nm。扫描电镜的分辨率一般是二次电子的分辨率。

② 背散射电子。背散射电子是指被固体样品中原子反射回来的一部分入射电子。它既包括与样品中原子核作用而产生的弹性背散射电子，又包括与样品中核外电子作用而产生的非弹性背散射电子，其中弹性背散射电子远比非弹性背散射电子所占的份额多。背散射电子反映了样品表面不同取向、不同平均原子量的区域差别，产额随原子序数的增加而增加。利用背散射电子作为成像信号不仅能分析形貌特征，也可以显示原子序数衬度，进行定性成分分析。

③ X 射线。当入射电子和原子中内层电子发生非弹性散射作用时也会损失部分能量（几百电子伏），这部分能量将激发内层电子发生电离，使一个原子失掉一个内层电子而变成离子，这种过程称为芯电子激发。在芯电子激发过程中，除了能产生二次电子，还伴随着另外一种物理过程。失掉内层电子的原子处于不稳定的较高能量状态，它们将依据一定的选择定则向能量较低的量子态跃迁，跃迁的过程中释放具有特定波长的电磁波辐射。由于特征 X 射线波长不同反映了样品中元素的组成情况，因此可以用于分析材料的成分。

④ 俄歇电子。入射电子在样品原子激发内层电子后外层电子跃迁至内层时，多余的能量如果不是以 X 射线光子的形式放出，而是传递给一个最外层电子，该电子获得能量挣脱原子核的束缚，并逸出样品表面，成为自由电子，这样的自由电子称为俄歇电子。

⑤ 透射电子。穿透样品的入射电子，包括未经散射的入射电子、弹性散射电子和非弹性散射电子。这些电子携带着被样品衍射、吸收的信息，用于透射电镜的成像和成分分析。

1.4.2　扫描电子显微镜特点

① 高的分辨率。由于采用精确聚焦的电子束作为探针和独特的工作原理，扫描电镜具有比光学显微镜高得多的分辨率。现代先进的扫描电镜的分辨率已经达到 1nm。

② 有较高的放大倍数，20~1000000 倍连续可调。

③ 有很大的景深，视野大，成像富有立体感，可直接观察各种试样凹凸不平表面的细微结构。

④ 试样制备简单，扫描电镜对样品大小没有严格的限制，仅需简单地固定、吹扫等即可观察样品表面的形貌和成分分析。

⑤ 低加速电压、低真空、环境扫描电镜和电子背散射花样分析仪等技术，大大提高了扫描电镜的综合、在线分析的功能。

目前的扫描电镜都配有 X 射线能谱仪装置，这样可以同时进行显微组织形貌的观察和微区成分分析（通过搭载电子能谱分析），因此它是当今十分重要的科学研究仪器之一。

1.4.3　扫描电子显微镜的制样

扫描电镜的优点是能直接观察块状样品。但为了保证图像质量，对样品进行分析时，对表面的性质有如下要求：

① 导电性好，以防止表面积累电荷而影响成像。

② 具有抗热辐照损伤的能力，在高能电子轰击下不分解、变形。

③ 具有高的二次电子和背散射电子系数，以保证图像良好的信噪比。

不能满足上述要求的样品，如陶瓷、玻璃和塑料等绝缘材料，导电性差的半导体材料，热稳定性不好的有机材料和二次电子、背散射电子系数较低的材料，都需要进行表面镀膜处理。

在扫描电镜制样技术中用得最多的是真空蒸发和离子溅射镀膜法。

1.4.4　扫描电子显微镜应用

① 三维形貌的观察和分析。不同复合材料常常有着相差悬殊的界面断裂面形貌。碳化硅纤维增强复合材料是一种耐高温又有高力学性能的陶瓷复合材料。纤维的主要作用是改善陶瓷材料的脆性，使复合材料具有合适的韧性。这要求纤维与基体之间有弱结合界面。如图 1-14 所示，通过二次电子像的观察能给出界面性质的初步判断。

 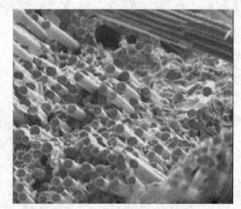

(a)韧性断裂　　　　　　　　　　　　　　　(b)脆性断裂

图 1-14　碳化硅纤维增强复合材料断裂后截面形貌

② 纳米材料形貌的观察。由于扫描电镜具有极高的分辨率和放大倍数，所以非常适合分析纳米材料的形貌和组态。图 1-15 是采用阳极电沉积法，通过控制电解液前驱体组分，制备了形貌各异的 FeOOH 薄膜，如菱形柱状、雪花状、六面体颗粒、方形柱状和片状。

(a)菱形柱状　　　　(b)雪花状　　　　(c)六面体颗粒　　　　(d)方形柱状　　　　(e)片状

图 1-15　不同形貌 FeOOH 的 SEM

③ 光阳极材料生长的观察。为了确定水热合成温度和时间对 α-Fe_2O_3 光阳极形貌的影响，对样品进行了 SEM 测试。样品的断面形貌如图 1-16 所示。从图 1-16 可以看出，在 95℃ 水热合成的 α-Fe_2O_3 垂直生长在 FTO 衬底上，具有纳米棒状形貌，直径和长度分别为

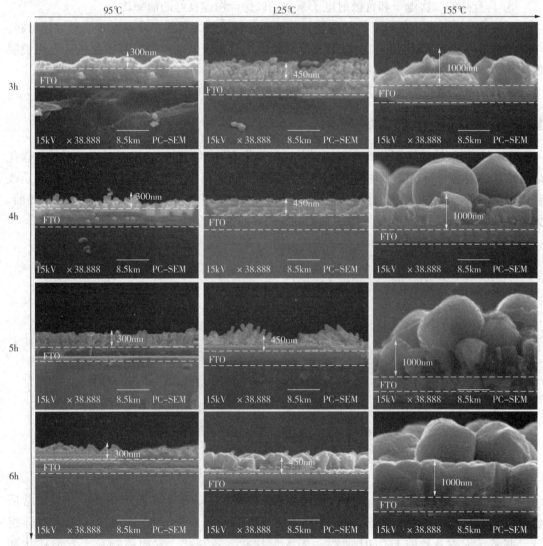

图 1-16　分别在 95℃、125℃ 和 155℃ 水热合成 3h、4h、5h 和 6h 的 α-Fe_2O_3 光阳极的断面形貌

100nm 和 300nm。在水热合成开始时，β-FeOOH 晶核出现 FTO 基底上，随着水热合成时间的延长，从这些晶核中生长出外延晶体，然后横向致密化。在 125℃水热合成时，α-Fe$_2$O$_3$ 光阳极的长度均为 450nm；水热合成 3h 的 α-Fe$_2$O$_3$ 具有清晰的纳米棒形貌，直径为 80nm；水热合成时间增加到 4~5h 时，α-Fe$_2$O$_3$ 纳米棒与 FTO 基底不再垂直，产生了一定的倾角；水热时间继续增加到 6h 时，相邻的 α-Fe$_2$O$_3$ 纳米棒粘连在一起形成直径较大的纳米柱，并且表面附着有不均匀的纳米颗粒。125℃下，在 FTO 基底上出现的 β-FeOOH 晶核比较多且小，这些晶核在与基底呈现一定角度下发生外延晶体生长，并且随着水热时间的延长，晶体横向致密化；当水热时间从 3h 增加到 5h，β-FeOOH 晶体逐渐粘连在一起，形成倾斜的纳米棒形貌，随着水热时间的延长，β-FeOOH 晶体的致密程度继续增大，新的 β-FeOOH 核出现在样品表面。在 155℃水热合成时，不同水热时间制备的 α-Fe$_2$O$_3$ 光阳极都有长度约为 1μm 但致密度不同的第一层膜。随着水热时间的延长，第一层膜变得足够致密，第二层膜开始形成。高温合成时，更多更细的 β-FeOOH 晶核在 FTO 基底上形成，外延晶体从这些晶核中以较大的倾斜角度生长，使晶体很容易粘连在一起，形成附着在表面上的大尺寸纳米粒子。

④ 微电子工业方面应用。图 1-17(a)是毛细管微阵列芯片的局部 SEM 图像，图 1-17(b)是所制备的毛细管微阵列芯片的独立微孔的 SEM 图像。芯片的阵列由结构均一的正六边形组成，每个微孔的最大直径为 60μm，孔间距为 15μm。

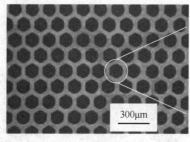
(a)芯片局部SEM图

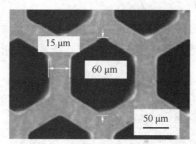
(b)单独微孔的SEM图

图 1-17　芯片结构表征扫描电镜图像

⑤ 在观察形貌的同时，进行微区的成分分析(需要搭载能谱仪)。如图 1-18 所示，通过电子显微镜对局部区域放大后，不仅能观察到太阳能电池横截面的组织形貌，还可以对局部点进行元素分析，并确定各元素所占的百分比。

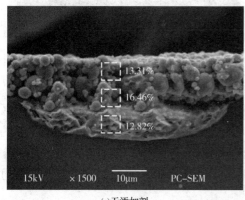
(a)无添加剂

(b)0.5%氧化硼

图 1-18　太阳能电池横截面硅含量 EDS 图

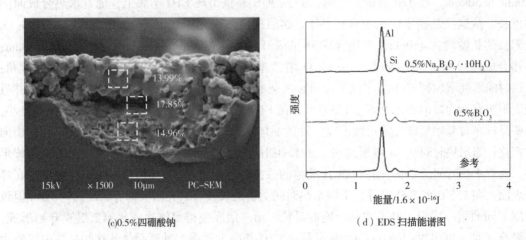

(c)0.5%四硼酸钠   （d）EDS 扫描能谱图

图 1-18   太阳能电池横截面硅含量 EDS 图(续)

1.5　场发射扫描电子显微镜分析

场发射扫描电子显微镜是扫描电子显微镜的一种，该仪器具有超高的分辨率，与普通的扫描电子显微镜(钨灯丝)相比，场发射扫描电子显微镜具有更高的清晰度(图 1-19)。

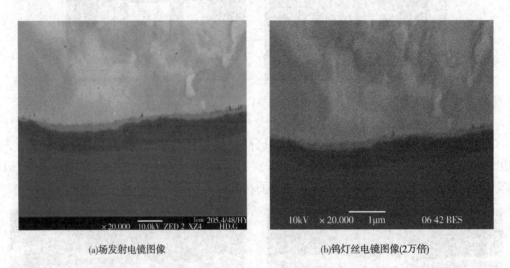

(a)场发射电镜图像   (b)钨灯丝电镜图像(2万倍)

图 1-19   液晶高分子膜图像的比较

与普通扫描电子显微镜的区别。场发射扫描电子显微镜与传统扫描电子显微镜的区别如图 1-20 所示，传统扫描电子显微镜的电子枪为热电子发射电子枪，场发射扫描电镜的电子枪为场发射电子枪。场发射电子枪又分为热场发射电子枪和冷场发射电子枪。其工作原理如图 1-20(a)所示，通过高能电子束照射被测样品后所产生不同的物理信号，而后对不同的物理信号进行分析得到被测样品的多种信息。

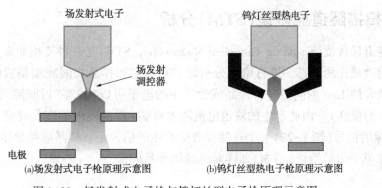

场发射式电子   钨灯丝型热电子

场发射
调控器

电极

(a)场发射式电子枪原理示意图   (b)钨灯丝型热电子枪原理示意图

图1-20　场发射式电子枪与钨灯丝型电子枪原理示意图

1.6　扫描探针显微镜(SPM)分析

扫描探针显微镜(Scanning Probe Microscope，SPM)是扫描隧道显微镜及在扫描隧道显微镜的基础上发展起来的各种新型探针显微镜的总称。它是扫描隧道显微镜(STM)、原子力显微镜(AFM)、静电力显微镜、磁力显微镜、扫描离子电导显微镜和扫描电化学显微镜的统称，是近年来发展起来的表面分析仪器。

在某些情况下，扫描探针显微镜可以分析诸如表面电导率、静电电荷分布、区域摩擦力、磁场和弹性模量等物理特性。可以从原子到微米级别的分辨率，研究材料的表面特性，图1-21展示了扫描探针显微镜的基本构成和原理。扫描探针显微镜能够完成扫描工作的两个关键部件是探针和扫描管。探针是扫描探针显微镜与样品表面进行接触的部位，也是直接感知样品表面性质的触角。扫描管用于在垂直和水平方向上精确控制探针与样品表面的相对位置。当两种材料表面被移动到非常接近的位置时，会有许多原子范围的相互作用产生，而这些相互作用就是SPM的工作基础。探针本身是经过特殊设计的，对这些相互作用中的一种或几种非常敏感，从而用于对样品检测和分析的器件。特别是当SPM针尖接近样品表面时，探测到的相互作用与针尖到样品表面的距离是相关的。由于这种相互作用的强度与探针-表面间距呈函数关系，因此，通过探测相互作用精确地控制探针与表面的相对位置，SPM就可以得到样品表面的形貌图。

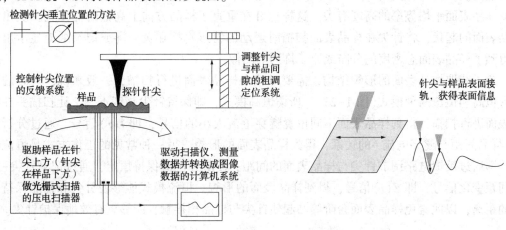

检测针尖垂直位置的方法

控制针尖位置
的反馈系统
样品　　探针针尖

调整针尖
与样品间
隙的粗调
定位系统

针尖与样品表面接
轨，获得表面信息

驱助样品在针
尖上方（针尖
在样品下方）
做光栅式扫描
的压电扫描器

驱动扫描仪，测量
数据并转换成图像
数据的计算机系统

图1-21　SPM的基本构成和原理

1.6.1 扫描隧道显微镜（STM）分析

扫描隧道显微镜（Scanning Tunneling Microscope，STM）是一种使用非常锐化的导电针尖进行工作的微观探测工具。进行微观分析时，在针尖和样品之间施加偏置电压，当针尖和样品接近至大约 1nm 的间隙时，样品或针尖中的电子可以"隧穿"过间隙到达对方（取决于偏置的电压的极性）。由此产生的隧道电流随着针尖–样品间隙的变化而变化，故被用作得到 STM 图像的信号（图 1-22）。上述隧穿效应产生的前提是，样品应是导体或半导体，所以 STM 不能像原子力显微镜（AFM）那样对绝缘体样品成像。

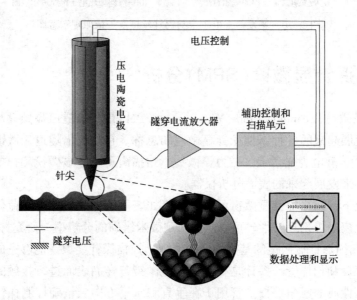

图 1-22　STM 示意图

（1）STM 的原理

用一个极细的只有原子线度的金属针尖作为探针，将它与被研究物质（称为样品）的表面作为两个电极，当样品表面与针尖非常靠近（距离<1nm）时，两者的电子云略有重叠。若在两极间加上电压，在电场作用下，电子就会穿过两个电极之间的势垒，通过电子云的狭窄通道流动，从一极流向另一极，形成隧道电流。隧道电流的大小与针尖和样品间的距离以及样品表面平均势垒的高度有关。这样探针在垂直于样品方向上高低的变化就反映出了样品表面的起伏，将针尖在样品表面扫描时运动的轨迹直接在荧光屏或记录纸上显示出来就得到了样品表面态密度的分布或原子排列的图像。

为了获取样品表面的形貌结构，需要对整个样品表面进行扫描，一般来说，STM 的工作有恒高和恒流两种模式（图 1-23）。所谓恒高模式，即保持针尖高度不变，让扫描头在样品表面进行扫描，得到样品表面不同位置隧穿电流大小的信号，即 $I(r)$ 信号，通过分析针尖–样品间距与隧穿电流 I 的关系，得到样品表面的形貌。另一种常见的工作方式是恒流模式，即通过反馈电路调节针尖与样品表面的间距，使隧穿电流保持恒定，通过记录针尖–样品间距变化信号，即 $Z(r)$ 信号，得到样品表面的形貌。恒流模式能够使针尖和样品保持一定的距离，以此避免样品表面台阶等凸起使针尖与样品相接触，能够更有效地保护针尖。

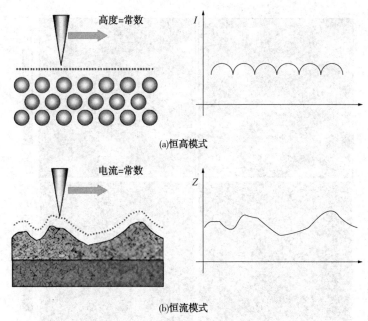

(a)恒高模式

(b)恒流模式

图 1-23　STM 工作原理示意图

（2）STM 的特点

① STM 具有极高的分辨率。它可以轻易地"看到"原子，这是一般显微镜甚至电子显微镜所难以达到的。

② STM 得到的是实时的、真实的样品表面的高分辨率图像。

③ STM 的使用环境宽松。STM 既可以在真空中工作，又可以在大气中、低温、常温、高温，甚至溶液中使用。

④ STM 的应用领域是广阔的。无论是物理、化学、生物、医学等基础学科，还是材料、电子等应用学科，都有它的用武之地。

（3）STM 的局限性

尽管 STM 有着扫描电子显微镜和透射电子显微镜等仪器所不能比拟的诸多优点，但由于仪器本身的工作方式所造成的局限性也是显而易见的。这主要表现在以下两个方面：

① STM 的恒电流工作模式下，有时它对样品表面微粒之间的某些沟槽不能够准确探测，与此相关的分辨率较差。在恒高度工作方式下，从原理上这种局限性会有所改善。但只有采用非常尖锐的探针，其针尖半径应远小于粒子之间的距离，才能避免这种缺陷。在观测超细金属微粒扩散时，这一点显得尤为重要。

② STM 所观察的样品必须具有一定程度的导电性，对于半导体，观测的效果就差于导体；对于绝缘体则根本无法直接观察。如果在样品表面覆盖导电层，则由于导电层的粒度和均匀性等问题又限制了图像对真实表面的分辨率。

（4）STM 的应用

① 扫描。STM 工作时，探针将充分接近样品产生一束在空间上分布和运动上受到严格限制的电子束，因此在成像工作时，STM 具有极高的空间分辨率，可以进行表面形貌、结构与吸附物质位向的研究。氮掺杂石墨烯 STM 图如图 1-24 所示。

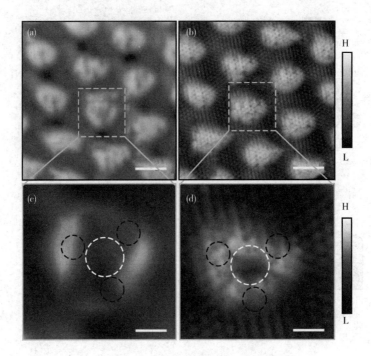

图 1-24　氮掺杂石墨烯 STM 图
（a）、（b）为不同偏压下的氮掺杂石墨烯。
（c）、（d）为（a）、（b）样品的局部高分辨图

②　轮廓分析。STM 是一种具有宽广观察范围的成像工具，它也是一种具有良好的 3D 分辨率的轮廓仪，图 1-25 显示了 Nb 溅射膜表面的形貌。

图 1-25　Nb 溅射膜表面形貌测定

STM 在对表面进行加工处理的过程中可实时对表面形貌进行成像，用来发现表面各种结构上的缺陷和损伤，并用表面淀积和刻蚀等方法建立或切断连线，以消除缺陷，达到修补的目的，然后还可用 STM 进行成像以检查修补结果的好坏。

③　实现单原子和单分子操纵。图 1-26 为用 STM 移动氙原子排出的"IBM"图案。

图 1-26 用 STM 移动氙原子排出的"IBM"图案

1.6.2 原子力显微镜(AFM)分析

原子力显微镜(Atomic Force Microscope，AFM)是在 STM 基础上发展起来的，是通过测量样品表面分子(原子)与 AFM 微悬臂探针之间的相互作用力，来观测样品表面的形貌。AFM 与 STM 的主要区别是以一个一端固定，而另一端装在弹性微悬臂上的尖锐针尖代替隧道探针，以探测微悬臂受力产生的微小形变代替探测微小的隧道电流。

(1) AFM 的工作原理

AFM(原子力显微镜)的工作原理如图 1-27 所示，将一个对极微弱力极敏感的微悬臂一端固定，另一端有一微小的针尖，针尖与样品表面轻轻接触。由于针尖尖端原子与样品表面原子间存在极微弱的排斥力，通过在扫描时控制这种作用力恒定，带有针尖的微悬臂将对应于原子间的作用力的等位面，在垂直于样品表面方向上起伏运动。利用光学检测法或隧道电流检测法，可测得对应于扫描各点的位置变化，将信号放大与转换从而得到样品表面原子级的三维立体形貌图像。由于原子力显微镜既可以观察导体，也可以观察非导体，从而弥补了 STM 的不足。

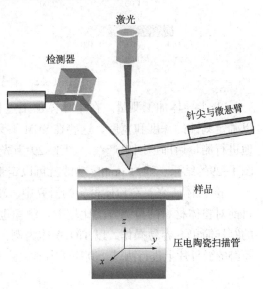

图 1-27　AFM 的工作原理

(2) AFM 的应用

AFM 的原理是利用样品表面与探针之间力的相互作用这一物理现象，因此不受 STM 等要求样品表面能够导电的限制，可对导体进行探测；对于不具有导电性的组织、生物材料和有机材料等绝缘体，AFM 同样可得到高分辨率的表面形貌图像，从而使它更具有适应性，更具有广阔的应用空间。AFM 可以在真空、超高真空、气体、溶液、电化学环境、常温和低温等环境下工作。可供研究时选择适当的环境，其基底可以是云母、硅、高取向热解石墨、玻璃等。AFM 已被广泛地应用于表面分析的各个领域，通过对表面形貌的分析、归纳、总结，以获得更深层次的信息。

① 三维形貌测量。通过检测探针与样品间的作用力可表征样品表面的三维形貌，这是 AFM 最基本的功能。AFM 在水平方向具有 0.1~0.2nm 的高分辨率，在垂直方向的分辨率约为 0.01nm。尽管 AFM 和扫描电子显微镜(SEM)的横向分辨率是相似的，但 AFM 和 SEM

两种技术最基本的区别在于处理试样深度变化时有不同的表征。由于表面的高低起伏状态能够准确地以数值的形式获取，AFM 对表面整体图像进行分析可得到样品表面的粗糙度、颗粒度、平均梯度、孔结构和孔径分布等参数，也可对样品的形貌进行丰富的三维模拟显示，使图像更适合于人的直观视觉。图 1-28 就是接触式下得到的增透减反薄膜的 AFM 图。

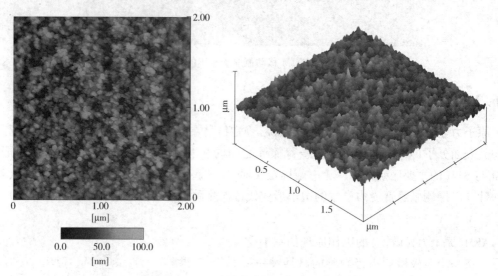

图 1-28　增透减反薄膜的 AFM 图

② 半导体加工测量。在半导体加工过程中通常需要测量高纵比结构，像沟槽和孔洞，以确定刻蚀的深度和宽度。这些在 SEM 下只有将样品沿截面切开才能测量。AFM 可以无损地进行测量后即返回生产线。图 1-29 为光栅的 AFM 图像，扫描范围为 $4\mu m \times 4\mu m$。根据图 1-29 的结果，通过 profile 功能就可以定量测量刻槽的深度及宽度。

③ 粉体研究。在粉体材料的研究中，粉体材料大量地存在于自然界和工业生产中，但目前对粉体材料的检测方法比较少，制样也比较困难。AFM 提供了一种新的检测手段。它的制样简单，容易操作。以 TiO_2 粉体为例，将其在酒精溶液中用超声波进行分散，然后置于新鲜的云母片上进行测试。其原子力显微镜图如图 1-30 所示，TiO_2 粒径为 200nm 左右。

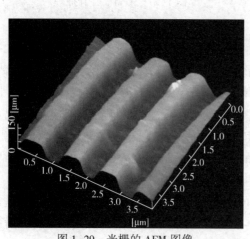

图 1-29　光栅的 AFM 图像

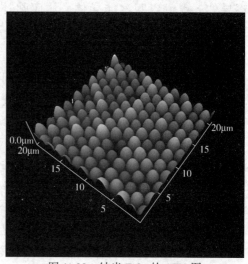

图 1-30　纳米 TiO_2 的 AFM 图

④ 成分分析。在电子显微镜中，用于成分分析的信号是特征 X 射线和背散射电子。特征 X 射线是通过 SEM 系统中的电子能谱仪(Energy Dispersive Spectrometer，EDS)和波谱仪(Wave Dispersive Spectrometer，WDS)来进行成分分析的。在 SEM 中利用背散射电子所呈的背散射像(又称为成分像)对样品的成分或组成进行定性分析。而在 AFM 中不能进行元素分析，但它在相位图的模式下，可以根据材料某些物理性能的不同，来提供其成分信息。作为轻敲模式的一项重要的扩展技术，相位模式是通过检测驱动微悬臂探针振动的信号源的相位角与微悬臂探针实际振动的相位角之差(两者的相移)的变化来成像。如果两种材料从 AFM 形貌上来说，对比度比较小，但又需要研究二者之间的关系，这个时候可以利用二维形貌图结合相图进行分析。图 1-31(a)是膜材料的高分辨 AFM 图，图 1-31(b)是轻敲模式下得到的 AFM 相位图，可以对膜材料中填充颗粒的微分布进行统计分析。

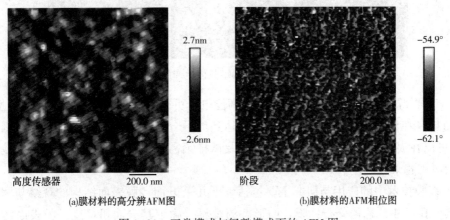

(a)膜材料的高分辨AFM图　　　　　　(b)膜材料的AFM相位图

图 1-31　正常模式与轻敲模式下的 AFM 图

⑤ 晶体生长方面的应用。在室温下用 AFM 探针将一滴多聚 DL 赖氨酸(PLH)滴在石英基片上。接着，用探针扫描这个基片，扫描区域为 $8\mu m \times 8\mu m$。在不断的扫描过程中，先是发现了两块三角形的结晶，其中一块边长只有 320nm。可以发现这两颗"种子"在不断地生长，其他的晶体也在不断出现。同时还发现如果在 AFM 探针上涂上一层 PLH 就可以对晶体的生长进行控制。在控制实验中，PLH 是直接滴在石英基片上的，由此造出了各种大小的随意结构和三角形晶体。当温度提升至 35℃时，晶体由三棱柱结构变成了立方体结构，见图 1-32。对晶体的研究技术与传统 X 射线衍射法相比，最小研究对象要小 5 个数量级。这一进展的意义是以前由于晶体体积太小而无法用传统方法研究的晶体初期生长过程首次展示在人们面前。

⑥ 在薄膜技术中的应用。AFM 在膜技术中的应用相当广泛，它可以在大气环境下和水溶液环境中研究膜的表面形态，精确测定其孔径及孔径分布，还可在电解质溶液中测定膜表面的电荷性质，定量测定膜表面与胶体颗粒之间的相互作用力。无论在对哪个参数的测定中，AFM 都显示了其他方法所没有的优点，因此，其应用范围迅速扩大，已经成为膜科学技术中发展和研究的基本手段。

用于膜表面形态和结构特征研究的手段和方法很多，如扫描电子显微镜、压汞法、泡点法、气体吸附-脱附法、热孔法以及溶质透过特性等。其中只有扫描电子显微镜能够提供直接而又详细的信息，如形状和孔径分布。它在一段时期曾是微电子学的标准研究工具，它可以分辨出小至几纳米的细节，但是这种显微镜要求试样具有较好的导电性，并在真空

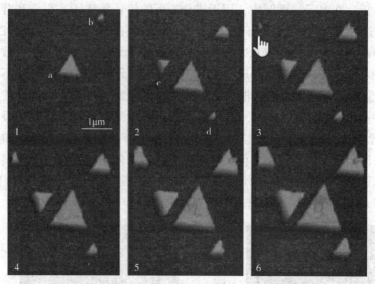

图 1-32 AFM 观察晶体生产的图像

中成像，三维分辨能力较差。另外，发射的高能电子可能会损坏试样表面而造成测量偏差。AFM 通过探针在试样表面来回扫描，生成可达到原子分辨率水平的图像，并不苛刻的操作条件(它可以在大气和液体环境中操作)，以及试样不需进行任何预处理的特点，使其在膜技术中的应用越来越广泛。

　　AFM 在膜技术中的应用与研究主要包括以下几个方面：膜表面结构的观察与测定，包括孔结构、孔尺寸、孔径分布；膜表面形态的观察，确定其表面粗糙度；膜表面污染时的变化，以及污染颗粒与膜表面之间的相互作用力，确定其污染程度；膜制备过程中相分离机理与不同形态膜表面之间的关系等。

1.7　透射电子显微镜(TEM)分析

　　透射电子显微镜(Transmission Electron Microscope，TEM)是以波长极短的电子束作照明源，用电磁透镜聚焦成像的一种具有高分辨本领、高放大倍数的电子光学仪器，图 1-33(a)是日本电子的 JEM-2100Plus 透射电镜外观图。TEM 同时具备物相分析和组织分析这两大功能。物相分析是利用电子和晶体物质作用可以发生衍射的特点，获得物相的衍射花样；而组织分析是利用电子波遵循阿贝成像原理，通过干涉成像的特点，获得各种衬度图像。

1.7.1　透射电子显微镜的原理

　　透射电子显微镜是根据电子光学原理，用电子束和电子透镜代替光束和光学透镜，使物质的细微结构在非常高的放大倍数下成像的仪器。电子显微镜的分辨能力以它所能分辨的相邻两点的最小间距来表示。通常，透射式电子显微镜的分辨率为 0.1~0.2nm(人眼的分辨本领约为 0.1mm)。现在电子显微镜最大放大倍率超过 300 万倍，而光学显微镜的最大放大倍率为 2000 倍左右，所以通过透射电子显微镜就能直接观察到某些重金属的原子和晶体中排列整齐的原子点阵。

如图 1-33(b)所示，由电子枪发射出来的电子束，在真空通道中沿着透镜光轴方向穿越聚光镜，通过聚光镜将之汇聚成一束尖细、明亮而又均匀的光斑，照射在样品室内的样品上，透过样品后的电子束携带有样品内部的结构信息，样品内致密处透过的电子数量少，稀疏处透过的电子数量多，经过物镜的汇聚调焦和初级放大后，电子束进入下级的中间透镜和投影镜进行综合放大成像，最终被放大了的电子影像投射在观察室内的荧光屏板上，荧光屏将电子影像转化为可见光影像以供使用者观察。

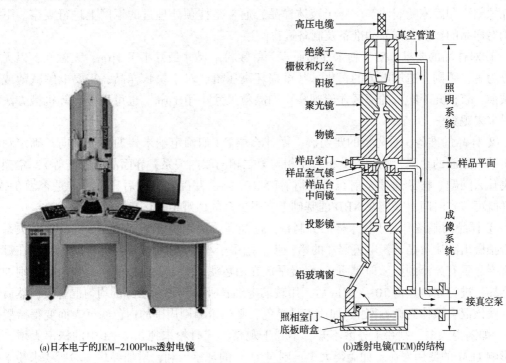

(a)日本电子的JEM-2100Plus透射电镜 (b)透射电镜(TEM)的结构

图 1-33 透射电镜

1.7.2 透射电子显微镜的结构

透射电子显微镜(透镜电镜)的结构如图 1-33(b)所示，是由电子光学系统、真空系统及电源与控制系统三部分构成。

① 电子光学系统。通常称为镜筒，是透射电子显微镜的核心，由于工作原理相同，在光路结构上，电子显微镜与光学显微镜有很大的相似之处。只不过在电子显微镜中，用高能电子束代替可见光源，以电磁透镜代替光学透镜，以此获得更高的分辨率。电子光学系统又包含三部分，即照明系统、成像系统和观察记录系统。照明系统是由电子枪、聚光镜和电子束的调节装置构成。成像系统是由物镜、中间镜、投影镜构成。观察记录系统是由荧光屏及照相机组成，现代透射电镜的记录成像系统大多配有高精密 CCD 相机。

② 真空系统。电子光学系统的工作过程要求在真空条件下进行，这是因为在空气中栅极与阳极间的空气分子电离，导致高电位差的两极之间放电，炽热灯丝迅速氧化，无法正常工作，电子与空气分子碰撞，影响成像质量，试样易于氧化，产生失真。

③ 电源与控制系统。主要用于提供两部分电源：一是电子枪加速电子用的小电流高压电源，二是透镜激磁用的大电流低压电源。

25

1.7.3　透射电子显微镜的制样

TEM 在材料科学、生物学上应用较多。由于电子易散射或被物体吸收，故穿透力低，样品的密度、厚度等都会影响最后的成像质量，必须制备更薄的超薄切片，样品厚度可以在 $5\sim500$nm 之间调整，为了获得好的观测效果样品的厚度通常要求小于 100nm，所以用 TEM 观察时的样品需要处理得很薄。常用的样品制备方法有超薄切片法、冷冻超薄切片法、冷冻蚀刻法和冷冻断裂法等。对于液体样品，通常是挂预处理过的铜网上进行观察。下面分别对样品的要求、样品的准备及制备进行阐述。

① 对样品的要求。对于粉末样品而言，单颗粉末尺寸最好小于 1μm，无磁性，以无机成分为主，否则会造成电镜的污染，甚至损坏高压枪。对于块状样品，需要电解减薄或离子减薄，获得几十纳米的薄区才能观察，如晶粒尺寸小于 1μm，也可用破碎等机械方法制成粉末来观察。

② 样品的准备。首先目的要明确，做什么内容(如确定纳米棒的生长方向，确定观察分析某个晶面的缺陷，相结构分析，主相与第二相的取向关系，界面晶格匹配等)，希望能解决什么问题。样品通过 X 射线粉末衍射(XRD)测试并确定结构后，再决定是否做 TEM，这样既可节省时间，又能在 XRD 的基础上获得更多的微观结构信息。

③ 样品的制备。对于粉末样品的制备，选择高质量的微栅网(直径 3mm)，这是关系到能否拍摄出高质量高分辨电镜照片的第一步。用镊子小心取出微栅网，将膜面朝上(在灯光下观察显示有光泽的面，即膜面)，轻轻平放在白色滤纸上。取适量的粉末和乙醇分别加入小烧杯，进行超声振荡 $10\sim30$min 后，用玻璃毛细管吸取粉末和乙醇的均匀混合液，然后滴 $2\sim3$ 滴该混合液体到微栅网上(如粉末是黑色，则当微栅网周围的白色滤纸表面变得微黑即可)。如滴得太多，则粉末分散不开，不利于观察，同时粉末掉入 TEM 中的概率大增，严重影响 TEM 的使用寿命；如滴得太少，则对 TEM 的观察不利，增加寻找实验所要求粉末颗粒的难度。需等待 15min 以上，以便乙醇尽量挥发后将样品放入 TEM 的样品台中进行观察，否则将影响 TEM 的真空。

对于块状样品制备，可以采用电解减薄法或离子减薄法。电解减薄法是用于金属和合金试样的制备，块状样切成约 0.3mm 厚的均匀薄片，用金刚砂纸机械研磨到 $120\sim150$μm 厚，抛光研磨到约 100μm，冲成直径 3mm 的圆片，选择合适的电解液和双喷电解仪的工作条件，将直径 3mm 的圆片中心减薄出小孔，迅速取出减薄试样放入无水乙醇中漂洗干净。

离子减薄法用于陶瓷、半导体以及多层膜截面等材料试样的制备。对于块状样制备，将块状样切成约 0.3mm 厚的均匀薄片，薄片用石蜡粘贴于超声波切割机样品座上的载玻片上，用超声波切割机冲成直径 3mm 的圆片，用金刚砂纸机械研磨到约 100μm 厚，用磨坑仪在圆片中央部位磨成一个凹坑，凹坑深度为 $50\sim70$μm，凹坑目的主要是减少后序离子减薄过程时间，以提高最终减薄效率，将上述洁净的圆片放入离子减薄仪中，根据试样材料的特性，选择合适的离子减薄参数进行减薄。

1.7.4　透射电子显微镜的应用

(1) 薄膜微结构的观察

图 1-34(a)是 Ir 薄膜形貌的低倍 TEM 像，图中显示薄膜中有高密度带状黑色衬度。这

些带状衬度长轴方向分为两种，一种是竖直的方向，另一种是斜水平方向(图中用白色箭头标出)。图1-34(b)是与图1-34(a)对应的基体[110]取向选区电子衍射(SAED)图。由图可看出，Ir薄膜结晶度较好，且反映出了孪晶衍射的特征。图1-34(c)是图1-34(a)的高倍TEM像。为了定量化孪晶的密度，随机选择多个50nm×50nm的区域分别测定区域内的孪晶数目，取平均数，计算出薄膜的结晶密度为$1.6×10^3(1/\mu m^2)$，这种高密度的孪晶必定会对Ir薄膜的塑性变形行为有较大影响。

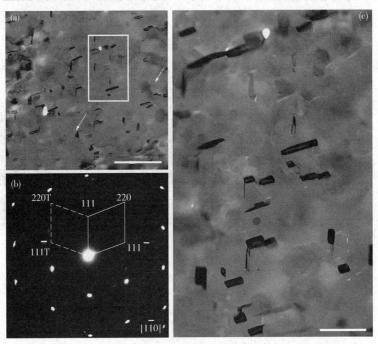

图1-34　TEM观察薄膜微观结构

(a)，(c)：Bar=50nm。(a)Ir薄膜形貌TEM像；(b)与(a)对应的SAED图；
(c)图(a)中白色框区域的明场像[电子显微学报，DOI：1000-G281 (2021) 02-0101-07]

(2) 纳米材料的微结构观察

图1-35为氮化硼纳米片的TEM测试结果，其中图1-35(a)为氮化硼纳米片的形貌图，从中可以看出样品呈少层堆叠，具有褶皱的薄片状。图1-35(b)为氮化硼纳米片的电子衍射图，可以看出样品为六方晶系，且平面内结构没有被破坏。图1-35(c)为氮化硼纳米片的高分辨透射电镜(HRTEM)图像，该图证实了氮化硼纳米片的高结晶性。

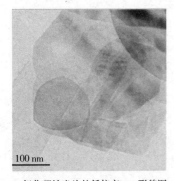  

(a)氮化硼纳米片的低倍率TEM形貌图　　(b)氮化硼纳米片的电子衍射图　　(c)氮化硼纳米片的高分辨透射电镜图

图1-35　氮化硼纳米片的TEM像(DOI：10.16790/j.cnki 1009-9239.im 2021.02.007)

（3）芯片加工的观察

在半导体、集成电路等电子产品生产中，等离子表面刻蚀是一种常用的工艺，是利用典型的气体电离形成具有强烈蚀刻性的气相等离子体与物体表面的基体发生化学反应生成如 CO、CO_2、H_2O 等气体，从而达到蚀刻的目的。四氟化碳（CF_4）是实现刻蚀功能的一种无色无味的气体，四氟化碳在电离后会产生含氢氟酸成分的刻蚀性气相等离子体，能够对各种有机表面实现刻蚀达到去除损伤层的目的。如图 1-36 所示，使用 TEM 测试显示最终损伤层减薄由 172.5nm 显著减少到大约 1.9nm，这将极大地减少芯片在贴片过程中造成的断裂的风险。

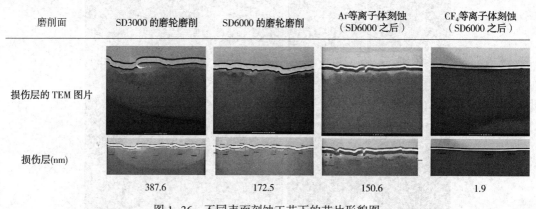

图 1-36　不同表面刻蚀工艺下的芯片形貌图

第 2 章 晶体的物相分析

2.1 物相分析概述

物相分析是指对物质中各组成成分的状态、形态、价态进行确定的分析方法。物相分析不仅包括对材料物相的定性分析，还包括定量分析各种不同的物相在组织中的分布情况。

物相分析主要有三种方法：X 射线衍射（X-Ray Diffraction，XRD）、电子衍射（Electron Diffraction）及中子衍射（Neutron Diffraction）。其共同的原理是利用电磁波、运动电子束或中子束等与材料内部规则排列的原子作用，产生相干散射，获得材料内部原子排列的信息，从而重组出物质的结构。

用 X 射线照射晶体，晶体中的电子受迫振动产生相干散射，同一原子内各电子散射波相互干涉形成原子散射波，各原子散射波相互干涉，在某些方向上一致加强，即形成了晶体的衍射线，衍射线的方向和强度反映了材料内部的晶体结构和组成。

电子衍射分析立足于运动电子束的波动性。入射电子被样品中的各个原子弹性散射，相互干涉在某些方向上一致加强，形成了衍射波。由于电子与物质的相互作用比 X 射线强 4 个数量级，电子束又可以在电磁场作用下聚集得很细小，所以特别适合测定微细晶体或亚微米尺度的晶体结构。依据入射电子的能量大小，电子衍射可分为低能电子衍射（Low Energy Electron Diffraction，LEED）和高能电子衍射（High Energy Electron Diffraction，HEED）。LEED 以能量为 10~500eV 的电子束照射样品表面，产生电子衍射。由于入射电子能量低，因而 LEED 给出的是样品表面 1~5 个原子层的（结构）信息，故 LEED 是分析晶体表面结构的重要方法，应用于表面吸附、腐蚀、催化、外延生长、表面处理等材料表面科学与工程领域。HEED 入射电子的能量为 10~200keV。由于原子对电子的散射能力远高于对 X 射线的散射能力（高 10^4 倍以上），并且电子穿透能力差，因而透射式高能电子衍射只适用于对薄膜样品的分析。HEED 的专用设备为电子衍射仪，但随着透射电子显微镜的发展，电子衍射分析多在透射电子显微镜上进行。

与 X 射线、电子受原子的电子云或势场散射的作用机理不同，中子受物质中原子核的散射，所以原子的轻重对中子的散射能力影响比较大，中子衍射有利于测定材料中轻原子的分布。总之，这三种衍射法各有特点，应视分析材料的具体情况做选择。本章主要介绍常见的两种物相分析方法，XRD 法和 HEED 法（透射电镜）。

2.2 X射线衍射(XRD)分析

XRD 分析就是利用 X 射线在晶体物质中的衍射效应，进行物质结构分析的技术，图 2-1(a) 为布鲁克 AXS X 射线衍射仪，图 2-1(b) 为 XRD 结构。X 射线本质和无线电波、可见光、γ 射线等一样，属于电磁波或电磁辐射，同时具有波动性和粒子性特征。波长较可见光短，与晶体的晶格常数是同一数量级，为 $10^{-12} \sim 10^{-8}$m，介于紫外线和 γ 射线之间。

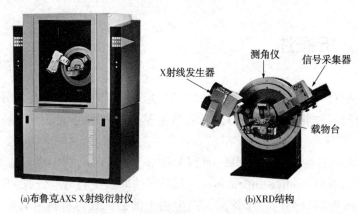

(a)布鲁克AXS X射线衍射仪　　　　(b)XRD结构

图 2-1　XRD 仪器型号及工作原理

高速运动的电子撞击物质后，与该物质中的原子相互作用发生能量转移，损失的能量通过两种形式释放出 X 射线。一种形式是高能电子击出原子的内层电子产生一个空位，当外层电子跃入空位时，损失的能量以表征该原子特征的 X 射线释放。另一种形式则是高速电子受到原子核的强电场作用被减速，损失的能量以波长连续变化的 X 射线形式出现。因此产生 X 射线的基本条件：①产生带电粒子；②带电粒子做定向高速运动；③在带电粒子运动的路径上设置使其突然减速的障碍物。

X 射线穿过物质时强度衰减，除主要是因为真吸收消耗于光电效应和热效应外，还有一部分偏离原来方向，即发生散射。物质对 X 射线的散射主要是电子与 X 射线相互作用的结果，物质中的核外电子可分为两大类：原子核弱束缚的外层电子和原子核强束缚的内层电子，X 射线照射到物质后对于这两类电子会产生两种散射效应。

X 射线与原子束缚较紧的内层电子碰撞，光子将能量全部传递给电子，电子受 X 射线电磁波的影响将在其平衡位置附近产生受迫振动，而且振动频率与入射 X 射线相同。根据经典电磁理论，一个加速的带电粒子可作为一个新波源向四周发射电磁波，所以上述受迫振动的电子本身已经成为一个新的电磁波源，向各方向辐射的电磁波称为 X 射线散射波。虽然入射 X 射线波是单向的，但 X 射线散射波射向四面八方，这些散射波之间符合振动方向相同、频率相同、位相差恒定的光干涉加强条件，即发生相互干涉，故称之为相干散射，原来入射的光子随着能量散失而消失。相干散射波虽然只占入射能量的极小部分，但因它的相干特性而成为 XRD 分析的基础。

当 X 射线光子与受原子核弱束缚的外层电子、价电子或金属晶体中的自由电子相碰撞时，这些电子将被撞离原运行方向，同时携带光子的一部分能量而成为反冲电子。根据动量和能量守恒，入射的 X 射线光量子也因碰撞而损失部分能量，使波长增加并与原方向偏离 2θ 角，这种散射效应是由康普顿和我国物理学家吴有训首先发现的，故称为康-吴效应，其定量关系遵守量子理论规律，故也称为量子散射。因为散布在空间各个方向的量子散射波与入射波的波长不相同，位相也不存在确定的关系，因此不能产生干涉效应，所以也称为非相干散射。非相干散射不能参与晶体对 X 射线的衍射，只会在衍射图上形成强度随 $\sin\theta/\lambda$ 增加而增加的背底，给衍射精度带来不利影响。

2.2.1 X 射线衍射(XRD)分析的原理

每一种结晶物质，都有其特定的晶体结构，包括点阵类型、晶面间距等参数。用具有足够能量的 X 射线照射试样，试样中的物质受激发，会产生二次荧光 X 射线(标识 X 射线)，晶体的晶面反射遵循布拉格定律。通过测定衍射角位置(峰位)可以进行化合物的定性分析，测定谱线的积分强度(峰强度)可以进行定量分析，而测定谱线强度随角度的变化关系可进行晶粒的大小和形状的检测。

XRD 是利用晶体形成的 X 射线衍射，对物质进行内部原子在空间分布状况的结构分析方法。将具有一定波长的 X 射线照射到结晶性物质上时，X 射线因在结晶内遇到规则排列的原子或离子而发生散射，散射的 X 射线在某些方向上相位得到加强，从而显示与结晶结构相对应的特有的衍射现象。衍射 X 射线满足布拉格方程：

$$2d\sin\theta = n\lambda$$

式中，λ 为 X 射线的波长；θ 为衍射角；d 为结晶面间隔；n 为整数。

波长 λ 可用已知的 X 射线衍射角测定，进而求得面间隔，即结晶内原子或离子的规则排列状态。将求出的衍射 X 射线强度和面间隔与已知的表对照，即可确定试样结晶的物质结构，此即定性分析。从衍射 X 射线强度的比较，可进行定量分析。XRD 分析的特点在于可以获得元素存在的化合物状态、原子间相互结合的方式，从而可进行价态分析，可用于对环境固体污染物的物相鉴定，如大气颗粒物中的风沙和土壤成分、工业排放的金属及其化合物(粉尘)、汽车排气中卤化铅的组成、水体沉积物或悬浮物中金属存在的状态等。

2.2.2 X 射线衍射仪的构成

XRD 的形式多种多样，用途各异，但其基本构成相似，主要部件包括五部分。

① X 射线发生器，由 X 射线光管提供测量所需的 X 射线，改变 X 射线管阳极靶的材质可改变 X 射线的波长，调节阳极电压可控制 X 射线源的强度。

② 样品及样品位置取向的调整机构(测角仪)系统，样品须是单晶、粉末、多晶或微晶的固体块。

③ 射线检测器，检测衍射强度或同时检测衍射方向。

④ 测量记录系统：通过仪器测量记录系统或计算机处理系统可以得到多晶衍射图谱数据。

⑤ 衍射图的处理分析系统：现代 X 射线衍射仪都附带专用衍射图处理分析软件的计算机系统，它们的特点是自动化和智能化。

2.2.3　X射线衍射分析的方法

根据布拉格定律，要产生衍射，必须使入射线与晶面所呈的夹角 θ、晶面间距 d 及 X 射线波长 λ 等之间满足布拉格方程。通常，它们的数值未必满足，因此要观察到衍射现象，必须设法连续改变 θ 或 λ，在此介绍以下三种常用的衍射方法。

（1）劳厄法

劳厄法是用连续 X 射线照射固定单晶体的衍射方法，一般以垂直于入射线束的平板照相底片来记录衍射花样，衍射花样是由很多斑点构成，这些斑点称为劳厄斑点或劳厄相。单晶体的特点是每种晶面[hkl]只有一组，单晶体固定在台架上之后，任何晶面相对于入射X 射线的方位固定，即入射角一定。虽然入射角一定，但由于入射线束中包含着从短波线开始的多种不同波长的 X 射线，相当于反射球壳的半径连续变化，使得倒易点有机会与其中某个反射球相交，形成衍射斑点，如图 2-2(a) 所示。所以每一族晶面仍可以选择性地反射其中满足布拉格方程的特殊波长的 X 射线，这样不同的晶面族都以不同方向反射不同波长的 X 射线，从而在空间形成很多衍射线，它们与底片相遇，就形成许多劳厄斑点。

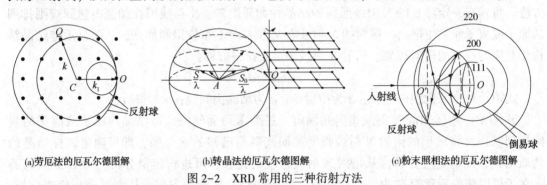

(a)劳厄法的厄瓦尔德图解　　(b)转晶法的厄瓦尔德图解　　(c)粉末照相法的厄瓦尔德图解

图 2-2　XRD 常用的三种衍射方法

（2）转动晶体法

转动晶体法是用单色 X 射线照射转动的单晶体的衍射方法。转晶法的特点是入射线的波长 λ 不变，而依靠旋转单晶体以连续改变各个晶面与入射线的 θ 角来满足布拉格方程的条件。在单晶体不断旋转的过程中，某个晶面会于某个瞬间和入射线的夹角恰好满足布拉格方程，于是在此瞬间便产生一根衍射线束，在底片上感光出一个感光点。如果单晶样品的转动轴相对于晶体是任意方向，则获得的衍射相上斑点的分布将显得无规律性，当转动轴与晶体点阵的一个晶向平行时，衍射斑点将显示有规律地分布，即这些衍射斑点将分布在系列平行的直线上。这些平行线称为层线，通过入射斑点的层线称为零层线，从零层线向上或向下，分别有正负第一、第二……层线，它们对于零层线而言是对称分布的，用厄瓦尔德图解[如图 2-2(b)]很容易说明转晶图的特征：由正、倒点阵的性质可知，对于正点阵取指数为[uvw]的晶向作为转动轴，则和它对应的倒易点阵平面族[uvw]*就垂直于这个轴，因此当晶体试样绕此轴旋转时，则与之对应的一组倒结点平面也跟着转动，它们与反射球相截得到一些纬度圆，这些圆相互平行，且各相邻圆之间的距离等于这个倒易点阵平面族的面间距 d。也就是说晶体转动时，倒结点与反射球相遇的地方必定都在这些圆上，这样衍射线的方向必定在反射球球心与这些圆相连的一些圆锥的母线上，它们与圆筒形底片相交得到许多斑点，将底片摊平，这些斑点就处在平行的层线上。

（3）粉末照相法

陶瓷材料一般都是多晶体，所以用单色 X 射线照射多晶体或粉末试样的衍射方法是应用范围较广的衍射方法。多晶体试样一般是由大量小单晶体聚合而成的，它们以完全杂乱无章的方式聚合起来，称为无择优取向的多晶体。粉末试样或多晶体试样从 X 射线衍射观点来看，实际上相当于一个单晶体绕空间各个方向做任意旋转的情况，因此在倒空间中，一个倒结点 P 将演变成一个倒易球面，很多不同的晶面就对应于倒空间中很多同心的倒易球面。若用照相底片来记录衍射图，则称为粉末照相法，简称粉末法，若用计数管来记录衍射图，则称为衍射仪法。

当一束单色 X 射线照射到试样上时，对每一族晶面[hkl]而言，总有某些小晶体，其[hkl]晶面族与入射线的方位角 θ 正好满足布拉格条件而能产生反射。由于试样中小晶粒的数目很多，满足布拉格条件的晶面族[hkl]也很多，它们与入射线的方位角都是 θ，从而可以想象成为是由其中的一个晶面以入射线为轴旋转而得到的，于是可以看出它们的反射线将分布在一个以入射线为轴，以衍射角 2θ 为半顶角的圆锥面上[如图 2-2（c）所示]。不同晶面族的衍射角不同，衍射线所在的圆锥的半顶角也不同。各不同晶面族的衍射线将共同构成一系列以入射线为轴的同顶点的圆锥。用厄瓦尔德图解法可以说明粉末衍射的特征：倒易球面与反射球相截于一系列的圆上，而这些圆的圆心都是在通过反射球球心的入射线上，于是衍射线就在反射球球心与这些圆的连线上，即以入射线为轴，以各族晶面的衍射角 2θ 为半顶角的一系列圆锥面上。

2.2.4 X 射线衍射分析的应用

（1）物相分析

晶体的 X 射线衍射图像实质上是晶体微观结构的一种精细复杂的变换，每种晶体的结构与其 X 射线衍射图之间都有着一一对应的关系，其特征 X 射线衍射图谱不会因为他种物质混聚在一起而产生变化，这就是 X 射线衍射物相分析方法的依据，图 2-3 为四种 Fe_2O_3 样品的 XRD 谱图。制备各种标准单相物质的衍射花样并使之规范化，将待分析物质的衍射花样与之对照，从而确定物质的组成相，就成为物相定性分析的基本方法。鉴定出各个相后，根据各相花样的强度正比于各组分存在的量（需要做吸收校正者除外），就可对各种组分进行定量分析。目前常用衍射仪法得到衍射图谱，用"粉末衍射标准联合会（JCPDS）"负责编辑出版的"粉末衍射卡片（PDF 卡片）"进行物相分析。

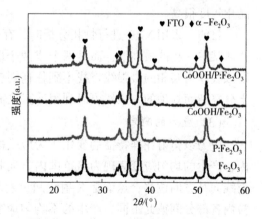

图 2-3　四种 Fe_2O_3 样品的 XRD 图谱

（2）结晶与取向判断

在衍射仪获得的 XRD 图谱上，如果样品是较好的"晶态"物质，图谱的特征是有若干或许多个，通常是彼此独立的很窄的"尖峰"，其半高度处的 2θ 宽度在 0.1°～0.2°左右，这一宽度可以视为由实验条件决定的晶体衍射峰的最小宽度。如果这些"峰"明显地变宽，则可以判定样品中晶体的颗粒尺寸将小于 300nm，可以称之为"微晶"。根据晶体的 X 射线衍射理论中的 Scherrer 公式，该公式描述的就是晶粒尺寸与衍射峰半峰宽之间的关系。$D_{hld}=k\lambda/\beta cos\theta_{hld}$（该公式需注意：半峰宽 β 是衍射峰强度为极大值一半处的宽度，单位以弧度表示；计算出的晶粒大小，仅代表晶面法线方向的值，与其他方向的晶粒大小无关；k 为影响因子，通常球状粒子空位 0.075，立方晶体为 0.9，一般 k 取 1；测定范围通常为 $3\sim200nm$）。

非晶质衍射图的特征：在整个扫描角度范围内（从 2θ 为 $1°\sim2°$ 开始到几十度）只观察到被散射的 X 射线强度平缓的变化，其间可能有一到几个最大值；起始处因为接近直射光束强度较大，随着角度的增加强度迅速下降，到高角度强度慢慢地趋向仪器的本底值。从 Scherrer 公式的观点看，这个现象可以视为晶粒极限地细小下去，导致晶体的衍射峰极大地宽化、相互重叠而模糊化的结果。晶粒细碎化的极限就是只剩下原子或离子这些粒子间的"近程有序"了，这就是我们所设想的"非晶质"微观结构的场景。非晶质衍射图上的一个最大值相对应的是该非晶质中一种常发生的粒子间距离。介于这两种典型之间而偏一些"非晶质"的过渡情况便是"准晶"态了。

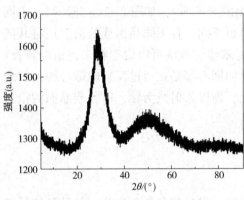

图 2-4 Bi_2O_3-B_2O_3-ZnO 玻璃料 XRD 图

图 2-4 为制备的 Bi_2O_3-B_2O_3-ZnO 玻璃料 XRD 图，从 XRD 图谱中可以看到一大一小两个非晶峰，位置在 $2\theta=30°$ 和 $2\theta=50°$，没有明显的尖锐峰存在，这也说明了所制备的玻璃料是非晶态。为了进一步研究玻璃料的非晶化程度，对玻璃料 XRD 非晶峰进行高斯拟合计算出半高宽，用来衡量玻璃的晶化倾向。半高宽越大，玻璃料非晶化程度越高，性能越稳定，作为黏结相对促进铜微米颗粒烧结以及提高烧结导电厚膜的附着强度越有利。通过计算，所制备的玻璃料的半高宽为 $6.554nm$，说明此玻璃料的非晶化程度很高。

目前，采用 XRD 进行物相分析时，存在的主要问题是，待测物图样中的最强线条可能并非某单一相的最强线，而是两个或两个以上相的某些次强或三强线叠加的结果。这时若以该线作为某相的最强线将找不到任何对应的卡片。在众多卡片中找出满足条件的卡片是十分复杂而烦琐的。虽然可以利用计算机辅助检索，但仍难以令人满意。

（3）应力的测定

应力以衍射花样特征的变化作为应变的量度。宏观应力均匀分布在物体中的较大范围内，产生的均匀应变表现为该范围内方向相同的各晶粒中同名晶面间距变化相同，导致衍射线向某方向位移，这就是 X 射线测量宏观应力的基础；微观应力在各晶粒间甚至一个晶粒内各部分间彼此不同，产生的不均匀应变表现为某些区域晶面间距增加、某些区域晶面间距减少，结果使衍射线朝不同方向位移，使其衍射线弥散宽化，这是 X 射线测量微观应力的基础。超微观应力在应变区内使原子偏离平衡位置，导致衍射线强度减弱，故可以通过 X 射线强度的变化测定超微观应力。测定应力一般用衍射仪法。

X 射线测定应力具有非破坏性、可测小范围局部应力、可测表层应力、可区别应力类型、测量时无须使材料处于无应力状态等优点，但其测量精确度受组织结构的影响较大，X 射线也难以测定动态瞬时应力。

（4）定量分析

从衍射线强度理论可知，多相混合物中某一相的衍射强度，随该相的相对含量的增加而增高，但受试样的吸收等因素的影响，一般来说某相的强度与其相对含量并不呈线性的正比关系，而是呈曲线关系，如图2-5(a)所示。如果用实验测量或理论分析等方法确定了该关系曲线，就可以从实验测得的强度算出该相的含量，这是XRD法定量的理论依据。目前XRD定量分析方法主要有外标法、内标法、全谱分析法、绝热法等。采用内标法和外标法进行物相定量分析时，须准备待测样品中所含物相的纯样，并制备一系列内标物质量分数已知的试验样品，但这些物相的纯样不易得到。

图2-5(b)为BaTiO$_3$粉体四方相标准试样XRD图谱，从图中可看出，随着四方相含量的增大，在2θ约为45°处出现了(200)和(002)的双峰结构，即衍射峰发生分裂，当只有一个衍射峰时为完全的立方相，有两个衍射峰时，说明含有四方相，并且分裂的程度随四方相含量的增大而更加明显。根据(200)峰的强度与浓度的关系[图2-5(a)]，即可进行定量分析。

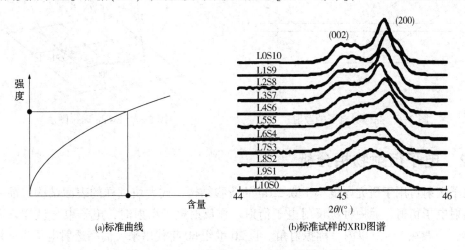

(a)标准曲线   (b)标准试样的XRD图谱

图2-5　BaTiO$_3$粉体四方相(200)定量分析

2.3　电子衍射分析

除了X射线衍射，电子衍射也是物相分析的重要手段，电子衍射的专用设备为电子衍射仪。随着透射电子显微镜的发展，电子衍射分析多在透射电子显微镜上进行。电子显微镜兼具物相分析和组织观察两种功能，而这两种功能的主要技术原理都是电子衍射。与扫描电镜和X射线衍射仪相比，透射电子显微镜具有明显的优势，由于电子束可以汇聚到纳米量级，它可实现样品选定区域电子衍射(选区电子衍射)或微小区域衍射(微衍射)，在获得目标区域的组织形貌的同时，还可以实现微区物相分析，从而将微区的物相结构(衍射)分析与其形貌特征严格对应起来，因此本部分阐述透射电子显微镜在物相分析中的应用。

2.3.1　电子衍射分析的原理

如图2-6所示，一束波长为λ的电子波被一族晶面间距为d的晶面散射后，各晶面散射线干涉加强的条件是$2d\sin\theta=n\lambda$，这就是布拉格定律，是产生衍射的必要条件，但是，满足布拉格定律条件，也未必一定产生衍射，称这种情况为结构消光，因为衍射强度正比于结构因子的平方。

根据布拉格定律估算出$\theta<1°$，这表明能产生布拉格衍射的晶面几乎平行于入射电子束。

如图2-7所示，K_0为入射波方向，K为出射波方向，Ewald球的半径为$1/\lambda$，倒格矢$O'G=g$，$\sin\theta=(g/2)/(1/\lambda)$，结合布拉格定律，可得出$g_{hkl}=1/d$。Ewald球内的三个矢量$K_0$、$K$、$g_{hkl}$清楚地描述了入射束、衍射束和衍射晶面之间的相对关系。

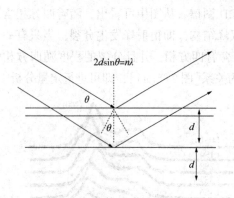

图2-6　晶体对电子的散射

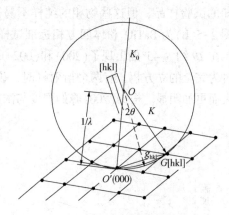

图2-7　Ewald球作图法

2.3.2　电子衍射物相分析

电子衍射可用于研究厚度小于$0.2\mu m$的薄膜结构，或大块试样的表面结构。前一种情况称透射电子衍射，后一种称反射电子衍射。作反射电子衍射时，电子束与试样表面的夹角很小，一般在$1°\sim2°$以内，称掠射角。自20世纪60年代以来，商品透射电子显微镜都具有电子衍射功能，而且可以利用试样后面的透镜，选择小至$1\mu m$的区域进行衍射观察，称为选区电子衍射，而在试样之后不用任何透镜的情形称高分辨电子衍射。带有扫描装置的透射电子显微镜可以选择小至数千埃甚至数百埃的区域作电子衍射观察，称微区衍射。

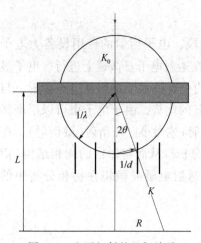

图2-8　电子衍射的几何关系

（1）电子衍射花样的形成

由厄瓦尔德作图法（2.2.3 X射线衍射分析的方法）可知，倒易点（指数为hkl）正好落在衍射球的球面上时，其对应的晶面可以发生衍射，产生的衍射线沿着球心到倒易点的方向，当该衍射线于底片（或荧光屏）相交时，形成一个衍射斑点，所有参与衍射晶面的衍射斑点构成了一张电子衍射花样。

（2）电子衍射的基本公式

电子衍射的几何关系如图2-8所示。

在透射电镜中，我们在离试样L（相机常数）处的荧光屏上记录相应的衍射斑点，中心斑点到相应衍射点的距离为R。根据三角形相似原理，并结合布拉格定律，

可以得到

$$L\lambda = Rd$$

此公式可用于分析电子衍射谱。在实际工作中，$L\lambda$ 是已知的，从衍射谱可以量出 R 值，利用上述公式便可以求出晶面间距 d。

2.3.3 各种结构的衍射花样

材料的晶体结构不同，其电子衍射图中存在明显的差异。

① 单晶体的衍射花样：单晶材料的衍射斑点形成规则的二维网格形状（图 2-9），衍射花样与二维倒易点阵平面上倒易阵点的分布是相同的，电子衍射图的对称性可以用一个二维倒易点阵平面的对称性加以解释。由于与电子束入射方向平行的晶体取向不同，其与衍射球相交得到的二维倒易点阵不同，因此衍射花样也不同。

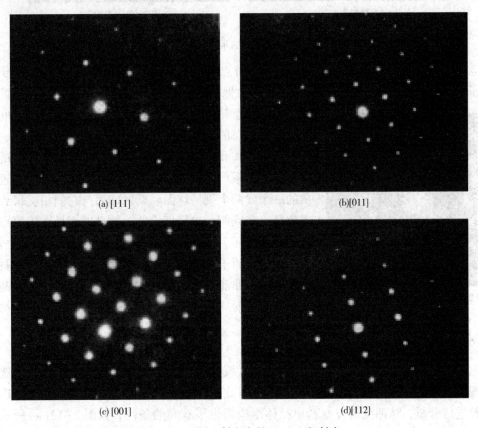

(a) [111]   (b)[011]

(c) [001]   (d)[112]

图 2-9　不同入射方向的 C-ZrO$_2$ 衍射点

② 多晶材料的电子衍射：如果晶粒尺度很小，且晶粒的结晶学取向在三维空间是随机分布的，任意晶面组 [hkl] 对应的倒易阵点在倒易空间中的分布是等概率的，形成以倒易原点为中心，[hkl] 晶面间距的倒数为半径的倒易球面。无论电子束沿任何方向入射，[hkl] 倒易球面与反射球面相交的轨迹都是一个圆环形，由此产生的衍射束为圆形环线。所以多晶的衍射花样是一系列同心的环，环半径正比于相应的晶面间距的倒数。当晶粒尺寸较大时参与衍射的晶粒数减少使得这些倒易球面不再连续，衍射花样为同心圆弧线或衍射斑点，如图 2-10 所示。

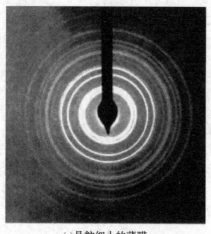
(a)晶粒细小的薄膜

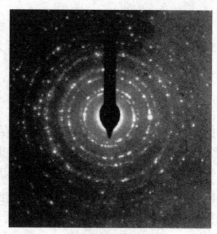
(b)晶粒较大的薄膜

图 2-10　NiFe 多晶纳米薄膜的电子衍射

③ 非晶态物质衍射：非晶态结构物质的特点是短程有序、长程无序，即每个原子的近邻原子的排列仍具有一定的规律，仍然较好地保留着相应晶态结构中所存在的近邻配位情

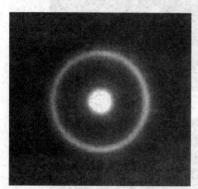

图 2-11　典型的非晶衍射花样

况；但非晶态材料中原子团形成的这些多面体在空间的取向是随机分布的，非晶的结构不再具有平移周期性，因此也不再有点阵和单胞。由于单个原子团或多面体中的原子只有近邻关系，反映到倒空间也只有对应这种原子近邻距离的一个或两个倒易球面。反射球面与它们相交得到的轨迹都是一个或两个半径恒定的，并且以倒易点阵原点为中心的同心圆环。由于单个原子团或多面体的尺度非常小，其中包含的原子数目非常少，倒易球面也远比多晶材料的厚。所以，非晶态材料的电子衍射图只含有一个或两个非常弥散的衍射环，如图 2-11 所示。

2.3.4　选区电子衍射

电子衍射的一个优势是可以对特定微小区域的物相进行分析，这种功能是通过选区衍射实现的。由于选区衍射所选的区域很小，因此能在晶粒十分细小的多晶体样品内选取单个晶粒进行分析，从而为研究材料单晶体结构提供了有利的条件。如图 2-12(a) 所示，在 NiAl 的多层膜组织中含有很多晶粒，如果对整个观察区域进行物相分析，只能得到多晶环，如图 2-12(b) 所示，无法知道每个晶粒具体属于哪种物相，但通过选取特定区域(如白色环内区域)进行衍射分析，可得到该区域的物相信息，如图 2-12(c) 所示。

实现选区衍射的方式如下，首先得到组织形貌像，此时中间镜的物平面落在物镜的像面上，在物镜像平面内插入选区光阑，套住目标微区，此时除目标微区以外，其他部分的电子束全部被选区光阑挡掉，只能看到所选微区的图像，降低中间镜激磁电流，使中间镜的物平面落在物镜的后焦面上，从而使电镜从成像模式转变为衍射模式，这时得到的衍射花样就只包括来自所选区域的信息。

(a)NiAl多层膜的组织形貌

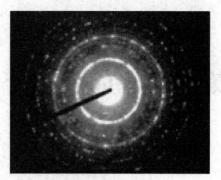

(b)大范围衍射花样

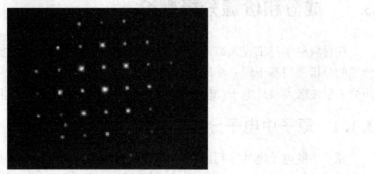

(c)单个晶粒的选区衍射

图 2-12　选区的衍射图像

第3章　成分和价键(电子)结构分析

3.1　成分和价键分析概论

在材料科学与工程领域内，常常需要对各种样品进行化学成分的分析。大部分成分和价键的分析手段基于同一个原理，即核外电子的能级分布反映了原子的特征信息。利用不同的入射波激发核外电子，使之发生层间跃迁，在此过程中产生元素的特征信息。

3.1.1　原子中电子分布和跃迁

原子内的电子遵从泡利不相容原理，分布在一系列不连续能级壳层上，各壳层的能量由里到外逐渐增加 $E_K < E_L < E_M < \cdots$。电子按能量最低原理首先填充最靠近原子核的低能级壳层，然后按 L、M、N…由低到高依次填充各壳层。当入射的电磁波或粒子所具有的动能足以将原子内层的电子击出其所属的电子壳层，迁移到能量较高的外部壳层，或者将该电子击出原子系统而使原子电离，导致原子的总能量升高，并处于激发状态。这种激发态不稳定，有自发向低能态转化的趋势，因此原子较外层电子将跃迁入内层填补空位，使总能量重新降低，趋于稳定。跃迁的始态和终态的能量差为 ΔE，能量差 ΔE 为原子的特征能量，它由元素种类决定，并受原子所处环境的影响。因此可以根据一系列的 ΔE 确定样品中的原子种类和价键结构。

3.1.2　各种特种信号产生的机制

上述能量差 ΔE 会体现为电子跃迁产生的各种信号(特征 X 射线、光电子、俄歇电子、特征能量损失电子)的能量。根据信号种类的不同，形成了各种不同的测试手段。各种信号的产生机制如下。

(1) 特征 X 射线

激发态和基态的能量差能够以 X 射线光子的形式放出，形成特征 X 射线，波长由下式确定：

$$\Delta E = E_h - E_l = h\nu = hc/\lambda \qquad (3-1)$$

式中，E_h 和 E_l 分别为电子处于高能量状态和低能量状态时所具有的能量。对于原子序数为 Z 的物质，各原子能级所具有的能量是固定的，如图 3-1 所示，因此特征 X 射线波长为

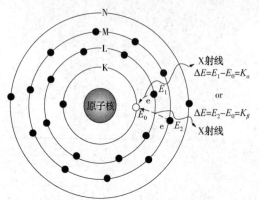

图 3-1　特征 X 射线的产生原理

定值。

X 射线荧光光谱分析（XFS）和电子（探针）X 射线显微分析（EPMA）都是以特征 X 射线作为信号的分析手段。X 射线荧光光谱分析的入射束是 X 射线，而电子（探针）X 射线显微分析的入射束是电子束。二者的分析仪器都分为能谱仪（EDS）和波谱仪（WDS）两种。能谱仪是将特征 X 射线光子按照能量大小进行分类和统计，最后显示的是以 X 射线光子能量为横坐标、能量脉冲数（表示 X 射线光子产额即荧光强度）为纵坐标的能谱图。由于 X 射线光子能量（取决于原子能级结构）是元素种类的特征信息，而其产率（强度）与元素含量相关，根据能谱仪的谱图即可实现材料化学成分的定性与定量分析。波谱仪将特征 X 射线光子按照波长大小进行分类和统计，不同能量（或波长）的 X 射线信号的鉴别是由晶体衍射进行的，最后显示的是以 X 射线光子波长为横坐标、脉冲数为纵坐标的 X 射线荧光波谱图。

（2）俄歇电子

一定能量的电子束轰击固体样品表面，将样品内原子的内层（E_1）电子击出，使原子处于高能的激发态。外层（E_2）电子跃迁到内层的电子空位，同时以两种方式释放能量：发射特征 X 射线或引起另一外层（E_3）电子电离，使其以特征能量射出固体样品表面，此即俄歇电子（图 3-2）。俄歇电子的能量 $\Delta E = E_1 - E_2 - E_3$。

虽然俄歇电子的动能主要由元素的种类和跃迁轨道所决定，但元素在样品中所处的化学环境同样会造成电子结合能的微小差异，导致

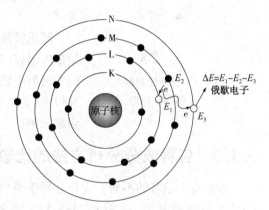

图 3-2　俄歇电子产生的原理

俄歇电子能量的变化，这种变化就称作元素的俄歇化学位移，因此根据俄歇电子的动能可以确定元素类型，以及元素的化学环境。

利用俄歇电子进行成分分析的仪器有俄歇电子能谱仪（AES）。俄歇电子能谱仪所用的信号电子激发源是电子束，利用俄歇电子能谱可以进行定性和半定量的化学成分分析。

（3）光电子

当一束能量为 $h\nu$ 的单色光与原子发生相互作用，而入射光量子的能量大于激发原子某一能级电子的结合能时，此光量子的能量很容易被电子吸收，获得能量的电子便可脱离原子核束缚，并带有一定的动能从内层逸出，成为自由电子，这种效应称为光电效应，在光激发下发射的电子，称为光电子。在光电效应过程中，根据能量守恒原理：

$$h\nu = E_B + E_K \tag{3-2}$$

各原子的不同轨道电子的结合能是一定的，具有标识性；此外，同种原子处于不同化学环境也会引起电子结合能的变化，因此，可以检测光电子的动能。由光电发射定律得知相应能级的结合能，来进行元素的鉴别、原子价态的确定以及原子所处化学环境的探测。

利用光电子进行成分分析的仪器有 X 射线光电子谱仪（XPS）和紫外光电子谱仪（UPS），分别采用 X 射线和紫外光作为入射光源。其中 X 光电子能谱已发展成为具有表面元素分析、

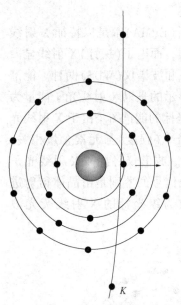

图 3-3 特征能量损失
电子的产生原理

化学态和能带结构分析以及微区化学态成像分析等功能的强大表面分析仪器。

(4) 特征能量损失电子

当入射电子与样品原子的核外电子相互作用时，入射电子的部分能量传递给核外电子，使核外电子跃迁到费米能级以上的空能级(图 3-3)，由于跃迁的终态与费米能级以上的空能级分布有关，而始态为核外电子的初始能级，因此跃迁吸收的能量由原子种类决定，并受周围化学环境的影响。同时，入射电子损失的能量由样品中的原子种类和化学环境决定。因此检测透过样品的入射电子(透射电子)的能量，并按其损失能量的大小对透射电子进行分类，可以得到能量损失谱。

利用特征能量损失电子进行元素分析的仪器叫作电子能量损失谱仪(EELS)，它作为透射电子显微镜的附件出现。与同为透射电镜附件的能谱仪(EDS)相比，EELS 的能量分辨率高得多(为 0.3eV)，且特别适合轻元素的分析，因此 EELS 得到越来越广泛的应用。

3.1.3 各种成分分析方法的比较

按照发出信号的不同，成分分析手段可以分为两类：X 光谱和电子能谱，发出信号分别是 X 射线和电子。X 光谱包括 XFS 和 EPMA 两种技术，而电子能谱包括 XPS、AES、EELS 等分析手段。

(1) X 光谱的特点和分析手段比较

X 光谱的 X 光子可以从很深的样品内部(500nm~5μm)射出，因此它不仅是表面成分的反映，还包含样品内部的信息，反映的成分更加综合全面。但 X 光子产生的区域范围相对电子信号大得多，因此 X 光谱的空间分辨率通常不是太高。同时由于现有仪器对于 X 光子能量分辨率较低(5~10eV)，因此无法探测元素的化学环境。

在两种主要的 X 光谱技术中，XFS 适用于原子序数大于等于 5 的元素，可以实现定性与定量的元素分析，但灵敏度不够高，只能分析含量超过万分之几的成分；而 EPMA 所用的电子束激发源可以聚焦，因此具有微区($1\mu m$)、灵敏($10^{-14}g$)、无损、快速、样品用量少($10^{-10}g$)等优点。X 光谱的分析仪器分为能谱仪(EDS)和波谱仪(WDS)两种。二者相比，能谱仪具有如下突出的优点：采谱速度快，能在几分钟的时间内对 $Z \geqslant 4$ 的所有元素进行定性分析。灵敏度高，可比波谱仪高一个数量级。结构紧凑，稳定性好，对样品表面发射点的位置没有严格的限制，适合于粗糙表面的分析工作。能谱仪的这些优点，使它对快速的定性或半定量分析特别具有吸引力，并且适宜于在扫描电子显微镜中用作元素分析的附件。可是，能谱仪还有一些弱点，因而在许多方面仍然无法完全取代波谱仪。能谱仪探头的能量分辨率低(130eV)，谱线的重叠现象严重，特别是在低能部分。由于探头窗口对低能 X 射线吸收严重，使轻元素的分析尚有相当大的困难。能谱仪探头直接对着样品，杂散信号干扰严重，定量分析精度差。而波谱仪借助晶体衍射来鉴别不同能量 X 射线信号，因此能量分辨率较高，为5~10eV。

（2）电子能谱的特点和分析手段比较

与X光子相比，电子受样品的阻碍作用更明显，只有样品表层很浅的出射电子才能逸出样品，成为能够被探测到的电子信号，例如XPS的采样深度为0.5~2.5nm，AES采样深度为0.4~2nm。因此，电子能谱仅是表面成分的反映，适合表面元素分析和表面元素价态的研究。

X射线光电子能谱（ESCA或XPS）和俄歇电子能谱（AES）是电子能谱分析技术中两种最有代表性的方法。AES一般用于原子序数较小（$Z<33$）的元素分析，而XPS适用于原子序数较大的元素分析。AES的能量分辨率较XPS低，相对灵敏度和XPS接近，分析速度较XPS快。此外，AES还可以用来进行微区分析，且由于电子束斑非常小，具有很高的空间分辨率，可进行线扫描分析和面分布分析。此外，某些元素的XPS化学位移很小，难以鉴别其化学环境的影响，由于俄歇电子涉及三个原子轨道能级，其化学位移要比XPS的化学位移大得多，显然，后者更适合于表征化学环境的影响。因此俄歇电子能谱的化学位移在表面科学和材料学的研究中具有广阔的应用前景。

3.2　原子光谱分析

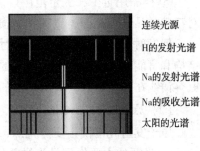

连续光源

H的发射光谱

Na的发射光谱

Na的吸收光谱

太阳的光谱

图3-4　原子光谱

原子光谱，是由原子中的电子在能量变化时所发射或吸收的一系列波长的光所组成的光谱。原子吸收光源中部分波长的光形成吸收光谱，为暗淡条纹；发射光子时则形成发射光谱，为明亮彩色条纹。两种光谱都不是连续的，且吸收光谱条纹可与发射光谱一一对应（图3-4）。每一种原子的光谱都不同，被称为特征光谱。

3.2.1　原子发射光谱分析

（1）原子发射光谱分析的原理及特点

原子发射光谱法（AES），是利用原子或离子在一定条件下受激而发射的特征光谱来研究物质化学组成的分析方法。根据激发机理不同，原子发射光谱有三种类型：

① 原子的核外光学电子受热能和电能激发而发射的光谱，通常所称的原子发射光谱法是指以电弧、电火花和电火焰（如ICP等）为激发光源得到原子光谱的分析方法。以化学火焰为激发光源得到原子发射光谱的，称为火焰光度法。

② 原子核外电子受到光能激发而发射的光谱，称为原子荧光。

③ 原子受到X射线光子或其他微观粒子激发使内层电子电离而出现空穴，较外层的电子跃迁到空穴，同时产生次级X射线即X射线荧光。

在通常情况下，原子处于基态。基态原子受到激发跃迁到能量较高的激发态。激发态原子是不稳定的，平均寿命为$10^{-10}\sim10^{-8}$s。随后激发原子就要跃迁回到低能态或基态，同时释放出多余的能量，如果以辐射的形式释放能量，该能量就是释放光子的能量。因为原子核外电子能量是量子化的，因此伴随电子跃迁而释放的光子能量就等于电子发生跃迁的两能级的能量差。根据谱线的特征频率和特征波长可以进行定性分析。

原子发射光谱的谱线强度 I 与试样中被测组分的浓度 c 成正比。据此可以进行定量分析。光谱定量分析所依据的基本关系式是 $I = abc$，式中，b 为自吸收系数，a 为比例系数。为了补偿因实验条件波动而引起的谱线强度变化，通常用分析线和内标线强度比对元素含量的关系来进行光谱定量分析，称为内标法。常用的定量分析方法是标准曲线法和标准加入法。

原子发射光谱法具有以下特点：

① 多元素同时检测能力，可同时测定一个样品中的多种元素。每一个样品一经激发，不同元素都发射特征光谱，这样可同时测定多种元素。

② 灵敏度高，可进行痕量分析。一般激发源检出限可达 $0.1 \sim 10 \mu g \cdot g^{-1}$（或 $\mu g \cdot mL^{-1}$），电感耦合高频等离子体（ICP）检出限可达 $ng \cdot g^{-1}$ 级。

③ 选择性好，一般不需化学处理即可直接进行分析。由于每种元素都可产生各自的特征谱线，依此可以确定不同元素的存在，是进行元素定性分析的较好方法。

④ 准确度较高，采用一般激发源，相对误差为 $5\% \sim 10\%$；采用 ICP，相对误差在 1% 以下。

⑤ 样品用量少，测定范围广。一般只需几毫克到几十毫克样品即可进行全分析，还可对特殊样品进行表面、微区和无损分析。

但发射光谱也有一定的局限性，它一般只用于元素总量分析，而无法确定物质的空间结构和官能团，也无法进行元素的价态和形态分析，而且一些常见的非金属元素如氧、硫、氮等谱线在远紫外区，目前一般的光谱仪尚无法检测。

（2）原子发射光谱仪

原子发射光谱仪主要由光源、光谱仪及检测器组成。

① 光源的主要作用是为样品的蒸发和激发提供能量，使激发原子产生辐射信号，常用的光源有直流电弧、交流电弧、电火花及电感耦合等离子炬（ICP）等。

② 光谱仪是利用色散元件和光学系统对光源发射的复合光波按照波长进行接收的仪器。

③ 检测器。在原子发射光谱中，常用的检测器工作原理有摄谱法和光电法，其中摄谱法是用感光板记录光谱，而光电法是用光电倍增管检测谱线的强度。

（3）原子发射光谱分析的方法和应用

① 光谱定性分析。

由于各种元素均可发射各自的特征谱线，因此原子发射光谱法是一种比较理想、简便快速的定性分析方法，目前采用该方法可鉴别 70 余种元素。

每种元素发射的特征谱线有许多，在进行定性分析时，只要检出几条合适的谱线就可以了。这些用来进行定性或定量分析的特征谱线被称为分析线。常用的分析线是元素的灵敏线或最后线。每种元素的原子光谱线中，凡是具有一定强度、能标记某元素存在的特征谱线称为该元素的灵敏线。灵敏线通常都是一些容易激发（激发电位较低）的谱线，其中最后线是每一种元素的原子光谱中特别灵敏的谱线。如果把含有某种元素的溶液不断稀释，原子光谱线的数目就会不断减少，当元素含量减少到最低限度时，仍能够出现的谱线称为最后线或最灵敏线。由于工作条件的不同和存在自吸，最后线不一定是最强的谱线。在定性分析微量元素时，待测元素的谱线容易被基体的谱线和邻近的较强谱线所干扰或重叠，所以在光谱的定性分析中，确定一种元素是否存在，一般要根据该元素的两条以上谱线来判定，以避免因其他谱线的干扰而判断错误的情况出现。

光谱的定性分析就是根据光谱图中是否有某元素的特征谱线（一般是最后线）出现来判定样品中是否含有某种元素。常用定性分析方法有以下两种。

纯样光谱比较法：将待测元素的纯物质与样品在相同条件下同时并列摄谱于同一感光板上，然后在映谱仪上进行光谱比较，如果样品光谱中出现与纯物质光谱波长相同的谱线（一般看最后线），则表明样品中有与纯物质相同的元素存在。

铁光谱比较法：测定复杂组分尤其是要进行全定性分析时，需要用铁光谱比较法，即元素光谱图法。铁的谱线较多，而且分布在较广的波长范围内（210～660nm内有几千条谱线），相距很近，每条谱线的波长都已精确测定，载于谱线表内。铁光谱比较法是以铁的光谱线作为波长的标尺，将各个元素的最后线按波长位置标插在铁光谱（上方）相关的位置上，制成元素标准光谱图（图3-5）。在定性分析时，将待测样品和纯铁同时并列摄谱于同一感光板上，然后在映谱仪上将元素标准光谱图与样品的光谱对照检查。如待测元素的谱线与标准光谱图中标明的某元素谱线（最后线）重合，则可认为可能存在该元素。应用铁光谱比较法可同时进行多元素定性分析。在很多情况下，还可根据最后线的强弱进一步判断样品中的主要成分和微量成分。

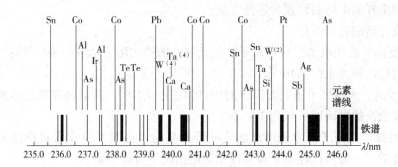

图3-5　元素标准光谱图

② 光谱定量分析。

定量分析的基本原理：原子发射光谱的定量分析是根据样品光谱中待测元素的谱线强度来确定元素浓度。在一定浓度范围内，谱线强度对数 $\lg I$ 与元素浓度对数 $\lg c$ 之间呈线性关系。但当样品浓度较高时，由于自吸现象严重（$b<1$），标准曲线发生弯曲，如图3-6所示。

定量分析：在原子发射光谱分析中，常用的定量分析方法有三标准试样法和标准加入法。

三标准试样法：在确定的分析条件下，将三个或三个以上含有不同浓度的待测元素的标准样品和待测样品在相同条件下激发产生光谱，以分析线的强度对浓度的对数值作工作曲线。如量谱法以各标样中分析线对的黑度差对各标样浓度的对数值绘制工作曲线，然后由样品中待测元素分析线对的黑度差从工作曲线上查出待测元素的含量线，再由工作

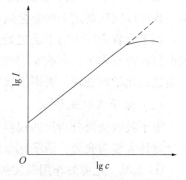

图3-6　原子发射光谱的谱线强度对数与元素浓度对数的关系图

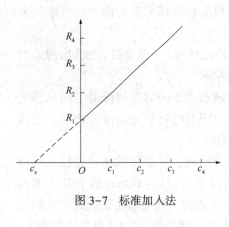

图 3-7　标准加入法

曲线求得样品中待测元素的含量。三标准试样法在很大程度上消除了测定条件的影响，因此在实际工作中应用较多。

标准加入法：测定低含量元素时，找不到合适的基体来配制标准样品，此时采用标准加入法比较好。设样品中待测元素含量为 c，在几个样品中加入含不同浓度待测元素的标准溶液，在同一激发条件下激发光谱，然后测量加入不同量待测元素的样品分析线对应的强度。待测元素浓度低时自吸系数 $b=1$，R 与 c 呈线性关系，见图 3-7，将直线外推，与横坐标相交，横坐标截距的绝对值即为样品中待测元素的含量。

3.2.2　原子吸收光谱分析

（1）原子吸收光谱分析的原理及特点

原子吸收光谱法又称为原子吸收分光光度法，它是基于从光源辐射出的具有待测元素特征谱线的光通过样品蒸气时被待测元素的基态原子所吸收，从而由辐射特征谱线光被减弱的程度来测定样品中待测元素含量的方法。

原子吸收光谱法有以下特点：

① 灵敏度高，检出限低。火焰原子吸收光谱法的检出限可达 $\mu g \cdot mL^{-1}$ 级；无火焰原子吸收光谱法的检出限为 $10^{-14} \sim 10^{-10} g$。

② 准确度高。火焰原子吸收光谱法的相对误差小为 1%，其准确度接近经典化学方法。石墨炉原子吸收法的准确度一般为 3%~5%。

③ 选择性好。用原子吸收光谱法测定元素含量时，通常共存元素对待测元素干扰少，若实验条件合适，一般可以在不分离共存元素的情况下直接测定。

④ 操作简便。分析速度快，准备工作做好后，一般几分钟即可完成一种元素的测定。

⑤ 应用广泛。原子吸收光谱法被广泛应用在各领域中，它可以直接测定 70 多种金属元素，也可以间接测定一些非金属和有机化合物。

原子吸收光谱法的不足之处是，由于分析不同元素必须使用不同元素灯，因此多元素同时测定尚有困难，有些元素的灵敏度还比较低（如钍、铪、银、钽等），复杂样品需要进行复杂的化学预处理，否则干扰将比较严重。

（2）原子吸收光谱仪

原子吸收光谱分析用的仪器称为原子吸收分光光度计或原子吸收光谱仪。原子吸收分光光度计主要由光源、原子化系统、单色器和检测系统等四个部分组成。

① 光源。光源的作用是发射待测元素的特征光谱供测量用。为了保证峰值吸收的测量要求光源必须能发射出比吸收线宽度窄、强度大且稳定、背景信号低、噪声小，使用寿命长的线光谱。空心阴极灯、无极放电灯、蒸气放电灯和激光光源灯都能满足上述要求，其中应用最广泛的是空心阴极灯。空心阴极灯又称元素灯，它由一个在钨棒上镶钛丝或钽片的阳极和一个由发射所需特征谱线的金属或合金制成的空心筒状阴极组成。阳极和阴极封闭在带有光学窗口的硬质玻璃管内。管内充有几百帕低压惰性气体（氖或氩）。在两电极施

加 300~500V 的电压时，阴极灯开始辉光放电。电子从空心阴极射向阳极，并与周围的惰性气体碰撞，使之电离。所产生的惰性气体的阳离子获得足够的能量，在电场作用下撞击阴极内壁，使阴极表面的自由原子溅射出来，溅射出的金属原子再与电子、正离子、气体原子碰撞而被激发，当激发态原子返回基态时，辐射出具有特征频率的锐线光谱。为了保证光源仅发射频率范围很窄的锐线，要求阴极材料具有很高的纯度。通常单元素的空心阴极灯只能用于一种元素的测定，这类灯的发射线干扰少、强度高，但每测一种元素需要更换一种灯。若阴极材料使用多种元素的合金，可制得多元素灯。多元素灯工作时可同时发出多种元素的共振线，可连续测定几种元素，减少了换灯的麻烦，但光强度较弱，容易产生干扰，使用前应先检查测定波长附近有无单色器无法分开的非待测元素的谱线。在目前应用的多元素灯中，一种灯最多可测 7 种元素。

② 原子化系统。将样品中的待测元素变成气态的基态原子的过程称为样品的"原子化"。完成样品的原子化所用的设备称为原子化器或原子化系统。原子化系统的作用是将样品中的待测元素转化为原子蒸气。样品原子化的方法主要有火焰原子化法和非火焰原子化法两种。火焰原子化法利用火焰的热能使样品转化为气态原子。非火焰原子化法利用电加热或化学还原等方式使样品转化为气态原子。原子化系统在原子吸收分光光度计中是一个关键装置，它的质量对原子吸收光谱分析法的灵敏度和准确度有很大影响，甚至起到决定性的作用，是分析误差最大的一个来源。

③ 单色器。单色器由入射狭缝、出射狭缝和色散元件(棱镜或光栅)组成。单色器的作用是将待测元素的吸收线与邻近的谱线分开。由锐线光源发出的共振线谱线比较简单，对单色器的色散率和分辨率要求不高。在进行原子吸收光谱测定时，单色器既要将谱线分开，又要有一定的出射光强度。所以当光源强度一定时，需要选用适当的光栅色散率和狭缝宽度配合，以形成适于测定的光谱通道来满足上述要求。

④ 检测系统。检测系统由光电元件、放大器和显示装置等组成。光电元件一般采用光电倍增管，其作用是将经过原子蒸气吸收和单色器分光后的微弱信号转换为电信号。放大器的作用是将光电倍增管输出的电压信号放大后送入显示装置。放大器放大后的信号经对数转换器转换成吸光度信号，用数字显示器显示。

（3）原子吸收光谱分析的定量方法

原子吸收光谱分析的定量方法有标准曲线法和标准加入法。

① 标准曲线法。配制不同浓度的标准溶液系列，由低浓度到高浓度依次分析，将获得的吸光度 A_x 对浓度作标准曲线。在相同条件下，测定待测样品的吸光度 A_x，在标准曲线上查出对应的浓度值。或由标准样品的数据获得线性方程，将待测样品的吸光度 A_x 代入方程计算浓度。在实际分析中，有时会出现标准曲线弯曲的现象，如在待测元素浓度较高时，曲线向浓度坐标弯曲。这是因为待测元素的含量较高时，受热变宽和压力变宽的影响，光吸收相应减少，结果标准曲线向浓度坐标弯曲。另外，火焰中的各种干扰效应，如光谱干扰、化学干扰、物理干扰等也可导致曲线弯曲。因此，使用标准曲线法时要注意以下几点：

（Ⅰ）所配制的标准溶液的浓度应在吸光度与浓度呈直线关系的范围内；

（Ⅱ）标准溶液与样品溶液都应进行相同的预处理；

（Ⅲ）应该扣除空白值；

（Ⅳ）在整个分析过程中操作条件应保持不变。

标准曲线法简便、快速，但仅适用于组分简单的样品。

② 标准加入法。当样品中被测元素成分很少，基体成分复杂，难以配制与样品组分相似的标准溶液时，可采用标准加入法。其基本原理和方法与原子发射光谱的标准加入法类似，在此不再赘述。

3.3 X 射线光谱分析

当用 X 射线、高速电子或其他高能粒子轰击样品时，若试样中各元素的原子受到激发，将处于高能量状态；当它们向低能量状态转变时，将产生特征 X 射线。产生的特征 X 射线按波长或能量展开，所得谱图即为波谱或能谱，从谱图中可辨认元素的特征谱线，并测得它们的强度，据此进行材料的成分分析，这就是特征 X 射线光谱分析。

用于探测样品受激产生的特征 X 射线的波长和强度的设备，称为 X 射线谱仪。常用 X 射线谱仪有两种：一种是利用特征 X 射线的波长不同来展谱，实现对不同波长 X 射线检测的波长色散谱仪，简称波谱仪（WDS）；另一种是利用特征 X 射线能量不同来展谱，实现对不同能量 X 射线分别检测的能量色散谱仪，简称能谱仪（EDS）。就 X 射线的本质而言，波谱和能谱是一样的，不同的仅仅是横坐标按波长标注还是按能量标注；但如果从它们的分析方法来说，差别就比较大，前者是用光学的方法，通过晶体的衍射来分光展谱，后者却是用电子学的方法展谱。

3.3.1 电子探针（EPMA）分析

（1）电子探针分析的原理及特点

用细聚焦电子束入射样品表面，激发出样品元素的特征 X 射线。分析特征 X 射线的波长（或特征能量）即可知道样品中所含元素的种类，可实现定性分析，分析 X 射线的强度，则可知道样品中对应元素含量的多少，可实现定量分析。

电子探针仪镜筒部分的构造大体上和扫描电子显微镜相同，只是在检测器部分使用的是 X 射线谱仪，专门用来检测 X 射线的特征波长或特征能量，以此来对微区的化学成分进行分析。因此，除专门的电子探针仪外，有相当一部分电子探针仪是作为附件安装在扫描电镜或透射电镜镜筒上，以满足微区组织形貌、晶体结构及化学成分三位一体同位分析的需要。电子探针的镜筒及样品室和扫描电镜并无本质差别，因此要使一台仪器兼有形貌分析和成分分析两个方面的功能，往往需把扫描电子显微镜和电子探针组合在一起。现代扫描电镜和透射电镜通常将能谱仪或波谱仪作为常规附件，能谱仪或波谱仪借助电子显微镜电子枪的电子束工作，但也有专门利用能谱仪或波谱仪进行成分分析的仪器。它使用微小的电子束轰击样品，使样品产生 X 射线光子，用能谱或波谱仪检测样品表面某一微小区域的化学成分，所以称这种仪器为电子探针 X 射线显微分析仪，简称电子探针仪（EPMA）。类似的有离子探针，它是用离子束轰击样品表面，使之产生 X 射线，得到元素组成的信息。

电子探针仪器的分析具有以下特点：

① 微区性、微量性。在微米范围内，可将微区化学成分与显微结构对应起来。而一般化学分析、X 射线荧光分析及光谱分析，是分析样品较大范围内的平均化学组成，无法与

显微结构相对应。

② 方便快捷。制样简单，分析速度快。

③ 分析方式多样化。可以连续自动进行多种方法分析，如进行样品 X 射线的点、线、面分析等。

④ 应用范围广。可用于各种固态物质、材料等。

⑤ 元素分析范围广。一般从铍（$_4Be$）～铀（$_{92}U$）。因为 H 和 He 原子只有 K 层电子，不能产生特征 X 射线，所以无法进行电子探针成分分析。锂（Li）虽然能产生 X 射线，但产生的特征 X 射线波长太长，通常无法进行检测。

⑥ 不损坏样品。样品分析后，可以完好保存或继续进行其他方面的分析测试，这对于文物、古陶瓷、古硬币等稀有样品分析尤为重要。

⑦ 定量分析灵敏度高。相对灵敏度一般为 0.01%～0.05%，检测绝对灵敏度约为 10^{-14}g，定量分析的相对误差为 1%～3%。

⑧ 一边观察一边分析。对于显微镜下观察的现象，均可进行分析。

（2）电子探针仪的组成

电子探针由电子光学系统（镜筒）、光学显微系统（显微镜）、真空系统和电源系统等组成。

① 电子光学系统。包括电子枪、电磁聚光镜、样品室等部件。由电子枪发射并经过聚焦的极细电子束打在样品表面的给定微区，激发产生 X 射线。样品室位于电子光学系统的下方。

② 光学显微系统。为了便于选择和确定样品表面上的分析微区，镜筒内装有与电子束同轴的光学显微镜（100～500 倍），确保从目镜中观察到微区位置与电子束轰击点精确地重合。

③ 真空系统和电源系统。真空系统的作用是建立能确保电子光学系统正常工作、防止样品污染所必需的真空度，一般情况下要求保持优于 10^{-2}Pa 的真空度。电源系统由稳压、稳流及相应的安全保护电路所组成。

（3）电子探针仪的应用

电子探针仪广泛应用于材料科学、矿物学、冶金学、犯罪学、生物化学、物理学、电子学和考古学等领域，对任何一种在真空中稳定的固体，均可以用电子探针进行成分分析和形貌观察。下面对样品分析进行简单描述：

① 样品要求及制备。

首先样品大小要适中，可以放进载物台；样品表面良好的导电性；样品表面尽量磨得平整，且表面干净无污染。

② 分析区域的选择。

首先要确定分析的位置、分析元素和分析方式（点、线、面扫描）。

粉末样品：可直接撒在样品座的双面碳导电胶上，用平的表面物体压紧，再用洗耳球吹去黏结不牢固的颗粒。也可采用环氧树脂等镶嵌材料将样品包埋后，进行粗磨、细磨及抛光方法制备。

块状样品：可用环氧树脂等镶嵌后，进行研磨和抛光。较大的块状样品也可以直接研磨和抛光。

镀膜：样品加工后，蒸镀金或者碳等导电膜，再分析。形貌观察时，可蒸镀金导电膜。成分定性、定量分析，必须蒸镀碳导电膜。镀膜要均匀，厚度控制在 20nm 左右。标样和样品应该同时蒸镀。

3.3.2 能谱仪

（1）能谱仪的结构和工作原理

能量色散谱仪主要由 Si(Li) 半导体探测器、多道脉冲高度分析器以及脉冲放大整形器和记录显示系统组成，如图 3-8 所示。由 X 射线发生器发射的连续辐射投射到样品上，使样品发射所含元素的荧光标识 X 射线谱和所含物相的衍射线束。这些谱线和衍射线被 Si(Li) 半导体探测器吸收。进入探测器中被吸收的每一个 X 射线光子都使硅电离成许多电子-空穴对，构成一个电流脉冲，经放大器转换成电压脉冲，脉冲高度与被吸收的光子能量成正比。被放大了的电压脉冲输至多道脉冲高度分析器。多道分析器是许多个单道脉冲高度分析器的组合，一个单道分析器叫作一个通道。

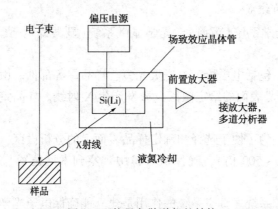

图 3-8　能量色散谱仪的结构

当 X 射线光子进入检测器后，在 Si(Li) 晶体内激发出一定数目的电子-空穴对。产生一个空穴对的最低平均能量 ε 是一定的（在低温下平均为 3.8eV），而由一个 X 射线光子造成的空穴对数目为 $N = \Delta E / \varepsilon$，因此，入射 X 射线光子的能量越高，$N$ 就越大。利用加在晶体两端的偏压收集电子-空穴对，经过前置放大器转换成电流脉冲，电流脉冲的高度取决于 N 的大小。电流脉冲经过主放大器转换成电压脉冲进入多道脉冲高度分析器，脉冲高度分析器按高度把脉冲分类进行计数，这样就可以描绘出一张 X 射线按能量大小分布的图谱。

（2）能谱仪的特点

① 效率高，可以作衍射动态研究；

② 各谱线和各衍射线都是同时记录的，在只测定各衍射线的相对强度时，稳定度不高的 X 射线源和测量系统也可以用；

③ 谱线和衍射试样同时记录，因此可同时获得试样的化学元素成分和相成分，提高相分析的可靠性。

（3）能谱仪的分析应用

① 高分子、陶瓷、混凝土、生物、矿物、纤维等无机或有机固体材料分析；

② 金属材料的相分析、成分分析和夹杂物形态成分的鉴定；

③ 可对固体材料的表面涂层、镀层进行分析，如：金属化膜表面镀层的检测；

④ 金银饰品、宝石首饰的鉴别，考古和文物鉴定，以及刑侦鉴定等；

⑤ 进行材料表面微区成分的定性和定量分析，在材料表面做元素的面、线、点分布分析。

3.3.3 波谱仪

(1) 波谱仪的结构和工作原理

在电子探针中，X 射线是由样品表面以下微米数量级的作用体积中激发出来的，如果这个体积中的样品是由多种元素组成的，则可激发出各个相应元素的特征 X 射线。若在样品上方水平放置一块具有适当晶面间距 d 的晶体，入射 X 射线的波长、入射角和晶面间距三者符合布拉格方程 $2d\sin\theta = \lambda$ 时，这个特征波长的 X 射线就会发生强烈衍射。波谱仪利用晶体衍射把不同波长的 X 射线分开，故称这种晶体为分光晶体。被激发的特征 X 射线照射到连续转动的分光晶体上实现分光(色散)，即不同波长的 X 射线将在各自满足布拉格方程的 2θ 方向上被检测器接收，利用这个原理制成的谱仪，称为波谱仪，如图 3-9 所示。

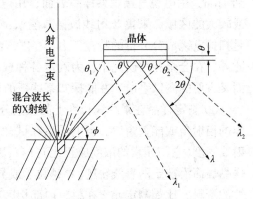

图 3-9 分光晶体对 X 射线的衍射

波谱仪主要由分光晶体(衍射晶体)、X 射线探测器、控制和数据处理器组成。

(2) 波谱图

X 射线探测器是检测 X 射线强度的仪器。波谱仪记录的波谱图是一种衍射图谱，由一些强度随 2θ 变化的峰曲线与背景曲线组成，每一个峰都是由分析晶体衍射出来的特征 X 射线，至于样品相干的或非相干的散射波，也会被分光晶体所反射，成为波谱的背景。连续谱波长的散射是造成波谱背景的主要因素。直接使用来自 X 射线管的辐射激发样品，其中强烈的连续辐射被样品散射，引起很高的波谱背景，这对波谱的分析是不利的，用特征辐射照射样品，可克服连续谱激发的缺点。

图 3-10 为从一个测量点获得的谱线图，横坐标代表波长，纵坐标代表强度，谱线上有许多强度峰，每个峰在坐标上的位置代表相应元素特征 X 射线的波长，峰的高度代表这种元素的含量。直接影响波谱分析的因素有两个：分辨率和灵敏度。表现在波谱图上就是衍射峰的宽度和高度。

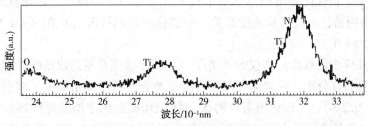

图 3-10 TiN 的波谱分析图

波长分散谱仪的波长分辨率是很高的。波谱仪的灵敏度取决于信号噪声比，即峰高度与背景高度的比值。实际上就是峰能否辨认的问题。高的波谱背景降低信噪比，使仪器的测试灵敏度下降。轻元素的荧光产率较低，信号较弱，是影响其测试灵敏度的因素之一。波长分散谱仪的灵敏度比较高，可能测量的最低浓度：固体样品为 0.0001%，液体样品为 0.1g·mL^{-1}。

（3）波谱仪和能谱仪的分析模式及应用

利用 X 射线波谱法进行微区成分分析通常有如下三种模式。

① 以点、线、微区、面的方式测定样品的成分和平均含量：被分析的选区尺寸可以小到 1μm，用电镜直接观察样品表面，用电镜的电子束扫描控制功能，选定待分析点、微区或较大的区域，采集 X 射线波谱或能谱，可对谱图进行定性定量分析。定点微区成分分析是扫描电镜成分分析的特色工作，它在合金沉淀相和夹杂物的鉴定方面有着广泛的应用。此外，在合金相图研究中，为确定各种成分的合金在不同温度下的相界位置，提供了迅速而又方便的测试手段，并能探知某些新的合金相或化合物。

② 测定样品在某一线长度上的元素分布分析模式：对于波谱和能谱，分别选定衍射晶体的衍射角或能量窗口，当电子束在试样上沿一条直线缓慢扫描时，记录被选定元素的 X 射线强度（它与元素的浓度成正比）分布，就可以获得该元素的线分布曲线。入射电子束在样品表面沿选定的直线轨迹（穿越粒子或界面）扫描，可以方便地取得有关元素分布不均匀性的资料，比如测定元素在材料内部相区或界面上的富集或贫化。

③ 测定元素在样品指定区域内的面分布分析模式：与线分析模式相同，分别选定衍射晶体的衍射角或能量窗口，当电子束在试样表面的某区域做光栅扫描时，记录选定元素的特征 X 射线的计数率，计数率与显示器上亮点的密度成正比，则亮点的分布与该元素的面分布相对应，图 3-11 给出了一张元素的面分布图。

（4）波谱仪与能谱仪的比较

波谱仪与能谱仪的异同可从以下几方面进行比较。

① 分析元素范围。波谱仪分析元素的范围为 $_4$Be ~ $_{92}$U。能谱仪分析元素的范围为 $_{11}$Na ~ $_{92}$U，对于某些特殊的能谱仪（如无窗系统或超薄窗系统）可以分析 $_6$C 以上的元素，但对各种条件有严格限制。

② 分辨率。谱仪的分辨率是指分开或识别相邻两个谱峰的能力，它可用波长色散谱或能量色散谱的谱峰半高宽-谱峰最大高度一半处的宽度 $\Delta\lambda$、ΔE 来衡量，也可用 $\Delta\lambda/\lambda$、$\Delta E/E$ 的百分数来衡量。半高宽越小，表示谱仪的分辨率越高；半高宽越大，表示谱仪的分辨率越低。目前能谱仪的分辨率为 145 ~ 155eV，波谱仪的分辨率在常用 X 射线波长范围内要比能谱仪高一个数量级以上，在 5eV 左右，从而减少了谱峰重叠的可能性。

③ 探测极限。谱仪能测出的元素最小百分含量称为探测极限，它与被分析元素种类、样品的成分、所用谱仪以及实验条件有关。波谱仪的探测极限为 0.01% ~ 0.1%，能谱仪的探测极限为 0.1% ~ 0.5%。

④ X 光子几何收集效率。谱仪的 X 光子几何收集效率是指谱仪接收 X 光子数与光源出射的 X 光子数目的百分比，它与谱仪探测器接收 X 光子的立体角有关。波谱仪 X 光子收集效率很低（小于 0.2%）。由辐射源射出的 X 射线须精确聚焦才能使探测器接收的 X 射线有足够的强度，因此要求试样表面平整光滑。能谱仪的探测器放在离试样很近的地方（为几厘

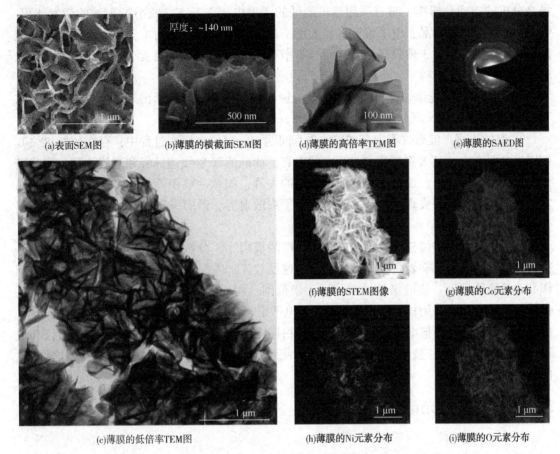

(a)表面SEM图　　(b)薄膜的横截面SEM图　　(d)薄膜的高倍率TEM图　　(e)薄膜的SAED图

(f)薄膜的STEM图像　　(g)薄膜的Co元素分布

(c)薄膜的低倍率TEM图　　(h)薄膜的Ni元素分布　　(i)薄膜的O元素分布

图 3-11　电沉积的 $Co(OH)_2/Ni(OH)_2$ 纳米薄膜的图片和元素分布

米)，探测器对辐射源所张的立体角较大，能谱仪有较高的 X 光子几何收集效率，约 2%。由于能谱仪的 X 光子几何收集效率高，X 射线不需要聚焦，因此对试样表面的要求不像波谱仪那样严格。

⑤ 量子效率。量子效率是指探测器 X 光子计数与进入谱仪探测器的 X 光子数的百分比。能谱仪的量子效率很高，接近 100%；波谱仪的量子效率低，通常小于 30%。由于波谱仪的几何收集效率和量子效率都比较低，X 射线利用率低，不适于低束流、X 射线弱情况下使用，这是波谱仪的主要缺点。

⑥ 瞬时的 X 射线谱接收范围。瞬时的 X 射线谱接收范围是指谱仪在瞬间所能探测到的 X 射线谱的范围，波谱仪在瞬间只能探测波长满足布拉格条件的 X 射线，能谱仪在瞬间能探测各种能量的 X 射线，因此波谱仪是对试样元素逐个进行分析，而能谱仪是同时进行分析。

⑦ 最小电子束斑。电子探针的空间分辨率(能分辨不同成分的两点之间的最小距离)不可能小于电子束斑直径，束流与束斑直径的 8/3 次方成正比。波谱仪的 X 射线利用率很低，不适于低束流使用，分析时的最小束斑直径约为 200nm。能谱仪有较高的几何收集效率和高的量子效率，在低束流下仍有足够的计数，分析时最小束斑直径为 5nm。但对于块状试样，电子束射入样品之后会发生散射，也使产生特征 X 射线的区域远大于束斑直径，大体上为微米数量级。在这种情况下继续减少束斑直径对提高分辨率已无多大意义。要

提高分析的空间分辨率，唯有采用尽可能低的入射电子能量 E，减小 X 射线的激发体积。综上所述，分析厚样品，电子束斑直径大小不是影响空间分辨率的主要因素，波谱仪和能谱仪均能适用，但对于薄膜样品，空间分辨率主要取决于束斑直径大小，因此使用能谱仪较好。

⑧ 分析速度。能谱仪分析速度快，几分钟内能把全部能谱显示出来，而波谱仪一般需要十几分钟。

⑨ 谱的失真。波谱仪不大存在谱的失真问题。能谱仪在测量过程中，存在使能谱失真的因素主要有：一是 X 射线探测过程中的失真，如硅的 X 射线逃逸峰和谱峰加宽、谱峰畸变、铍窗吸收效应等。二是信号处理过程中的失真，如脉冲堆积等。最后是由探测器样品室的周围环境引起的失真，如杂散辐射、电子束散射等。谱的失真使能谱仪的定量可重复性变差。

综上所述，波谱仪分析的元素范围广、探测极限小、分辨率高，适用于精确的定量分析，其缺点是要求试样表面平整光滑，分析速度较慢，需要用较大的束流，从而容易引起样品和镜筒的污染。能谱仪虽然在分析元素范围、探测极限、分辨率等方面不如波谱仪，但其分析速度快，可用较小的束流和微细的电子束，对试样表面要求不如波谱仪那样严格，因此特别适合于与扫描电镜配合使用。目前扫描电镜或电子探针仪可同时配用能谱仪和波谱仪，构成扫描电镜-波谱仪-能谱仪系统，使两种谱仪互相补充、发挥长处，是非常有效的材料研究工具。

3.3.4　X 射线光谱分析及应用

（1）定性分析

对样品所含元素进行定性分析是比较容易的，根据谱线所在位置 2θ 和分光晶体的面间距 d，按布拉格方程就可测算出谱线波长，从而鉴定出样品中含有哪些元素。对于配备微机的波谱仪，可以直接在图谱上打印谱线的名称，完成定性分析。

定性分析必须注意一些具体问题。例如，要确认一个元素的存在，至少应该找到两条谱线，以避免干扰线的影响而误认。又如，要区分哪些峰是来自样品的，哪些峰是由 X 射线管特征辐射的散射而产生的。如果样品中所含的元素的原子序数很接近，则其荧光波长相差甚微，就要注意波谱是否有足够的分辨率把间隔很近的两条谱线分离。

（2）定量分析

荧光 X 射线定量分析是在光学光谱分析方法基础上发展起来的。可归纳为数学计算法和实验标定法。

① 数学计算法。样品内元素发出的荧光 X 射线的强度应该与该元素在样品内的原子分数成正比，就是与该元素的质量分数 W 成正比，即 $W_i=K_iI_i$，原则上，系数 K 可从理论上算出来，但计算结果误差可能比较大。

② 实验标定法。通常，人们采用相似物理化学状态和已知成分的标样进行实验测量标定，常用的有外标法和内标法两类。

外标法。外标法是以样品中待测元素的某谱线强度，与标样中已知含量的这一元素的同一谱线强度相比较，来校正或测定样品中待测元素的含量。在测定某种样品中元素 A 的含量时，应预先准备一套成分已知的标样，测量该套标样中元素 A 在不同含量下荧光 X 射

线的强度 I_A 与纯 A 元素的荧光 X 射线的强度 $(I_A)_0$，作出相对强度与元素 A 百分含量之间的关系曲线，即定标曲线。然后测出待测样品中同一元素的荧光 X 射线的相对强度，再从定标曲线上找出待测元素的百分含量。

内标法。内标法是在未知样品中混入一定数量的已知元素 j，作为参考标准，然后测出待测元素 i 和内标元素 j 相应的 X 射线强度 I_i、I_j，设它们混合样品中的质量分数分别用 W_i、W_j 表示，则有 $W_i/W_j = I_i/I_j$。

3.4　X 射线光电子能谱分析

X 射线光电子能谱技术(XPS)是电子材料与元器件显微分析中的一种先进分析技术，而且是和俄歇电子能谱技术(AES)常常配合使用的分析技术。由于它可以比俄歇电子能谱技术更准确地测量原子的内层电子束缚能及其化学位移，所以它不但为化学研究提供分子结构和原子价态方面的信息，还能为电子材料研究提供各种化合物的元素组成和含量、化学状态、分子结构、化学键方面的信息。它在分析电子材料时，不但可提供总体方面的化学信息，还能给出表面、微小区域和深度分布方面的信息。另外，因为入射到样品表面的 X 射线束是一种光子束，所以对样品的破坏性非常小，这一点对分析有机材料和高分子材料非常有利。

3.4.1　X 射线光电子能谱分析的基本原理

当一束能量为 h 的单色光与原子发生相互作用，而入射光量子的能量大于原子某一能级电子的结合能时，此光量子的能量很容易被电子吸收，获得能量的电子便可脱离原子核束缚，并获得一定的动能从内层逸出，成为自由电子，留下一个离子。光电效应过程需同时满足能量守恒和动量守恒，入射光子和光电子的动量之间的差额是由原子的反冲来补偿的，由于需要原子核来保持动量守恒，因此光电效应的概率随着电子同原子核结合的加紧而很快地增加。所以只要光子的能量足够大，被激发的总是内层电子。如果入射光子的能量大于 K 壳层或 L 壳层的电子结合能，那么外层电子的光电效应概率就会很小，特别是价带，对于入射光来说几乎是"透明"的。

在光电效应过程中，根据能量守恒原理，电离前后能量的变化为 $h\nu = E_B + E_K$，即光子的能量转化为电子的动能并克服原子核对核外电子的束缚(结合能)。由此可得 $E_K = h\nu - E_B$，这便是著名的爱因斯坦光电发射定律，也是 XPS 谱分析中最基本的方程。如前所述，各原子的不同轨道电子的结合能是一定的，具有标志性。因此，可以通过光电子谱仪检测光电子的动能，由光电发射定律得知相应能级的结合能，用来进行元素的鉴别。

除了不同元素的同一内壳层电子(如 1s 电子)的结合能各有不同的值外，给定原子的某给定内壳层电子的结合能还与该原子的化学结合状态及其化学环境有关，随着该原子所在分子的不同，该给定内壳层电子的光电子峰会有位移，称为化学位移。这是由于内壳层电子的结合能除主要取决于原子核电荷外，还受周围价电子的影响。电负性比该原子大的原子趋向于把该原子的价电子拉向近旁，使该原子核同其 1s 电子结合牢固，从而增加结合能。如三氟乙酸乙酯($CF_3COOC_2H_5$)中的四个碳原子分别处于四种不同的化学环境，同四种具有不同电负性的原子结合。由于氟的电负性最大，如图 3-12 所示，CF 中碳原子的C(1s)

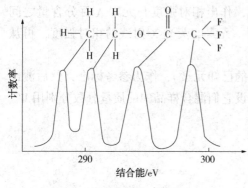

图 3-12 三氟乙酸乙酯中 C(1s) 轨道电子结合能

结合能最高。通过对化学位移的考察，XPS 在化学上成为研究电子结构和高分子结构、链结构分析的有力工具。

综上所述，X 射线光子的能量在 1000～1500eV，不仅可使分子的价电子电离而且也可以把内层电子激发出来，内层电子的能级受分子环境的影响很小。同一原子的内层电子结合能在不同分子中相差很小，故它是特征的。光子入射到固体表面激发出光电子，利用能量分析器对光电子进行分析的实验技术称为光电子能谱。

X 射线光电子能谱的原理是用 X 射线去辐射样品，使原子或分子的内层电子或价电子受激发射出来。被光子激发出来的电子称为光电子，通过测量光电子的能量，以光电子的动能/束缚能为横坐标，相对强度(脉冲/s)为纵坐标可作出光电子能谱图。从而获得试样有关信息。

3.4.2 X 射线光电子能谱仪器的结构和特点

图 3-13 为 X 射线能谱仪的基本组成。从图中可知，实验过程大致如下：将制备好的样品引入样品室，样品室内的样品架安装有传动机构，不但可以做 x，y 和 z 三个互相垂直方向的移动。还可沿某一坐标轴做一定角度的旋转。这样便于观察分析研究样品不同部位的情况。用一束单色的 X 射线激发，X 射线源是用 Al 或 Mg 作阳极的 X 射线管，它们的光子能量分别是 1486eV 和 1254eV。只要光子的能量大于原子、分子或固体中某原子轨道电子的结合能 E，便能将电子激发而离开，得到具有一定动能的光电子。光电子进入能量分析器，利用分析器的色散作用，可测得其按能量高低的数量分布。由能量分析器出来的光电子经电子倍增器进行信号的放大，再以适当的方式显示并记录，得到 XPS 谱图。

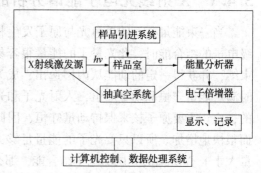

图 3-13 X 射线能谱仪的基本组成

XPS 作为一种现代分析方法，具有如下特点：

① 可以分析除 H 和 He 以外的所有元素，对所有元素的灵敏度具有相同的数量级。

② 相邻元素的同种能级的谱线相隔较远，相互干扰较少，元素定性的标识性强。

③ 能够观测化学位移。化学位移同原子氧化态、原子电荷和官能团有关。化学位移信息是 XPS 用作结构分析和化学键研究的基础。

④ 可作定量分析。既可测定元素的相对浓度，又可测定相同元素的不同氧化态的相对浓度。

⑤ 是一种高灵敏超微量表面分析技术。样品分析的深度约 2nm，信号来自表面几个原子层，样品量可小至 10^{-8}g，绝对灵敏度可达 10^{-18}g。

3.4.3 X 射线光电子能谱仪器的分析方法

（1）X 射线光电子能谱仪器的应用

X 射线光电子能谱仪器可对固体样品的元素成分进行定性、定量或半定量及价态分析。固体样品表面的组成、化学状态分析，广泛应用于元素分析、多相研究、化合物结构鉴定、富集法微量元素分析、元素价态鉴定等。

（2）X 射线光电子能谱仪器的实验方法

① 样品的制备。对于用于表面分析的样品，保持表面清洁是非常重要的。所以在进行 XPS 分析前，除去样品表面的污染是重要的一步。除去表面污染的方法根据样品情况可以有很多种，如除气或清洗、Ar 离子表面刻蚀、打磨、断裂或刮削及研磨制粉等。样品表面清洁后，可以根据样品的情况安装样品。块状样品可以用胶带直接固定在样品台上，导电的粉末样品可压片、固定。而对于不导电样品可以通过压在钢箔上或以金属栅网做骨架压片的方法制样。

② 仪器校正。为了对样品进行准确测量，得到可靠的数据，必须对仪器进行校正。X 射线光电子谱的实验结果是一张 XPS 谱图，我们将据此确定试样表面的元素组成、化学状态以及各种物理效应的能量范围和电子结构，因此谱图所给结合能是否准确、具有良好的重复性并能和其他结果相比较，是获得上述信息的基础。实验中最好的方法是用标样来校正谱仪的能量标尺，常用的标样是 Au、Ag、Cu，纯度在 99.8% 以上。

由于 Cu $2p_{3/2}$、Cu L_3MN 和 Cu 3p 三条谱线的能量位置几乎覆盖常用的能量标尺（0 ~ 1000eV），所以 Cu 样品可提供较快和简单的对谱仪能量标尺的检验。

当样品导电性不好时，在光电子的激发下，样品表面产生正电荷的聚集，即荷电。荷电会抑制样品表面光电子的发射，导致光电子动能降低，使得 XPS 谱图上的光电子结合能高移，偏离其标准峰位置，一般情况下这种偏离为 3 ~ 5eV。这种现象称为荷电效应。荷电效应还会使谱峰宽化，是谱图分析中主要的误差来源。因此，当荷电不易消除时，要根据样品的情况进行谱仪结合能基准的校正，通常采用的校正方法有内标法和外标法。

聚合物 XPS 分析中常用内标法，因为高分子聚合物中常含有共同的基团。内标法是将谱图中一个特定峰明确地指定一个准确的结合能（E_B），如在测得的谱中这个峰出现在 $E_B \pm \delta$（eV）处，那么所有其他谱峰能量一律按 $\pm\delta$（eV）荷电位移作适当校正。在聚合物 XPS 分析中常用的方法是使饱和碳氢化合物中 C 1s 结合能为 285.00eV。这很方便，因为许多聚合物不是主链就是侧链中都会含有这种单元。曾经认为，所有那些只与碳本身或氢相结合的碳原子，无论其杂化模式如何，都具有这一相同的结合能（285.00eV）。然而实验证明，非取代芳烃碳原子的结合能稍低（284.7eV），因此非官能化的芳烃的 C 1s 结合能被建议为第二个标准。

③ 收谱。对未知样品的测量程序为，首先宽扫采谱，以确定样品中存在的元素组分（XPS 检测量一般为 1% 原子百分比），然后收窄扫描谱，包括所确定元素的各个峰以确定化学态和定量分析。

接收宽谱扫描范围为 0 ~ 1000eV 或更高，它应包括可能元素的最强峰，能量分析器的通能约为 100eV，接收狭缝选最大，尽量提高灵敏度，减少接收时间，增大检测能力。

接收窄谱以鉴别化学态、定量分析和峰的解叠。必须使峰位和峰形都能准确得到测定。扫描范围<25eV，分析器通能选≤25eV，并减小接收狭缝。可通过减少步长、增加接收时间来提高分辨率。

3.4.4　X 射线光电子能谱仪谱图分析

（1）谱图的一般特点

图 3-14 为金属铝样品表面测得的一张 XPS 谱图，其中图 3-14(a)是宽能量范围扫描的全图，图 3-14(b)则是图 3-14(a)中高能端的放大。从这张图中可以归纳出 XPS 谱图的一般特点。

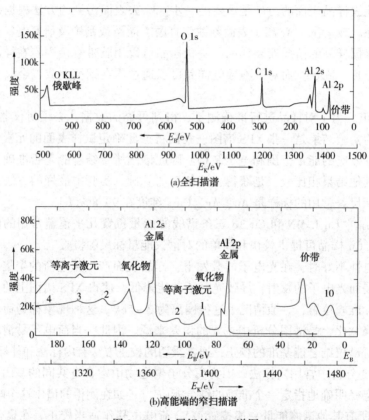

(a)全扫描谱

(b)高能端的窄扫描谱

图 3-14　金属铝的 XPS 谱图

① 图的横坐标是光量子动能或轨道电子结合能(eV)，这表明每条谱线的位置和相应元素原子内层电子的结合能有一一对应的关系。谱图的纵坐标表示单位时间内检测到的光电子数。在相同激发源及谱仪接收条件下，考虑到各元素光电效应截面(电离截面)的差异后，表面所含某种元素越多，光电子信号越强。在理想情况下，每个谱峰所属面积的大小应是表面所含元素丰度的度量，是进行定量分析的依据。

② 谱图中有明显而尖锐的谱峰，它们是未经非弹性散射的光电子所产生的，而那些来自样品深层的光电子，由于在逃逸的路径上有能量的损失，其动能已不再具有特征性，成为谱图的背底或伴峰，由于能量损失是随机的，因此背底是连续的。在高结合能端的背底电子较多(出射电子能量低)，反映在谱图上就是随结合能提高，背底电子强度呈上升趋势。

③ 谱图中除了 Al、C、O 的光电子谱峰外，还显示出 O 的 KLL 俄歇谱线，铝的价带谱

和等离子激元等伴峰结构。

④ 在谱图中有时会看见明显的"噪声"，即谱线不是理想的平滑曲线，而是锯齿般的曲线。通过增加扫描次数，延长扫描时间和利用计算机多次累加信号可以提高信噪比，使谱线平滑。

(2) 光电子线及伴峰

① 光电子线。谱图中强度大、峰宽小、对称性好的谱峰一般为光电子峰。每种元素都有自己的最具表征作用的光电子线。它是元素定性分析的主要依据。一般来说，同一壳层上的光电子，总轨道角动量量子数(j)越大，谱线的强度就越强。常见的强光电子线有 1s，$2p_{3/2}$，$3d_{5/2}$，$4f_{7/2}$ 等。除了主光电子线外，还有来自其他壳层的光电子线，如 O 2s，Al 2s，Si 2s 等。这些光电子线与主光电子线相比，强度有的稍弱，有的很弱，有的极弱，在元素定性分析中它们起着辅助的作用。纯金属的强光电子线常会出现不对称的现象，这是由光电子与传导电子的耦合作用引起的。光电子线的高结合能端比低结合能端峰加宽 1~4eV，绝缘体比良导体光电子谱峰宽约 0.5eV。

② X 射线卫星峰。如果用来照射样品的 X 射线未经过单色化处理，那么在常规使用的 Al $K_{\alpha1,2}$ 和 Mg $K_{\alpha1,2}$ 射线里可能混杂有 $K_{\alpha3,4,5,6}$ 和 K_β 射线，这些射线统称为 $K_{\alpha1,2}$ 射线的卫星线。

样品原子在受到 X 射线照射时，除了特征 X 射线（$K_{\alpha1,2}$）所激发的光电子外，其卫星线也激发光电子，由这些光电子形成的光电子峰，称为 X 射线卫星峰。由于这些 X 射线卫星峰的能量较高，它们激发的光电子具有较高的动能，表现在谱图上，就是在主光电子线的低结合能端或高动能端产生强度较小的卫星峰。阳极材料不同，卫星峰与主峰之间的距离不同，强度亦不同。

③ 多重分裂。当原子或自由离子的价壳层拥有未成对的自旋电子时，光致电离所形成的内壳层空位便将与价轨道未成对自旋电子发生耦合，使体系出现不止一个终态，相应于每一个终态，在 XPS 谱图上将会有一条谱线，这便是多重分裂。

④ 电子的震激与震离。样品受 X 射线辐射时产生多重电离的概率很低，但存在多电子激发过程。吸收一个光子，出现多个电子激发过程的概率可达 20%，最可能发生的是两电子过程。

光电发射过程中，当一个核心电子被 X 射线光电离除去时，由于屏蔽电子的损失，原子中心电位发生突然变化，将引起价壳层电子的跃迁，这时有两种可能的结果。

首先是价壳层的电子跃迁到最高能级的束缚态，则表现为不连续的光电子伴线，其动能比主谱线低，所低的数值是基态和具核心空位的离子激发态的能量差。这个过程称为电子的震激。其次是如果电子跃迁到非束缚态成了自由电子，则光电子能谱显示出从低动能区平滑上升到一阈值的连续谱，其能量差与具核心空位离子基态的电离电位相等。这个过程称为震离。震激、震离过程的特点是它们均属单极子激发和电离，电子激发过程只有主量子数变化，跃迁发生只能是 ns-ns′，np-np′，电子的角量子数和自旋量子数均不改变。通常震激谱比较弱，只有高分辨的 XPS 谱仪才能测出。

由于电子的震激和震离是在光电发射过程中出现的，本质上也是一种弛豫过程，所以对震激谱的研究可获得原子或分子内弛豫信息，同时震激谱的结构还受到化学环境的影响，它的表现对分子结构的研究很有价值。

⑤ 特征能量损失谱。部分光电子在离开样品受激区域并逃离固体表面的过程中，不可避免地要经历各种非弹性散射而损失能量，结果是 XPS 谱图上主峰低动能一侧出现不连续的伴峰，称之为特征能量损失峰。能量损失谱与固体表面特性密切相关。

当光电子能量在 100~150eV 范围内时，它所经历的非弹性散射的主要方式是激发固体中的自由电子集体振荡，产生等离子激元。固体样品是由带正电的原子核和价电子云所组成的中性体系，因此它类似于等离子体，在光电子传输到固体表面所行经的路径附近将出现带正电区域，而在远离路径的区域将带负电，由于正负电荷区域的静电作用，使负电区域的价电子向正电区域运动。当运动超过平衡位置后，负电区与正电区交替作用，从而引起价电子的集体振荡（等离子激元），这种振荡的角频率为 W_p，能量是量子化的，$E_p = hW_p$。一般金属 $E_p = 10eV$。可见等离子激元造成光电子能量的损失相当大。图 3-14 中显示了 Al 2s 和 Al 2p 的特征能量损失峰（等离子激元）。

⑥ 俄歇谱线。XPS 谱图中，俄歇电子峰的出现（如图 3-14 中 O KLL 峰）增加了谱图的复杂程度。由于俄歇电子的能量同激发源能量大小无关，而光电子的动能将随激发源能量增加而增加，因此，利用双阳极激发源很容易将其分开。事实上，XPS 中的俄歇线给分析带来了有价值的信息是 XPS 谱中光电子信息的补充，主要体现在两方面。

首先是元素的定性分析，用 X 射线和用电子束激发原子内层电子时的电离截面，相应于不同的结合能，两者的变化规律不同。对结合能高的内层电子，X 射线电离截面大，这不仅能得到较强的 X 光电子谱线，也为形成一定强度的俄歇电子创造了条件。作元素定性分析时，俄歇电子谱线往往比光电子谱线有更高的灵敏度。如 Na 在 265eV 的俄歇线，Na KLL 强度为 Na 2s 光电子谱线的 10 倍。显然这时用俄歇线作元素分析更方便。

其次是化学态的鉴别，某些元素在 XPS 谱图上的光电子谱线并没有显示出可观测的位移，这时用内层电子结合能位移来确定化学态很困难，而这时 XPS 谱上的俄歇谱线却出现明显的位移，且俄歇谱线的位移方向与光电子谱线方向一致。俄歇电子位移量之所以较光电子位移量大，是因为俄歇电子跃迁后的双重电离状态的离子能从周围易极化介质的电子获得较高的屏蔽能量。

⑦ 价电子线和谱带。价电子线指费米能级以下 10~20eV 区间内强度较低的谱图。这些谱线是由分子轨道和固体能带发射的光电子产生的。在一些情况下，XPS 内能级电子谱并不能充分反映给定化合物之间的特性差异以及表面化过程中特性的变化，也就是说，难以从 XPS 的化学位移表现出来，然而价带谱往往对这种变化十分敏感，具有像内能级电子谱那样的指纹特征。因此，可应用价带谱线来鉴别化学态和不同材料。

(3) 谱线识别

① 首先要识别存在于任一谱图中的 C 1s、O 1s、C(KLL) 和 O(KLL) 谱线。有时它们较强。

② 识别谱图中存在其他较强的谱线。识别与样品所含元素有关的次强谱线。同时注意有些谱线会受到其他谱线的干扰，尤其是 C 和 O 谱线的干扰。

③ 识别其他和未知元素有关的最强但在样品中又较弱的谱线，此时要注意可能谱线的干扰。

④ 对自旋分裂的双重谱线，应检查其强度比以及分裂间距是否符合标准。一般地说，对 p 线双重分裂必应为 1:2，对 d 线应为 2:3，对 f 线应为 3:4（也有例外，尤其是 4p 线，可能小于 1:2）。

⑤ 对谱线背底的说明。在谱图中，明确存在的峰均由来自样品中发射出的未经非弹性散射能量损失的光电子组成。而经能量损失的那些电子就在峰的结合能较高的一侧增加背底。由于能量损失是随机和多重散射的，所以背底是连续的。谱中的噪声主要不是仪器造成的，而是计数中收集的单个电子在时间上的随机性造成的。所以叠加于峰上的背底、噪声是样品、激发源和仪器传输特性的体现。

(4) 样品中元素分布的测定

① 深度分布。深度分布有四种测定方法，前两种方法利用谱图本身的特点，只能提供有限的深度信息。第三种方法，刻蚀样品表面以得到深度剖面，可提供较详细的信息，但也产生一些问题。第四种方法，在不同的电子逃逸角度下进行测量。

（Ⅰ）从有无能量损失峰来鉴别体相原子或表面原子。对表面原子，峰（基线以上）两侧应对称，且无能量损失峰。对均匀样品，来自所有同一元素的峰应有类似的非弹性损失结构。

（Ⅱ）根据峰的减弱情况鉴别体相原子或表面原子。对表面物种而言，低动能的峰相对地要比纯材料中高动能的峰强，因为在大于 100eV 时，对体相物种而言，动能较低的峰的减弱要大于动能较大的峰的减弱。用此法分析的元素为 Na、Mg(1s 和 2s)；Zn、Ga、Ge 和 As(2p$_{3/2}$ 和 3d)；Sn、Cd、In、Sb、Te、I、Cs 和 Ba(3p$_{3/2}$ 和 4d 或 3d$_{5/2}$ 和 4d)。观察这些谱线的强度比并与纯体相元素的值比较，有可能推断所观察的谱线来自表层、次表面或均匀分布的材料。

（Ⅲ）Ar 离子溅射进行深度剖析。也可用于有机样品，但须经校正。重要的是要知道离子溅射的速率。一些文献中的数据可供参考。但须注意，在离子溅射时，样品的化学态常会发生改变（如还原效应）。但是有关元素深度分布的信息还是可以获得的。

（Ⅳ）改变样品表面和分析器入射缝之间的角度。在 90°时（相对于样品表面），来自体相原子的光电子信号要大大强于来自表面的光电子信号。而在小角度时，来自表面层的光电子信号相对体相而言，会大大增强。在改变样品取向（或转动角度）时，注意谱峰强度的变化，就可以推定不同元素的深度分布。

② 表面分布。如果要测试样品表面一定范围（取决于分析器前入射狭缝的最小尺寸）内表面不均匀分布的情况，可采用切换分析器前不同入射狭缝尺寸的方式来进行。随着小束斑 XPS 谱仪的出现，分析区域的尺寸最小仅 5μm。

3.4.5　X 射线光电子能谱的应用

X 射线光电子能谱原则上可以鉴定元素周期表上除氢、氦以外的所有元素。通过对样品进行全扫描，在一次测定中就可以检测出全部或大部分元素。另外，X 光电子能谱还可以对同一种元素的不同价态的成分进行定量分析。在对固体表面的研究方面，X 光电子能谱用于对无机表面组成的测定、有机表面组成的测定、固体表面能带的测定及多相催化的研究。它还可以直接研究化合物的化学键和电荷分布，为直接研究固体表面相中的结构开辟了有效途径。由于 X 光电子能谱功能比较强，表面（约 5nm）灵敏度又较高，所以它目前被广泛地用于冶金和材料科学领域。下面介绍几个应用实例。

(1) 半导体方面的研究

X 射线光电子能谱表面分析技术常常被用于半导体，如半导体薄膜表面氧化、掺杂元素的化学状态分析等。如 SnO_2 薄膜是一种电导型气敏材料，常选用 Pd 作为掺杂元素来提高 SnO_2 薄膜器件的选择性和灵敏度，采用 X 射线光电子能谱可以对 Pd、Sn 元素的化学状态进行系统地表征，以此来分析影响薄膜性能的因素。

制备 Pd-SnO_2 薄膜需要在空气气氛下进行热处理，图 3-15 显示处理温度从室温至 600℃的 Sn $3d_{3/2}$ 的 XPS 谱。室温下自然干燥的薄膜中，Sn 元素有两种化学状态，结合能为 489.80eV 和 487.75eV，分别标示为 P_1 和 P_2 两个特征峰，各自对应于聚合物状态-$(Sn-O)_n$-和 Sn 的氧化物状态。随着处理温度的升高，P_1 峰逐渐减弱，P_2 峰不断增强，当处理温度高于 250℃时，只有 P_2 峰，表明薄膜已形成稳定的 SnO_2 结构。从图 13-15 不难看出，不论是纯 SnO_2 还是 Pd-SnO_2 薄膜，不同温度处理后，特征峰 P_2 所对应的结合能略有差别，低温处理后的试样特征峰 P_2 的结合能值略高，但经 450℃和 600℃处理后的试样没有差别，这可能同氧化是否完全以及氧化锡结晶效应有关。图 3-16 系统地反映了不同温度处理后薄膜中 Pd 元素化学状态的变化。室温下自然干燥的薄膜中 Pd 3d 轨道的结合能为 338.50eV（特征峰 P_1），对应于 $[PdCl_4]^{2-}$ 结构。薄膜经 120℃热处理后，配合物 $[PdCl_4]^{2-}$ 分解为 $PdCl_2$（特征峰 P_3，$E_B = 337.25eV$），部分 $PdCl_2$ 氧化为 PdO（特征峰 P_3，$E_B = 336.00eV$）和 PdO_2（特征峰 P_4，$E_B = 338.00eV$）。薄膜经 250℃热处理后，P_2 峰消失，Pd 元素主要以两种氧化态的形式存在，即 PdO 和 PdO_2。随着处理温度的进一步升高，P_3 峰不断减弱，P_4 峰不断增强。当处理温度高于 450℃时，Pd 元素主要以 PdO_2 形式存在。

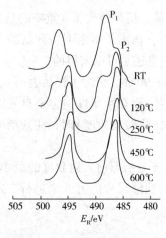

图 3-15 不同热处理温度时
Sn 3d 的 XPS

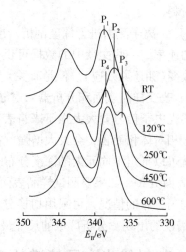

图 3-16 不同热处理温度时
Pd 3d 的 XPS 谱图

以上 XPS 分析结果清楚地表明，热处理温度不仅影响 Pd，SnO_2 气敏薄膜中 Pd、Sn 元素的化合物结构，同时也影响其电子结构，这些必然会影响薄膜的气敏特性。

（2）生物医用材料的表面表征

嵌段聚醚氨酯高分子是一类重要的生物医用材料，它的表面性质如何往往决定它的应用。聚醚氨酯的合成，通常采用相对分子质量为 400~2000 的聚醚作为软段，二异氰酸酯加上扩链剂（二元胺或二元醇）构成聚醚氨酯的硬段。硬段和软段的组成以及相对含量的不同将使聚醚氨酯具有不同的性质，而且材料本体有微相分离的趋势，形成 10~20nm 的微畴，因此，掌握聚醚氨酯的表面结构对于了解材料的生物相容性是非常重要的。

图 3-17(a)是以聚丙二醇(PPG)、MDI 和扩链剂丁二醇为原料制备的聚醚氨酯 C 1s 谱,只含氨基甲酸酯基(NH-CO-O),而图 3-17(b)中的聚醚氨酯除扩链剂为乙二胺外,其他均相同,含有氨基甲酸酯基(NH-CO-O)和脲基(NH-CO-NH)。总体上看,这两种聚醚氨酯的 C 1s 谱差别不大,主要是高结合能端的小峰(>C=O)在图 3-17(b)中更宽,而且能拟合成两个小峰。高分辨的 XPS 对这一聚醚氨酯的表面偏析作了研究,主要取决于对硬段中氮的定量分析。当 PPG 基聚醚氨酯的软段与硬段摩尔比为 3.5 时,取最大的取样深度,氮的原子浓度约为 2%。当取样深度减小时,氮的原子浓度也随之减少。目前大多数的 XPS 谱仪在光电子出射角很小时,信噪比大大降低,而氮的控制极限约为 0.3%(原子浓度)。因此,从低出射角数据可以得出聚醚氨酯表面层完全由软段组成的结论。但是静态 SIMS 对硬段检测的灵敏度大于 XPS,结果表明情况并非完全如此。

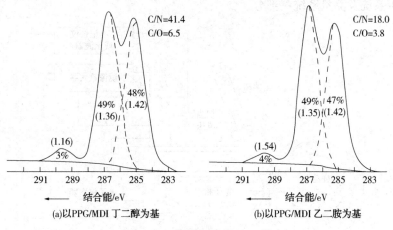

图 3-17 聚醚氨酯的 C 1s 谱

3.5 俄歇电子能谱分析法

俄歇电子能谱分析法是一种表面科学和材料科学的分析技术,该技术因俄歇效应进行分析而命名。这种效应系产生于受激发的原子的外层电子跳至低能阶所放出的能量被其他外层电子吸收而使后者逃逸离开原子,这一连串事件称为俄歇效应,而逃逸出来的电子称为俄歇电子。1953 年,俄歇电子能谱逐渐开始被实际应用于鉴定样品表面的化学性质及组成的分析。其特点在俄歇电子来自浅层表面,仅带出表面的信息,并且其能谱的能量位置固定,容易分析。

3.5.1 俄歇电子能谱分析的基本原理

对于自由原子来说,围绕原子核运转的电子处于一些不连续的"轨道"上,这些"轨道"又组成 K、L、M、N 等电子壳层。我们用"能级"的概念来代表某一轨道上电子能量的大小。由于入射电子的激发,内层电子被电离,留下一个空穴。此时原子处于激发态,不稳定。较高能级上的一个电子降落到内层能级的空位中去,同时放出多余的能量。这些能量可以作为光子发射特征射线,也可以转移给第三个电子并使之发射出来,这就是俄歇电子。通常用射线能级来标志俄歇跃迁。例如 KL_1L_2 俄歇电子就是表示最初 K 能级被电离,L_1 能级的电子填入 K 能级空位，多余的能量传给了 L_2 能级上的一个电子，并使之发射出来。

　　对于一个原子来说，激发态原子在释放能量时只能进行一种发射——特征 X 射线或俄歇电子。原子序数大的元素，特征 X 射线的发射概率较大，原子序数小的元素，俄歇电子发射概率较大，当原子序数为 33 时，两种发射概率大致相等。因此，俄歇电子能谱适用于轻元素的分析。

3.5.2　俄歇电子能谱仪器的结构和特点

　　俄歇电子能谱仪的基本结构如图 3-18 所示。俄歇电子能谱仪是由真空系统、初级电子探针系统（电子光学系统）、电子能量分析器、样品室、信号测量系统及在线计算机等构成。尽管按不同的样品和不同的实验要求，具体谱仪结构可能有些不同，但至少有初级探针系统、能量分析系统及测量系统三部分。

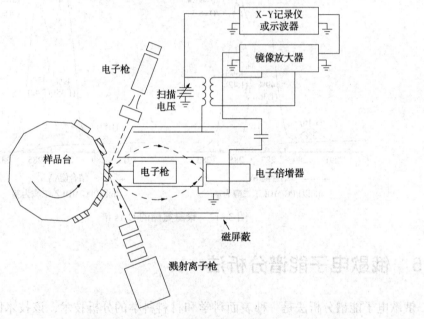

图 3-18　俄歇电子能谱仪的基本结构

　　俄歇电子的能量是靶物质所特有的，与入射电子束的能量无关。对于 $Z = 3 \sim 14$ 的元素，最突出的俄歇效应是由 KLL 跃迁形成的，对 $Z = 15 \sim 40$ 的元素是 LMM 跃迁，对 $Z = 41 \sim 79$ 的元素是 MNN 跃迁。大多数元素和一些化合物的俄歇电子能量可以从手册中查到。俄歇电子只能从 20Å 以内的表层深度中逃逸出来，因而带有表层物质的信息，即对表面成分非常敏感。正因如此，俄歇电子特别适用于作表面化学成分分析。

　　俄歇电子能谱仪的能量分辨率由能量分析器决定。通常能量分析器的分辨率 $\Delta E / E < 0.5\%$，E 一般为 $1000 \sim 2000\text{eV}$，所以 ΔE 为 $5 \sim 10\text{eV}$。俄歇电子能谱仪的空间分辨率与电子束的最小束斑直径有关。目前一般商品扫描俄歇能谱仪的最小束斑直径小于 50nm。采用场发射俄歇电子枪可以在达到相同束流的情况下，使电子束斑直径大大减小。目前场发射俄歇电子枪的束斑直径可以小于 6mm。

　　检测极限（灵敏度）是俄歇能谱仪的主要性能指标之一。俄歇能谱仪的检测极限受限于信噪比，由于俄歇谱存在很强的本底噪声，它的散粒噪声限制了检测极限，所以几种主要的表面分析仪器中，俄歇能谱仪不算太灵敏。一般认为俄歇能谱仪典型的检测极限为0.1%。实际上，俄歇能谱仪检测极限与很多因素有关，差别也很大。

3.5.3　俄歇电子能谱图的分析技术

（1）俄歇电子能谱的定性分析

由于俄歇电子的能量仅与原子本身的轨道能级有关，与入射电子的能量无关，也就是说与激发源无关。对于特定的元素及特定的俄歇跃迁过程，其俄歇电子的能量是特定的。由此，可以根据俄歇电子的动能用来定性分析样品表面物质的元素种类。该定性分析方法可以适用于除氢、氦以外的所有元素，且由于每个元素会有多个俄歇峰，定性分析的准确度很高。因此，俄歇电子能谱技术是适用于对所有元素进行一次全分析的有效定性分析方法。

通常在进行定性分析时，主要是利用与标准谱图对比的方法。根据 Perkin-Elmer 公司的《俄歇电子能谱手册》，俄歇电子能谱的定性分析过程如下。

① 首先把注意力集中在最强的俄歇峰上。利用"主要俄歇电子能量图表"，可以把对应于此峰的可能元素降低到 2～3 种。然后通过与这几种可能元素的标准谱进行对比分析，确定元素种类。考虑到元素化学状态不同所产生的化学位移，测得的峰的能量与标准谱上的峰的能量相差几个电子伏是很正常的。

② 在确定主峰元素后，利用标准谱图，在俄歇电子能谱图上标注所有属于此元素的峰。

③ 重复①和②的过程，去掉标志更弱的峰。含量少的元素，有可能只有主峰才能在俄歇谱上观测到。

④ 如果还有峰未能标志，则它们有可能是一次电子所产生的能量损失峰。改变入射电子能量，观察该峰是否移动，如移动就不是俄歇峰。

俄歇电子能谱的定性分析是一种最常规的分析方法，也是俄歇电子能谱最早的应用之一。一般利用俄歇电子能谱仪的宽扫描程序，收集从 20～1700eV 动能区域的俄歇谱。为了增加谱图的信背比，通常采用微分谱来进行定性鉴定。对于大部分元素，其俄歇峰主要集中在 20～1200eV 的范围内，而对于有些元素则需利用高能端的俄歇峰来辅助进行定性分析。此外，为了提高高能端俄歇峰的信号强度，可以通过提高激发源电子能量的方法来获得。在进行定性分析时，通常采取俄歇谱的微分谱负峰能量作为俄歇动能，进行元素的定性标定。

图 3-19 是金刚石表面 Ti 薄膜的俄歇定性分析谱（微分谱），电子枪的加速电压为 3kV。从图 3-19 上可见，俄歇电子能谱谱图的横坐标为俄歇电子动能，纵坐标为俄歇电子计数的一次微分。激发出来的俄歇电子由其俄歇过程所涉及的轨道的名称标记。由于俄歇跃迁过程涉及多个能级，可以同时激发出多种俄歇电子，因此在俄歇电子能谱谱图上可以发现 Ti LMM 俄歇跃迁有两个峰。由于大部分元素都

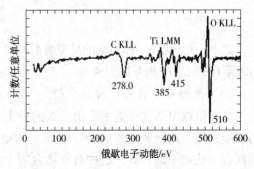

图 3-19　金刚石表面 Ti 薄膜的俄歇定性分析

可以激发出多组俄歇电子峰，因此非常有利于元素的定性标定，而且可排除能量相近峰的干扰。如 N KLL 俄歇峰的动能为 379eV，与 Ti LMM 俄歇峰的动能很接近，但 N KLL 仅有一个峰，而 Ti LMM 有两个峰，因此俄歇电子能谱可以很容易地区分 N 元素和 Ti 元素。由于相近原子序数的元素激发出的俄歇电子的动能有较大的差异，因此相邻元素间的干扰作用很小。

（2）表面元素的半定量分析

由于从样品表面出射的俄歇电子的强度与样品中该原子的浓度有线性关系，因此可以利用这一特征进行元素的半定量分析。因为俄歇电子的强度不仅与原子的多少有关，还与俄歇电子的逃逸深度、样品的表面粗糙度、元素存在的化学状态以及仪器的状态有关。因此，俄歇电子能谱技术一般不能给出所分析元素的绝对含量，仅能提供元素的相对含量。且因为元素的灵敏度因子不仅与元素种类有关，还与元素在样品中的存在状态及仪器的状态有关，即使是相对含量不经校准也存在很大的误差。此外，还必须注意的是，虽然俄歇电子能谱的绝对检测灵敏度很高，可以达到 10 原子单层，但它是一种表面灵敏的分析方法，对于体相检测灵敏度仅为 0.1%左右。其表面采样深度为 1.0~3.0nm，提供的是表面上的元素含量，与体相成分会有很大的差别。最后，还应注意俄歇电子能谱的采样深度与材料性质和激发电子的能量有关，也与样品表面和探头的角度有关。事实上，在俄歇电子能谱分析中几乎不用绝对量这一概念。所以应当明确，俄歇电子能谱不是一种很好的定量分析法，它给出的仅是相对含量而不是绝对含量。

俄歇电子能谱的定量分析方法很多，主要包括纯元素标样法、相对灵敏度因子法以及相近成分的多元素标样法。最常用和实用的方法是相对灵敏度因子法。该方法的定量计算可以用下式进行：

$$C_i = \frac{I_i / S_i}{\sum_{i=1}^{i=n} I_i / S_i} \quad (3-3)$$

式中，C_i 为第 i 种元素的摩尔分数浓度，I_i 为第 i 种元素的俄歇电子能谱的信号强度，S_i 为第 i 种元素的相对灵敏度因子，可以从手册上获得。

由俄歇电子能谱提供的定量数据是以摩尔百分比含量表示的，而不是平常使用的质量百分比。这种比例关系可以通过下列公式换算：

$$C_i^{\text{wt}} = \frac{C_i \cdot A_i}{\sum_{i=1}^{i=n} C_i \cdot A_i} \quad (3-4)$$

式中，C_i^{wt} 为第 i 种元素的质量分数浓度，C_i 为第 i 种元素的俄歇电子能谱的摩尔分数，A_i 为第 i 种元素的相对原子质量。

（3）表面元素的化学价态分析

虽然俄歇电子的动能主要由元素的种类和跃迁轨道所决定，但由于原子内部外层电子的屏蔽效应，内层轨道和次外层轨道上的电子的结合能在不同的化学环境中是不一样的，其间有一些微小的差异。这种轨道结合能上的微小差异可以导致俄歇电子能量的变化，这种变化称作元素的俄歇化学位移，它取决于元素在样品中所处的化学环境。利用这种俄歇化学位移可以分析元素在该物种中的化学价态和存在形式。与 XPS 相比，俄歇电子能谱虽然存在能量分辨率较低的缺点，但却具有 XPS 难以达到的微区分析优点。此外，一般来说，由于俄歇电子涉及三个原子轨道能级，其化学位移要比 XPS 的化学位移大得多。显然，俄歇电子能谱更适合于表征化学环境的作用。因此俄歇电子能谱的化学位移在表面科学和材料学的研究中具有广阔的应用前景。

表面元素化学价态分析是俄歇电子能谱分析的一种重要功能，随着计算机技术的发展，采用积分谱和扣背底处理，谱图的解析变得容易得多。再加上俄歇化学位移比 XPS 的化学位移大得多，且结合深度分析可以研究界面上的化学状态，因此，近年俄歇电子能谱的化学位移分析在薄膜材料的研究上获得了重要的应用，并取得了很好的效果。但是，由于很难找到像 XPS 数据库那样的俄歇化学位移的标准数据，要判断其价态，必须用自制的标样进行对比，这是利用俄歇电子能谱研究化学价态的不利之处。此外，俄歇电子能谱不仅有化学位移的变化，还有线形的变化。俄歇电子能谱的线形分析也是进行元素化学价态分析的重要方法。

（4）元素深度分布分析

俄歇电子能谱的深度分析功能是俄歇电子能谱最有用的分析功能。一般采用 Ar 离子束进行样品表面剥离的深度分析方法。通常采用能量为 500eV 到 5keV 的离子束作为溅射源。该方法是一种破坏性分析方法，会引起表面晶格的损伤、择优溅射和表面原子混合等现象。但当其剥离速度很快和剥离时间较短时，以上效应就不太明显，一般可以不必考虑。

其分析原理是先用 Ar 离子把一定厚度的表面层溅射掉，然后再用俄歇电子能谱分析剥离后的表面元素含量，这样就可以获得元素在样品中沿深度方向的分布。由于俄歇电子能谱的采样深度较浅，因此俄歇电子能谱的深度分析比 XPS 的深度分析具有更好的深度分辨率。由于离子束与样品表面的作用时间较长时，样品表面会产生各种效应。为了获得较好的深度分析结果，应当选用交替式溅射方式，并尽可能地降低每次溅射间隔时间。此外，为避免离子束溅射坑效应，离子束/电子束的直径比应大于 100 倍以上，这样离子束的溅射坑效应基本可以不考虑。

离子的溅射过程非常复杂，它不仅会改变样品表面的成分和形貌，有时还会引起元素化学价态的变化。此外，溅射使表面粗糙也会大大降低深度剖析和深度分辨率。一般随着溅射时间的增加，表面粗糙度也随之增加，使得界面变宽。目前解决该问题的方法是采用旋转样品的方法，以增加离子束的均匀性。

（5）微区分析

微区分析也是俄歇电子能谱分析的一个重要功能，可以分为选点分析、线扫描分析和面扫描分析三个方面。这种功能是俄歇电子能谱在微电子器件研究中最常用的方法，也是纳米材料研究的主要手段。

① 选点分析。俄歇电子能谱由于采用电子束作为激发源，其束斑面积可以聚焦到非常小。理论上，俄歇电子能谱选点分析的空间分辨率可以达到束斑面积大小。因此，利用俄歇电子能谱可以在很微小的区域内进行选点分析，当然也可以在一个大面积的宏观空间范围内进行选点分析。微区范围内的选点分析可以通过计算机控制电子束的扫描，对于在大范围内的选点分析，一般采取移动样品的方法，使待分析区和电子束重叠。利用计算机软件选点，可以同时对多点进行表面定性分析、表面成分分析、化学价态分析和深度分析。

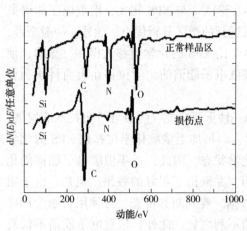

图 3-20　Si_3N_4薄膜表面损伤点的
俄歇定性分析谱

这是一种非常有效的微探针分析方法。图 3-20 为 Si_3N_4薄膜经 850℃快速退火处理后，表面不同点的俄歇定性分析图。从表面定性分析图上可见，在正常样品区，表面主要有 Si、N 以及 C 和 O 元素存在。而在损伤点，表面的 C、O 含量很高，而 Si、N 元素的含量却比较低。该结果说明在损伤区发生了 Si_3N_4薄膜的分解。

② 线扫描分析。在研究工作中，不仅需要了解元素在不同位置的存在状况，有时还需要了解一些元素沿某一方向的分布情况，俄歇线扫描分析能很好地解决这一问题。线扫描分析可以在微观效应基本可以不予考虑宏观的范围（1～6000 μm）内进行。俄歇电子能谱的线扫描分析常用于表面扩散研究、界面分析研究等方面。

Ag-Au 合金超薄膜在 Si（Ⅲ）面单晶硅上的电迁移后，在样品面的 Ag 和 Au 元素的线扫描分布如图 3-21 所示，横坐标为线扫描宽度，纵坐标为元素的信号强度。从图上可见，虽然 Ag 和 Au 元素的分布结构大致相同，但可见 Au 已向左端进行了较大规模的扩散。这表明 Ag 和 Au 在电场作用下的扩散过程是不一样的。此外，其扩散有单向性，取决于电场的方向。由于俄歇电子能谱的表面灵敏度很高，线扫描是研究表面扩散的有效手段。同时对于膜层较厚的多层膜，也可以通过对截面的线扫描获得各层间的扩散情况。

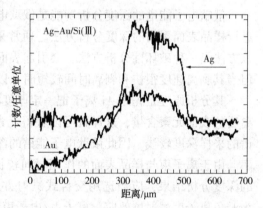

图 3-21　单晶硅表面 Ag 和 Au 元素的
俄歇线扫描分布

③ 元素面分布分析。俄歇电子能谱的面分布也可称为俄歇电子能谱的元素分布的图像分析。它可以把某个元素在某一区域内的分布以图像的方式表示出来，就像电镜照片一样，只不过电镜照片提供的是样品表面的形貌像，而俄歇电子能谱提供的是元素的分布像。结合俄歇化学位移分析，还可以获得特定化学价态元素的化学分布像。俄歇电子能谱的面分布分析适合于微型材料和技术的研究，也适合表面扩散等领域的研究。在常规分析中，由于该分析方法耗时非常长，一般很少使用。当把面扫描与俄歇化学效应相结合时，还可以获得元素的化学价态分布图。

3.5.4　俄歇电子能谱的应用

俄歇电子能谱在物理、化学、材料科学以及微电子学等方面有着重要的应用，可以用来研究固体表面的能带结构、态密度等，研究表面的物理化学性质的变化，如表面吸附、脱附以及表面化学反应。在材料科学领域，俄歇电子能谱主要应用于材料组分的确定、纯度的检测、薄膜材料的生长。

（1）表面吸附和化学反应的研究

由于俄歇电子能谱具有很高的表面灵敏度，可以检测到10^{-3}原子单层，因此可以很方便和有效地用来研究固体表面的化学吸附和化学反应。图 3-22 是在多晶锌表面初始氧化过程中的 O KLL 俄歇谱，因为在清洁 Zn 表面不存在本底氧，从 O KLL 俄歇谱上可以更直观地研究表面初始氧化过程。在经过 1L 的暴氧量的吸附后，在 O KLL 俄歇谱上开始出现动能为 508.6eV 的峰。该峰可以归属为 Zn 表面的化学附态氧，其从 Zn 原子获得的电荷要比 ZnO 中的氧少，因此其俄歇动能低于 ZnO 中的氧。当暴氧量增加到 30L 时，在 O KLL 谱上出现了高动能的伴峰，通过曲线解析可以获

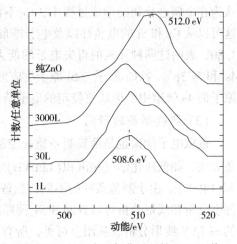

图 3-22　显示表面氧化过程的 O KLL 谱

得俄歇动能为 508.6eV 和 512.0eV 的两个峰。后者是由表面氧化反应形成的 ZnO 物种中的氧所产生。即使经过 3000L 剂量的暴氧后，在多晶锌表面仍有两种氧物种存在。该结果表明在低氧分压的情况下，只有部分活性强的 Zn 被氧化为 ZnO 物种，而活性较弱的 Zn 只能与氧形成吸附状态。

（2）薄膜的界面扩散反应研究

在薄膜材料的制备和使用过程中，不可避免地会产生薄膜层间的界面扩散反应。有些情况下，希望薄膜之间能有较强的界面扩散反应，以增强薄膜间的物理和化学结合力或形成新的功能薄膜层，而在另外一些情况，则要降低薄膜层间的界面扩散反应，如多层薄膜超晶格材料等。通过对俄歇电子能谱的深入剖析，可以研究各元素沿深度方向的分布，因此可以研究薄膜的界面扩散动力学。同时，通过对界面上各元素的俄歇谱图研究，可以获得界面产物的化学信息，用以鉴定界面反应产物。

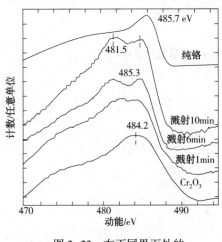

图 3-23　在不同界面处的
Cr LMM 俄歇谱图

难熔金属的硅化物是微电子器件中广泛应用的引线材料和电阻材料，是大规模集成电路工艺研究的重要课题。图 3-23 为在薄膜样品不同深度处的 Cr LMM 俄歇谱图。从该图可见，金属 Cr LMM 谱为单个峰，其俄歇动能为 485.7eV，而氧化物 Cr_2O_3 也为单峰，俄歇动能为 484.2eV。在硅化物 $CrSi_3$ 层以及与单晶硅的界面层上，Cr LMM 的线形为双峰，其俄歇动能为 481.5eV 和 485.3eV。可以认为这是由金属硅化物 $CrSi_3$ 所产生。硅化物中 Cr 的电子结构与金属 Cr 以及其氧化物 Cr_2O_3 的电子结构是不同的。形成的金属硅化物不是简单的金属共熔物，而是具有较强的化学键。该结果还表明，不仅界面产物层是由金属硅化物组成，在与硅基底的界面扩散层中，Cr 也是以硅化物的形式存在。根据俄歇电子动能的讨论，可以

认为在金属硅化物的形成过程中，Cr 不仅没有失去电荷，反而从 Si 原子得到了部分电荷。这可以从 Cr 和 Si 的电负性以及电子排布结构来解释。Cr 和 Si 原子的电负性分别为 1.74 和 1.80，表明这两种元素的得失电子的能力相近。而 O 和 Si 原子的外层电子结构分别为 $3d^5 4s^1$ 和 $3s^1 3p^3$。当 Cr 原子与 Si 原子反应形成金属硅化物时，硅原子的 3p 电子可以迁移到 O 原子的 4s 轨道中，形成更稳定的电子结构。

(3) 薄膜制备的研究

俄歇电子能谱也是薄膜制备质量控制的重要分析手段。对于 Si_3N_4 薄膜已发展了多种制备方法。如低压化学气相沉积(LPCVD)、等离子体化学气相沉积(PECVD)以及离子溅射沉积(PRSD)。由于制备条件的不同，制备出的薄膜质量也有很大差别。利用俄歇电子能谱的深度分析和线形分析可以判断 Si_3N_4 薄膜的质量。图 3-24 是用不同方法制备的 Si_3N_4 薄膜层的 Si LVV 线形分析。从图上可见，所有方法制备的 Si_3N_4 薄膜层中均有两种化学状态的 Si 存在(单质硅和 Si_3N_4)。其中，LPCVD 法制备的 Si_3N_4 薄膜质量最好，单质硅的含量较低。而 PECVD 法制备的 Si_3N_4 薄膜的质量最差，其单质硅的含量几乎与 Si_3N_4 物种相近。

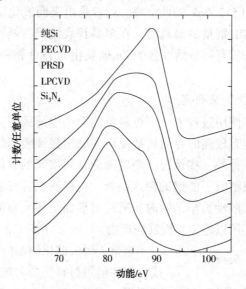

图 3-24　不同方法制备的 Si_3N_4 薄膜的 Si LVV 俄歇线形分析

第4章　分子结构分析

4.1　分子结构分析概述

（1）分子光谱与分子结构

分子总是处于某种特定的运动状态，每一种运动状态具有一定的能量（E），不同的运动状态具有不同的能量。按照量子力学的观点，分子的能量是分裂的、不连续的，即能量的变化是量子化的。能量最低的运动状态称为基态，其他能量较高的状态称为激发态。分子从周围环境吸收一定的能量之后，其运动状态由低能级跃迁到高能级，这种跃迁称为吸收跃迁。反之，处于高能级的分子释放出一定的能量，跃迁到低能级，称为发射跃迁，相应的跃迁能为

$$\Delta E = E_2 - E_1 \tag{4-1}$$

如果分子发生吸收跃迁所需要的能量来源于光照（或者电磁波），那么具有一定波长的光子被分子吸收，记录下被吸收光子的波长（或频率、波数）和吸收信号的强度，即可得到分子吸收光谱。同理，如果分子发生跃迁时所释放的能量以光的形式释放，记录下发射出的光的波长（或频率、波数）和发射信号的强度，即可得到分子发射光谱。

研究分子光谱是探究分子结构的重要手段之一，从光谱可以直接导出分子的各个分立的能级，从光谱还能够得到关于分子中电子的运动（电子结构）和原子核的振动与转动的详细知识。分子光谱除了用于定性与定量分析外，还能测定分子的能级、键长、键角、力常数和转动惯量等微结构的重要参数，并阐明基本的化学过程。

分子光谱不但在定性分析中有着广泛应用，而且在复杂化合物结构分析领域有着其他方法无法比拟的作用。

（2）分子光谱的分类

分子内的运动有多种形式，按照运动能量从高到低的顺序可以分成电子跃迁、分子振动、分子转动、电子的自旋运动、原子核的自旋、分子平动等形式。表4-1列出了分子光谱波长与运动模式的对应关系。根据运动形式的不同，可以得到相应的分子光谱，这些光谱按照能量由高到低可以分成紫外-可见吸收光谱、红外吸收光谱、核磁共振波谱等。

表 4-1　分子光谱波长与运动模式的关系

运动模式	内层电子跃迁	外层电子跃迁			分子振动		分子转动和电子自旋	原子核自旋
不同波长光谱	X 射线	远紫外	紫外	可见	近红外	红外	远红外	微波	无线电波
光谱类型	X 射线能谱 X 射线荧光光谱	紫外可见吸收光谱 荧光光谱			红外吸收光谱 拉曼光谱		分子转动光谱 顺磁共振波谱	核磁共振波谱

① 电子跃迁和紫外-可见吸收、分子发射光谱。物质被连续光照射激发后，电子由基态被激发至激发态，从而对入射光产生位于紫外-可见光区的特征吸收，这种光谱称为紫外-可见吸收光谱(简称紫外吸收光谱)。在同一电子能级上，有许多能量间隔较小(0.05～1eV)的振动能级，同一振动能级上，又有许多能级间隔更小(10^{-4}～10^{-2}eV)的转动能级。因此，电子跃迁过程中不可避免地会同时产生振动能级和转动能级的跃迁，电子光谱中也总会包含振动跃迁和转动跃迁的吸收谱线。但是，由于振动跃迁和转动跃迁吸收谱线间隔过小，一般仪器很难将它们区分开，因而分子的紫外-可见吸收光谱并不是分立的线状光谱，而是具有一定的波长范围，形成吸收带。

分子发射光谱也是电子跃迁的结果，某些物质被紫外光照射激发后，电子由基态被激发至激发态，在回到基态的过程中发射出比原激发波长更长的荧光，分子发射光谱包括分子荧光光谱(MFS)、分子磷光光谱(MPS)。荧光产生于单线激发态向基态跃迁，而磷光是单线激发态先过渡到三线激发态，然后由三线激发态跃迁返回到基态所产生。分子发射光谱具有高灵敏度和选择性，可用于研究物质的结构，尤其适合生物大分子的研究，同时通过测量发光强度可以进行定量研究。

② 分子振动和红外吸收、拉曼光谱。分子内化学键振动能级差一般在 0.05～1eV 之间，相当于近红外和中红外光子的能量。由化学键的振动能级跃迁所产生的光谱称为分子振动光谱，它包括红外光谱和拉曼光谱。

由于振动能级的间距大于转动能级，因此在每一振动能级改变时，还伴有转动能级改变，谱线密集，吸收峰加宽，显示出转动能级改变的细微结构，出现在波长较短、频率较高的红外线光区，称为红外光谱，又称振动-转动光谱。红外光谱主要用于鉴定化合物的官能团及分析异构体，是定性鉴定化合物及其结构的重要方法之一。

拉曼光谱和红外光谱一样，都是研究分子的转动和振动能级结构的，但是两者的原理和起因并不相同。拉曼光谱是建立在拉曼散射效应基础上，利用拉曼位移研究物质结构的方法。红外光谱是直接观察样品分子对辐射能量的吸收情况，而拉曼光谱是分子对单色光的散射引起的拉曼效应，间接观察分子振动能级的跃迁。

③ 分子转动光谱。纯粹的转动光谱只涉及分子转动能级的改变，不产生振动和电子状态的改变。分子的转动能级跃迁，能量变化很小，一般在 10^{-4}～10^{-2}eV，所吸收或辐射电磁波的波长较长，一般在 10^{-4}～10^{-2}m，它们落在微波和远红外线区，称为微波谱或远红外光谱，通称分子的转动光谱。转动能级跃迁时需要的能量很小，不会引起振动和电子能级的跃迁，所以转动光谱最简单，是线状光谱。

④ 电子的自旋运动和顺磁共振波谱。电子的自旋有两种取向，在外加磁场作用下这两种自旋状态将发生能级分裂，能级差与外加磁场强度成正比。在 0.34T 特斯拉磁场(顺磁共振谱仪多采用此场强)下，电子的自旋能极差为 $3.9×10^{-5}$eV，相当于微波光子的能量，因此微波足以激发电子自旋能级的跃迁。具有单电子的分子(例如自由基、过渡金属有机化合物)，单电子自旋能级在外加磁场作用下发生分裂，因而可以产生顺磁共振吸收信号，这种光谱称为顺磁共振波谱。

⑤ 原子核自旋运动和核磁共振波谱。某些同位素的原子核(例如 ^1H、^2H、^{13}C、^{17}O、^{19}F、^{31}P 等)是有自旋的。当用波长在射频区(106～109μm)、频率为兆赫数量级、能量很低的电磁

波照射分子时，这种电磁波不会引起分子的振动或转动能级的跃迁，更不会引起电子能级的跃迁，但是却能与磁性原子核相互作用。磁性原子核的能量在强磁场的作用下可以裂分为两个或两个以上的能级，吸收射频辐射后发生磁能级跃迁，称为核磁共振波谱（NMR）。

NMR 成像技术可以直接观察材料的空间立体构像和内部缺陷，指导材料的加工过程，为揭示固体大分子的结构与性能的关系起着重要作用。NMR 法具有精密、准确、深入物质内部而不破坏被测样品的特点，因而极大地弥补了其他结构测定方法的不足。

4.2　紫外–可见吸收光谱

紫外吸收光谱和可见吸收光谱都属于分子光谱，它们都是由于价电子的跃迁而产生的。利用物质的分子或离子对紫外和可见光的吸收所产生的紫外可见光谱及吸收程度可以对物质的组成、含量和结构进行分析、测定、推断。

4.2.1　紫外–可见吸收光谱分析的基本原理

分子中原子的外层电子或价电子的能级间隔一般为 1~20eV，电子跃迁产生的吸收光谱位于紫外–可见光区，在 200~780nm 的光谱范围内。通过测量物质分子或离子吸收光辐射强度的大小来测定物质含量的方法称为紫外–可见分光光度法，得到的光谱即为紫外–可见吸收光谱。紫外–可见吸收光谱以吸光度 A（量纲为 1）为纵坐标，入射光波长 λ（单位为 nm）为横坐标，也称吸收曲线，如图 4-1 所示。图中吸光度最大处对应的吸收峰称为最大吸收峰，对应的波长称为最大吸收波长 λ_{max}。

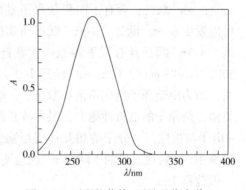

图 4-1　丙酮的紫外–可见吸收光谱

（1）有机化合物的紫外–可见吸收光谱

有机化合物的紫外–可见吸收光谱是由于分子的价电子跃迁所产生的，主要包括形成单键的 σ 电子、形成双键的 π 电子以及未成键 n 电子。根据分子轨道理论，这些电子的运动状态分别对应相应的能级轨道，即成键 σ 轨道、反键 σ* 轨道、成键 π 轨道、反键 π* 轨道（不饱和烃）和非键轨道。各轨道能级由高到低的次序为 σ*>π*>n>π>σ。通常情况下有机物分子的价电子总是处于能量较低的成键轨道和非键轨道上，吸收了合适的紫外或可见光能量后，价电子将由低能级跃迁到能量较高的反键轨道。可能产生的跃迁包括 σ→σ*、σ→π*、π→σ*、π→π*、n→σ*、n→π*。其中 σ→π* 和 π→σ* 为禁阻跃迁，因此分子中仅存在 σ→σ*、n→σ*、π→π*、n→π* 四种允许跃迁类型，有机化合物吸收光谱的特征取决于分子结构和分子轨道上电子的性质，在紫外–可见吸收光谱上表现为最大吸收波长 λ_{max} 和摩尔吸光系数不同。

σ→σ* 跃迁：所有存在 σ 键的有机化合物都能发生 σ→σ* 跃迁。σ→σ* 跃迁所需的能量在所有跃迁中最大，最大吸收波长 λ_{max} 一般位于小于 200nm 的远紫外区。

n→σ* 跃迁：具有含未成键孤对电子的原子的分子，如含有 N、O、S、P 和卤素原子的饱和烃衍生物，都会发生 n→σ* 跃迁。n→σ* 跃迁所需能量比 σ→σ* 跃迁小，激发波长长，吸收峰一般位于 200nm 附近。跃迁能量主要取决于含有 n 电子的杂原子的电负性和非成键轨道是否重叠。杂原子的电负性越大，n 电子被束缚得越紧，跃迁所需的能量越大，激发波长越短，λ_{max} 一般位于远紫外区，有的落在近紫外区。例如：CH_3Cl 的 $\lambda_{max}=173nm$，CH_3Br 的 $\lambda_{max}=204nm$，CH_3I 的 $\lambda_{max}=258nm$。n→σ^* 跃迁所对应的摩尔吸光系数一般不大，吸收带一般为弱带。

π→π^* 跃迁：含有 π 电子基团的不饱和有机化合物都会发生 π→π^* 跃迁。这种跃迁所需的能量比 σ→σ^* 跃迁小，吸收带一般出现在远紫外区 200nm 附近和近紫外区内。π→π^* 跃迁具有以下特点。①摩尔吸光系数较大，吸收带一般为强带。②最大吸收波长一般不受组成不饱和键原子的影响。③最大吸收波长与摩尔吸光系数主要与不饱和键的数目有关。含有单个双键的分子，如 1-己烯的 $\lambda_{max}=177nm$，摩尔吸光系数为 $1.0\times10^4 L\cdot mol^{-1}\cdot cml^{-1}$。分子中有多个双键时，若为共轭体系，共轭效应导致 π 电子进一步离域，π 轨道具有更大的成键性质，轨道能量降低，吸收带向长波方向移动（红移），同时，共轭体系使分子的吸光截面积增大，吸收增强，摩尔吸收系数大约以双键增加的数目倍增。④极性溶剂使 π→π^* 跃迁产生的吸收带红移。由于溶剂和溶质的相互作用，极性溶剂使轨道能量下降。在 π→π^* 跃迁中，由于激发态的极性大于基态，激发态能量降低更多，因此在极性溶剂中，π→π^* 跃迁导致吸收带红移，一般红移 10~20nm。

n→π^* 跃迁：含有不饱和杂原子基团的有机物分子，基团中既有 π 电子也有 n 电子，可以发生 n→π^* 跃迁。n→π^* 跃迁所需的能量最小，跃迁产生的吸收位于近紫外及可见光区。n→π^* 跃迁具有以下特点：①跃迁概率低，对应弱吸收带，一般摩尔吸光系数小于 $500L/(mol\cdot cm)$，比 π→π^* 跃迁小 2~3 个数量级。②最大吸收波长与组成 π 键的原子有关，因为由杂原子组成不饱和双键，n 电子的跃迁与杂原子的电负性有关，与 n→σ^* 跃迁类似，杂原子的电负性越大，激发波长越短。③极性溶剂使 n→π^* 跃迁产生的吸收带蓝移。n 电子与极性溶剂分子的相互作用很强，可产生溶剂化作用，甚至形成氢键。因此在极性溶剂中，n 轨道能量的下降比 π^* 轨道更显著。因而最大吸收波长向短波方向移动（蓝移），一般蓝移 7nm 左右。

以上四种跃迁类型中，π→π^*、n→π^* 跃迁的最大吸收波长一般处于近紫外光区及可见光区，是紫外-可见吸收光谱的研究重点。其中，π→π^* 跃迁具有较大的摩尔吸光系数，吸收光谱受分子结构影响较明显，因此常用于有机化合物的定性、定量分析。

（2）无机化合物的紫外-可见吸收光谱

电荷转移跃迁：许多无机络合物可发生电荷转移跃迁，即在外界辐射激发下，电子从电子给予体（给体）转移到电子接受体（受体）如，$Fe^{3+}—CNS^-→Fe^{2+}—CNS$。电荷转移跃迁实质上是分子内部的氧化还原过程，激发态是这一过程的产物。这种跃迁产生的吸收光谱称为电荷转移光谱，这种光谱谱带较宽，吸收强度大，最大波长处的摩尔吸收系数大于 $10^4L/(mol\cdot cm)$，可为吸收光谱的定量分析提供较高的测量灵敏度。某些取代芳烃也可以产生电荷转移吸收光谱，某些过渡金属与显色试剂相互作用也能产生电子转移吸收光谱。

配位场跃迁：当第四、五周期的过渡金属离子及镧系、锕系离子处于配位体形成的负电场中时，简并的 d 轨道和 f 轨道将分裂为能量不同的轨道。在外界辐射激发下，d 轨道和 f 轨道电子由低能量轨道向高能量轨道跃迁，产生相应的配位场吸收带，主要用于络合物的结构研究。其中，过渡金属离子的 d→d 跃迁吸收带多在可见光区，吸收峰较宽；镧系、锕系离子的 f→f 跃迁吸收带出现在紫外-可见光区,吸收峰较窄。

4.2.2 紫外-可见分光光度计的结构及特点

(1) 紫外-可见分光光度计的结构

紫外-可见分光光度计用于测量紫外-可见吸收光谱图,可对有机化合物进行结构解析及定量分析。目前常用的紫外-可见分光光度计的测定波长范围为 200~1000nm。如图 4-2 所示,紫外-可见分光光度计由光源、单色器、吸收池、检测器以及数据处理及记录(计算机)等部分组成。

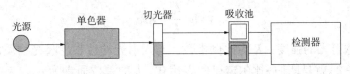

图 4-2　紫外-可见分光光度计的构成

光源用于提供激发能,使待测样品产生紫外-可见光谱吸收。紫外-可见分光光度计中常用的光源有热辐射光源和气体放电光源两类。

热辐射光源用于可见光区,如钨灯、卤钨灯,可使用的波长范围为 340~2500nm。气体放电光源用于紫外光区,如氢灯、氙灯,可在 160~375nm 范围内产生连续辐射。

单色器的作用是从光源发出的连续光谱中分出单色光,并能在紫外-可见光区随意调节波长。其性能决定了入射光的单色性,会影响测量的灵敏度、选择性等。

吸收池也称为比色皿,用于盛放分析样品,一般为方柱形,采用在待测光谱区不吸光的材料制成。石英池适用于紫外及可见光区,玻璃池只能用于可见光区。比色皿有边长为 0.5cm、1cm、2cm 等多种规格,其中 1cm 的比色皿最为常用。

检测器的功能是检测光信号、测量单色光透过溶液后的光强度变化。常用的检测器有光电倍增管和光电二极管。在现代光谱仪中,光电二极管阵列多用来代替单个探测器,具有平行采集数据、电子扫描等功能,而且其测定速度快、波长重复性好、性能可靠。

信号指示系统的作用是放大检测器的输出信号,并以适当的方式指示或记录下来。常用的信号指示装置有直读检流计、电位调节指零装置以及数字显示器或自动记录装置等。目前,紫外-可见分光光度计一般配有微型计算机,可对分光光度计进行操作控制和数据处理。

按光学系统,紫外-可见分光光度计可分为单光束分光光度计、双光束分光光度计、双波长分光光度计和多道分光光度计四类。

(2) 紫外-可见吸收光谱的特点

紫外-可见吸收光谱所对应的电磁波长较短,能量大,它反映了分子中价电子能级跃迁情况。主要应用于共轭体系(共轭烯烃和不饱和羰基化合物)及芳香族化合物的分析。由于电子能级改变的同时往往伴随振动能级的跃迁,所以电子光谱图比较简单,但峰形较宽。一般来说,利用紫外吸收光谱进行定性分析信号较少。紫外可见吸收光谱常用于共轭体系的定量分析,灵敏度高,检出限低。

4.2.3 紫外-可见吸收光谱的应用

紫外-可见吸收光谱已广泛应用于纯度检验、定性分析、定量分析和有机结构解析等方面，可反映生色团和助色团的信息。但是，由于同类官能团的吸收光谱差别不大，而且大部分简单官能团的近紫外吸收极弱或几乎为零，因而必须结合红外光谱、核磁共振光谱等手段才能进行化合物的定性鉴定和结构解析。对于化合物的定量分析，紫外-可见吸收光谱是一种使用最为广泛、最有效的手段。这里主要介绍紫外-可见吸收光谱的定量分析方法。

（1）朗伯-比尔定律

朗伯-比尔定律也称光的吸收定律，是各类吸光光度法定量分析的理论基础。

当一束强度为 I_0 的平行单色光垂直照射到装有均匀非散射吸光物质的厚度为 b 的液池上时，吸光度 A 与吸光物质的浓度 c 及吸收层的厚度 b 成正比，即

$$A = \lg \frac{I_0}{I_t} = Kbc \tag{4-2}$$

式中，I_t 为透射光的强度；K 为比例常数，与入射光的波长、吸光物质的性质、温度等因素有关。式（4-2）就是朗伯-比尔定律的表达式。b 的单位通常为 cm，K 值与 c 所用的单位有关。当 c 以 mol/L 为单位时，K 称为摩尔吸光系数，单位为 L/（mol·cm），用 ε 表示，式（4-3）改写为

$$A = \varepsilon bc \tag{4-3}$$

朗伯-比尔定律成立的前提条件是：①入射光为平行单色光且垂直照射；②吸光物质为均匀非散射体系；③吸光质点之间无相互作用，即吸光物质必须为稀溶液；④辐射与物质之间的作用仅限于光吸收，无荧光和光化学现象发生。

（2）定量分析方法

紫外-可见吸收光谱的定量分析不仅适用于对紫外-可见光有吸收的有机、无机化合物，而且通过显色反应还可以对无紫外-可见光吸收的物质进行定量测定。紫外-可见吸收光谱法可进行微量检测，检测浓度可达 $10^{-5} \sim 10^{-4}$ mol/L，测量准确度较高。

紫外-可见吸收光谱的定量分析通常使用的是比较法或标准曲线法。测量标准溶液在 n 个不同浓度 c_i 下的吸光度 A_i，采用最小二乘法进行线性拟合，得到 A-c 曲线，即标准曲线。由测得的未知样的吸光度，结合标准曲线确定未知样的浓度。这种方法也称为标准曲线法或工作曲线法。对于体系较复杂的未知样品，可采用标准加入法进行定量分析。

4.3　红外光谱

红外光谱是检测有机高分子材料组成与结构的最重要方法之一，同时可用来检测无机非金属材料及其与有机高分子形成的复合材料的组成与结构。近年来，随着光学及计算机技术的不断发展与应用，红外光谱在材料研究中的应用不断扩展，已成为研究材料结构的重要手段。虽然量子理论的应用为红外光谱提供了理论基础，但对于复杂分子来说，理论分析仍存在一定的困难，大量光谱的解析还依赖于经验方法。尽管如此，红外光谱与拉曼光谱构成了材料表征的非常有力的手段之一。

4.3.1　红外光谱分析的原理

（1）红外光谱的产生

红外光谱来源于分子对入射光子能量的吸收而产生的振动能级的跃迁。最基本的原理

是，当红外区辐射光子所具有的能量与分子振动跃迁所需的能量相当时，分子振动从基态跃迁至高能态，在振动时伴随有偶极矩的改变者就吸收红外光子，形成红外吸收光谱。

对于有机高分子材料，一种分子往往含有多种基团。为什么可以用红外光谱鉴别这些基团，原因就在于不同的基团对应不同的共振频率。

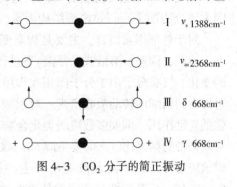

在红外光谱中，并不是所有分子的简正振动均可以产生红外吸收。根据红外光谱的基本原理，只有当振动时有偶极矩改变者才可吸收红外光子，并产生红外吸收。如果在振动时分子振动没有偶极矩的变化，则不会产生红外吸收光谱。这即是红外光谱的选择性定则。

如图4-3中（Ⅰ）为对称伸缩振动，在振动时无偶极矩的变化，所以显示为红外非活性。因此在CO_2的振动光谱中，仅在2368cm^{-1}（反对称伸缩振动）及668cm^{-1}（弯曲振动）附近观察到两个吸收带。

图4-3　CO_2分子的简正振动

（2）基团频率和红外光谱区域的关系

按照光谱与分子结构的特征，红外光谱大致可分为官能团区及指纹区。官能团区（4000~1330cm^{-1}）即化学键和基团的特征振动频率部分，它的吸收光谱主要反映分子中特征基团的振动，基团的鉴定工作主要在这一光谱区域进行。指纹区（1330~400cm^{-1}）的吸收光谱较复杂，但是能反映分子结构的细微变化。每一种化合物在该区的谱带位置、强度和形状都不一样，相当于人的指纹，用于认证有机化合物是很可靠的。此外，在指纹区也有一些特征吸收带，对于鉴定官能团也是很有帮助的。

X—H伸缩振动区域（X代表C、O、N、S等原子）：如果存在氢键则会使谱峰展宽。频率范围为4000~2500cm^{-1}，该区主要包括O—H、N—H、C—H等的伸缩振动。

O—H伸缩振动在3700~3100cm^{-1}，氢键的存在使频率降低，谱峰变宽，积分强度增加，它是判断有无醇、酚和有机酸的重要依据。当无氢键存在时，O—H或N—H成一尖锐的单峰出现在频率较高的部分。

三键和累积双键区域：三键和累积双键区域的频率范围在2500~2000cm^{-1}。该区红外谱带较少，主要包括—C≡C—，—C≡N—等三键的伸缩振动和—C≡C≡C，—C≡C≡O等累积双键的反对称伸缩振动。

双键伸缩振动区域：双键伸缩振动在2000~1500cm^{-1}频率范围内。该区主要包括C≡O、C≡C、C≡N、N≡O等的伸缩振动以及苯环的骨架振动，芳香族化合物的倍频或组频谱带。

羰基的伸缩振动在1900~1600cm^{-1}区域。所有的羰基化合物，例如醛、酮、羧酸、酯、酰卤、酸酐等在该区均有非常强的吸收带，而且往往是谱图中的第一强峰，非常特征，因此C≡O伸缩振动吸收谱带是判断有无羰基化合物的主要依据。

部分单键振动及指纹区域：部分单键振动及指纹区域的频率范围在1500~600cm^{-1}。该区域的光谱比较复杂，出现的振动形式很多，除了极少数较强的特征谱带外，一般较难找到它们的归属。对鉴定有用的特征谱带主要有C—H、O—H的变形振动以及C—O、C—N、C—X等的伸缩振动及芳环的C—H弯曲振动。

（3）影响基团频率的因素

同一种化学键或基团的特征吸收频率在不同的分子和外界环境中只是大致相同，即有一定的频率范围。分子中总存在不同程度的各种耦合，从而使谱带发生位移。这种谱带的位移反过来又提供了关于分子邻接基团的情况。处于不同环境中的分子，其振动谱带的位移、强度和峰宽也可能会有不同，这为分子间相互作用研究提供了判据。影响频率位移的因素可分为两类，一是内部结构因素，二是外部因素。

对于外部因素而言，主要是物态变化和氢键。红外光谱可以在样品的各种物理状态(气态、液态、固态、溶液或悬浮液)下进行测量，由于状态的不同，它们的光谱往往有不同程度的变化。气态分子由于分子间相互作用较弱，往往给出振动-转动光谱，在振动吸收带两侧，可以看到精细的转动吸收谱带。对于液态化合物，分子间相互作用较强，有的化合物存在很强的氢键作用。例如多数羧酸类化合物由于强的氢键作用而生成二聚体，因而使它的羰基和羟基谱带的频率比气态时要下降 $50\sim500\mathrm{cm}^{-1}$ 之多。若是在溶液状态下进行测试，除了发生氢键效应之外，由于溶剂改变所产生的频率位移一般不大。在极性溶剂中，N—H，O—H，C $=$ O，C $=$ N 等极性官能团的伸缩振动频率，随溶剂极性的增加，向低频方向移动。

对于内部因素而言，包含了诱导效应、共轭效应、中介效应和键应力的影响。诱导效应是在具有一定极性的共价键中，随着取代基的电负性不同而产生不同程度的静电诱导作用，引起分子中电荷分布的变化，从而改变了键力常数，使振动的频率发生变化，这就是诱导效应。

共轭效应是在类似如 1,3-丁二烯的化合物中，所有的碳原子都在一个平面上。由于电子云的可动性，使分子中间的 C-C 单键具有一定程度的双键性，同时原来的双键的键能稍有减弱，这就是共轭效应。由于共轭效应，使 C $=$ C 伸缩振动频率向低频方向位移，同时吸收强度增加。

以酰氯($1800\mathrm{cm}^{-1}$)、酯($1740\mathrm{cm}^{-1}$)、酰胺($1670\mathrm{cm}^{-1}$)为例，其羰基频率依序下降，这里频率的移动不能由诱导效应单一作用来解释，尤其在酰胺分子中氮原子的电负性比碳原子强，但是酰胺的羰基频率比丙酮低。这是由于在酰胺分子中同时存在诱导效应和中介效应，而中介效应起了主要作用。

在甲烷分子中，碳原子位于正四面体的中心，它的键角为 $109°28'$ ，有时由于结合条件的改变，使键角、键能发生变化，从而使振动频率产生位移。键应力的影响在含有双键的振动中最为显著。例如 C $=$ C 伸缩振动的频率在正常情况下为 $1650\mathrm{cm}^{-1}$ 左右，在环状结构的烯烃中，当环变小时，谱带向低频位移，这是由于键角改变使双键性减弱。

一个含电负性较强的原子 X 的分子 R-X-H 与另一个含有未共用电子对的原子 Y 的分子 R'-Y 相互作用时，生成R-XH···Y-R'形式的氢键。对于伸缩振动，生成氢键后谱带发生三个变化，即谱带加宽，吸收强度加大，而且向低频方向位移。但是对于弯曲振动来说，氢键则引起谱带变窄，同时向高频方向位移。

4.3.2 傅里叶红外光谱仪的原理、结构及特点

（1）傅里叶红外光谱仪的结构

傅里叶变换红外光谱仪简称为傅里叶红外光谱仪。它不同于色散型红外分光的原理，是基于对干涉后的红外光进行傅里叶变换的原理而开发的红外光谱仪。其基本结构如

图 4-4 所示。主要由光源(硅碳棒、高压汞灯)、迈克耳孙干涉仪、检测器和记录仪组成。光源发出的光被分束器分为两束,一束经反射到达动镜,另一束经透射到达定镜。两束光分别经定镜和动镜反射再回到分束器。动镜以一恒定速度做直线运动,因而经分束器分束后的两束光形成光程差 δ,产生干涉。干涉光在分束器会合后通过样品池,然后被检测。

(2) 傅里叶红外光谱仪的基本原理

傅里叶变换红外光谱仪的核心部分是迈克耳孙干涉仪,其示意如图 4-5 所示。动镜通过移动产生光程差,由于 v_m 一定,光程差与时间有关。光程差产生干涉信号,得到干涉图。光程差 $\delta = 2d$,d 代表动镜移动离开原点的距离与定镜与原点的距离之差。由于是一来一回,应乘以 2。若 $\delta = 0$,即动镜离开原点的距离与定镜与原点的距离相同,则无相位差,是相长干涉。若 $d = \lambda/4$,$\delta = \lambda/2$ 时,位相差为 $\lambda/2$,正好相反,是相消干涉。若 $d = \lambda/2$,$\delta = \lambda$ 时,又为相长干涉。总之,动镜移动距离是 $\lambda/4$ 的奇数倍时,为相消干涉,是 $\lambda/4$ 的偶数倍时,则是相长干涉。因此动镜移动产生可以预测的周期性信号。

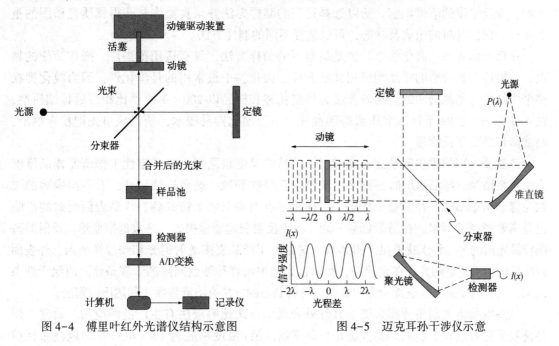

图 4-4 傅里叶红外光谱仪结构示意图   图 4-5 迈克耳孙干涉仪示意

(3) 傅里叶红外光谱法的特点

高信噪比:由于信号的"多路传输",这样有利于光谱的快速测定。在相同的测量时间 t 内,干涉型仪器对每个被测频率单元,可重复测量 M 次,测得的信号经平均处理而降低噪声。这样就可以大大有利于提高信噪比,其信噪比可提高 $M^{1/2}$ 倍。

高灵敏度:傅里叶变换光谱仪没有狭缝的限制,因此在同样分辨率的情况下,其辐射通量要比色散型仪器大得多,从而使检测器所收到的信号和信噪比增大,有很高的灵敏度,有利于微量样品的测定。

波数精确度高:因为动镜的位置及光程差可用激光的干涉条纹准确地测定,从而使计算的光谱波数精确度可达 $0.01\mathrm{cm}^{-1}$。

高的分辨能力:傅里叶变换红外光谱仪的分辨能力主要取决于仪器能达到的最大光程差,在整个光谱范围内能达到 $0.1\mathrm{cm}^{-1}$,目前,前最高可达 $0.0023\mathrm{cm}^{-1}$,而普通色散型仪器

仅能达到 $0.5cm^{-1}$。

光谱的数据化形式：傅里叶变换红外光谱仪的最大优点在于光谱的数字化形式，它可以用微型电脑进行处理，对光谱可以进行相加、相减、相除或储存操作。这样光谱的每一频率单元可以加以比较，光谱间的微小差别可以很容易地被检测出来。

由于傅里叶变换红外光谱仪的发展，减少了实验技术及数据处理的困难，使得很多种附件技术，如光声光谱、漫反射光谱、反射吸收光谱和发射光谱等都得到了显著的发展，为研究材料的表、界面结构提供了重要检测手段。

4.3.3　红外光谱的样品制备技术

样品制备技术是每一项光谱测定中最关键的问题，红外光谱也不例外，其光谱质量在很大程度上取决于样品制备的条件与方法。样品的纯度、杂质、残留溶剂，制样的厚度、干燥性、均匀性和干涉条纹等均可能使光谱失去有用的谱带信息，或出现本不属于样品的杂峰，导致错误的谱带识别。所以选择适当的制样方法并认真操作是获得优质光谱图的重要途径。根据材料的组成及状态，可以选择不同的制样方法。

卤化物压片法：卤化物压片法是最常用的制样方法，具有适用范围广、操作简便的特点，一般可干燥研磨的样品均可用此法制样。卤化物中最常用的是溴化钾，因为溴化钾在整个中红外区都是透明的。制备方法为将溴化钾和样品以 200：1 质量比相混后仔细研磨，在 $4×10^8 \sim 6×10^8 Pa$ 下抽真空压成透明薄片。由于溴化钾易吸水，所以应事先把粉末烘干，制成薄片后要尽快测量。

薄膜法：用薄膜法测量红外光谱时，样品的厚度很重要。一般定性工作所需样品厚度为 1 至数微米。样品过厚时，许多主要谱带都吸收到顶，彼此连成一片，看不出准确的波数位置和精细结构。在定量工作中，对样品厚度的要求就更苛刻些。样品表面反射的影响也是需要考虑的因素。在谱带低频一侧，由于反射引起能量损失，造成谱带变形。反射对薄膜样品光谱的另一种干扰就是干涉条纹。这是由于样品直接透射的光和经过样品内、外表面两次反射后再透射的光存在光程差，所以在光谱中出现等波数间隔的干涉条纹。消除干涉条纹的常用方法是使样品表面变得粗糙些。薄膜制备的方法有溶液铸膜法和热压成膜法。

从高聚物溶液制备薄膜来测绘其红外光谱的方法比溶液法有更广泛的应用。通常，样品薄膜可在玻璃板上制取。其方法是将高聚物溶液（浓度一般为 1% ~ 4%）均匀地浇涂在玻璃板上，待溶剂挥发后，形成薄膜，即可用刮刀剥离。在液体表面上铸膜也是可行的。这种方法特别适用于制备极薄的膜，通常可以在水表面上进行。另一个简便的制膜方法是在氯化钠晶片上直接涂上高聚物溶液，膜制成后可连同晶片一起进行红外测试。这种制膜法在研究高聚物的反应时很适用。溶液铸膜法很重要的一点是要除去最后残留的溶剂。一个行之有效的方法是用低沸点溶剂萃取掉残留的溶剂，该萃取剂必须是不能溶解高聚物，但却能和原溶剂相混溶。例如，从聚丙烯腈中除去二甲基甲酰胺溶剂是十分困难的，因为极性高聚物和极性溶剂有较强的亲和力，而二甲基甲酰胺的沸点又较高，很难用抽真空的方法将它从薄膜中除尽。用甲醇萃取可除去残存的二甲基甲酰胺，随后甲醇可用减压真空干燥除去。对于热塑性的样品，可以采用热压成膜的方法，即将样品加热到软化点以上或熔融，然后在一定压力下压成适当厚度的薄膜。在热压时要防止高聚物的热老化。为了尽可能降低温度和缩短加压时间，可以采用增大压力的办法。一般采用 $1×10^8 Pa$ 左右的压力，在熔融状态迅速加压 10~15s，然后迅速冷却。采用热压成膜或溶液铸膜制备样品时，要注意高聚物结晶形态的变化。

悬浮法：这种方法是把 50mg 左右的高聚物粉末和 1 滴石蜡油或全卤代烃类液体混合，研磨成糊状，再转移到两片氯化钠晶片之间，进行测量。

4.3.4 红外光谱在材料研究中的应用

4.3.4.1 有机高分子材料

（1）单一组成均聚物材料判定

对于单一组成的聚合物结构的判定，通过将聚合物红外光谱按照其最强谱带的位置，从 1800cm^{-1} 到 600cm^{-1} 分成 6 类，来判别聚合物材料的类别和主体结构，一般来说含有相同极性基团的同类化合物大多在同一光谱区里。有些聚合物在 3500~2800cm^{-1} 范围内有第一吸收，但是，这类谱带易受样品状态等外来因素干扰，具体分区如下：

1 区：1800~1700cm^{-1}　聚酯、聚羧酸、聚酰亚胺。

2 区：1700~1500cm^{-1}　聚酸亚胺、聚脲等。

3 区：1500~1300cm^{-1}　饱和线形脂肪族聚烯烃和一些有极性基团取代的聚烃类。

4 区：1300~1200cm^{-1}　芳香族聚醚类、聚砜类和一些含氯的高聚物。

5 区：1200~1000cm^{-1}　脂肪族的聚醚类、醇类和含硅、含氟的高聚物。

6 区：1000~600cm^{-1}　取代苯、不饱和双键和一些含氯的高聚物。

对于一种单一组成的聚合物，只要根据 1800~600cm^{-1} 范围内最强谱带的位置即可初步确定聚合物的类型，再对照最强谱带和特征谱带的对应关系，即可大体上确定是哪一种聚合物及其结构，但最准确的结构确定还是要查标准谱图。

如图 4-6 中最强谱带是 757cm^{-1} 和 699cm^{-1}，位于第 6 区，由此可以判断该聚合物主要含有取代苯、不饱和双键和一些含氯的高聚物。进一步分析谱图，在 3103cm^{-1}、3082cm^{-1}、3060cm^{-1}、3025cm^{-1} 和 3000cm^{-1} 具有非常特征的谱带，与乙烯基相对应，因此可基本确定该红外谱图对应的样品是聚苯乙烯。

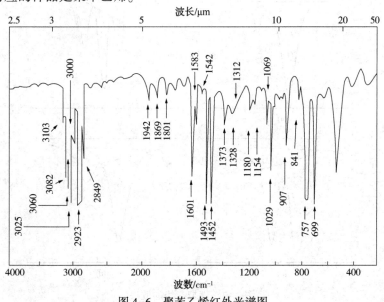

图 4-6　聚苯乙烯红外光谱图

（2）红外光谱的定量分析及应用

① 定量分析的基础是光的吸收定律——朗伯-比尔定律：

$$A = k \cdot c \cdot L = \lg(l/T) \tag{4-4}$$

式中，A 为吸光度；T 为透光度；k 为消光系数，单位为 $L \cdot mol^{-1} \cdot cm^{-1}$；$c$ 为样品浓度，单位为 $mol \cdot L^{-1}$；L 为样品厚度，单位为 cm。以被测物特征基团峰为分析谱带，通过测定谱带的吸光度 A、样品厚度 L，并以标准样品测定该特征谱带的 k 值，即可求得样品浓度 c。

在实际应用中，以吸光度法测量时，仪器操作条件、参数都可能引起定量的误差。当考虑某一特定振动的固有吸收时，峰高法的理论意义不大，它不能反映出宽的和窄的谱带之间吸收的差异。此外，用峰高法从一种型号仪器获得的数据不能一成不变地运用到另一种型号的仪器上。面积积分强度法是测量由某一振动模式所引起的全部吸收能量，它能够给出具有理论意义的、比峰高法更准确的测量数据。峰面积的测量可以通过 FTIR 计算机积分技术来完成。这种计算对任何标准的定量方法都适用，而且能够很好地符合 Beer 定律。积分强度的数值大多由测量谱带的面积得到，即将吸光度对波数作图，然后计算谱带的面积 S。

$$S = \int \lg \frac{I_0}{I} \mathrm{d}v \tag{4-5}$$

即在定量分析中，经常采用基线法确定谱带的吸光度。基线的取法要根据实际情况作不同处理。如图 4-7(a)所示，测量的谱带受邻近谱带的影响极小，因此可由谱带透射比最高处 b 引平行线。而(b)中采用的是作透射比最高处的切线 ab。(c)中无论是作平行线还是作切线都不能反映真实情况，因此采用 ab 与 ac 两者的角平分线 ad 更合适。(d)中，平行线 ab 或切线 ac 均可取为基线。需要注意的是，确定基线后在之后的测量中就不能改变。使用基线法定量，可以扣除散射和反射的能量损失以及其他组分谱带的干扰，具有较好的重复性。

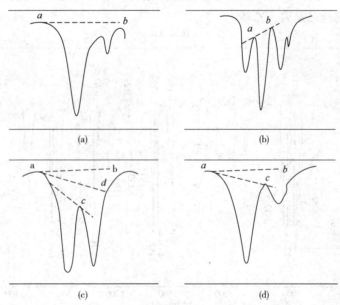

图 4-7　谱带基线的取法

② 共聚物组成。

图 4-8 为聚甲基丙烯酸甲酯(PMMA)、聚苯乙烯(PS)、PMMA-PS 共混物及 PMMA-PS 共聚物的红外光谱图。由图可见，PMMA 和 PS 共聚物的光谱与其均聚物的混合物光谱相似，因此可用已知配比的均聚物混合物作为工作样品。

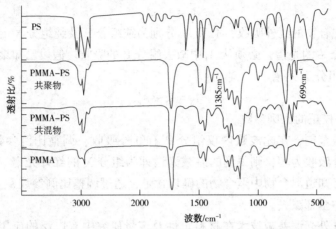

图 4-8 PMMA、PS、PMMA-PS 共混物及 PMMA-PS 共聚物的红外光谱图

比较图谱，可供分析用的谱带对甲基丙烯酸甲酯有：$1729cm^{-1}$ 的羰基伸缩振动，$1385cm^{-1}$ 的甲基对称变形振动，前者吸收强度太大，不可取，故选择后者。苯乙烯组分的浓度选择 $699cm^{-1}$ 的单取代苯的 C—H 面外弯曲振动。实验中，$1385cm^{-1}$ 和 $699cm^{-1}$ 这两个谱带都是孤立的，基本不受另一组分谱带的影响，而且吸收强度相似，因此选择这两个谱带来定量分析共聚物组分是理想的。采用 KBr 涂膜的方法，控制膜的厚度使所得图谱中 $1385cm^{-1}$ 和 $699cm^{-1}$ 处的吸光度为 0.2~0.4。谱带基线的取法如图 4-9 所示。

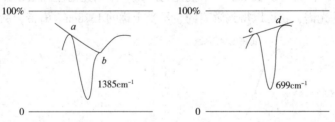

图 4-9 PMMA-PS 共聚物组成测定中的基线确定方法

在 $4000\sim400cm^{-1}$ 范围内测绘工作样品的红外光谱图，分别测量这两条分析谱带的吸光度 A_{1385} 和 A_{699}。以吸光度比 A_{1385}/A_{699} 对共混物中 PMMA/PS 质量比作图。如图 4-10 所示，吸光度比与 PMMA/PS 质量比之间有着良好的线性关系：$A_{1385}/A_{699} = 0.7138 W_{PMMA}/W_{PS}$。这样，只要通过红外光谱测定 $1385cm^{-1}$ 和 $699cm^{-1}$ 处谱带的强度，便可确定共聚物中各组分的相对含量。

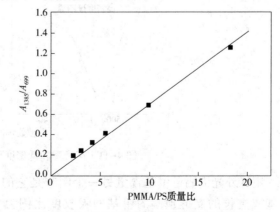

图 4-10 红外光谱测定共聚物组成的工作曲线

（3）差减光谱技术及其应用

① 光谱差减技术。

光谱差减技术可以用来分离混合物的红外光谱或检测样品的微小变化。例如，某一样品中含有两种组分，则在任一波数的红外吸收可以表达为各组分的红外吸收之和：

$$A_T = A_P + A_X$$

式中，A_T 为混合物的红外吸收，A_P 和 A_X 分别为纯组分 P 及纯组分 X 的红外吸收。

为了得到组分 X 的光谱，必须从 A_T 中减去组分 P 的吸收。假设已知聚合物样品 P 的红外光谱为 A_P'，则组分 X 光谱

$$A_X = A_T - kA_P'$$

式中，k 是可校正的比例参数。

选择某一波数范围，在此波数内仅组分 P 有红外吸收，调整比例参数进行差减计算，直至该区域内红外吸收为零，则得到的差减光谱即为组分 X 的红外光谱。这一差减光谱程序的优点在于不必知道混合物中聚合物的确切含量，通过调整比例参数 k，即可把聚合物光谱从混合物光谱中全部减去。

傅里叶变换红外光谱差减技术在材料定性及定量研究中有广泛的应用。使用这种差减光谱技术也可以不经物理分离而直接鉴定混合物的组分，甚至是微量的组分，如聚合物中的添加剂等。

② 聚乙烯（PE）支化度的测定。

PE 可以用低压催化法或高压法制得。前者得到线形分子，密度较大，后者得到有支链的分子，密度较小。它们的红外光谱如图 4-11 所示，图中 1378cm^{-1} 谱带归属于支链顶端的甲基振动，但是这个谱带与无定形态亚甲基的三条谱带互相干扰，它们位于 1304cm^{-1}，1352cm^{-1} 及 1368cm^{-1}，其中以 1368cm^{-1} 干扰尤为严重。采用光谱差减法，即从 PE 光谱中减去标准线形聚亚甲基光谱，就可以得到游离的、不受干扰的 1378cm^{-1} 谱带，从而进行定量测定。

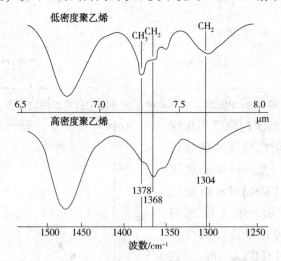

图 4-11　高密度和低密度聚乙烯的红外光谱

用红外光谱测量甲基含量另一个困难是它的吸收度随支化链长度而变化。例如甲基、乙基或更长的支链顶端的甲基的吸收度比例为 1.5∶1.25∶1，因此通常用红外测得的 1378cm^{-1} 谱带吸收度是各种不同长度的支链的平均值。准确的支链分布数据须由同体 NMR

谱来测定，但若每个 PE 样品都用固体 NMR 测定，则费用太大，故商品 PE 支化度仍用红外测定，商品 PE 上标注的支化度就是用红外光谱法测定的。

③ 聚合物共混研究。

两种聚合物能否均匀共混，与它们的相容性有关。FTIR 可以用来从分子水平角度研究共混相互作用。从红外光谱角度来看，共混物的相容性是指光谱中能否检测出相互作用的谱带。若两种均聚物是相容的，则可观察到频率位移、强度变化，甚至峰的出现或消失。如果均聚物是不相容的，共混物的光谱只不过是两种均聚物光谱的简单叠加。图 4-12 是 50∶50PVF$_2$-PVAc 共混物经过 75℃ 处理的样品的光谱及减去均聚物光谱后得到的"相互作用谱"。从"相互作用光谱"中可以看到，均聚物共混后分子间相互作用引起的频率位移及强度变化。

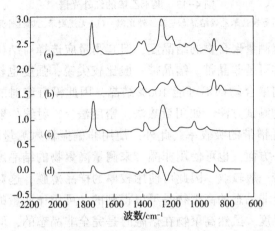

(a) 50∶50PVF$_2$-PVAc 共混物光谱；(b)、(c) PVF$_2$ 及
PVAc 均聚物光谱；(d) "相互作用谱" (a)-(b)-(c)=(d)

图 4-12　相互作用光谱

(4) 聚合物的构象及结晶形态的测定

PE 是研究得最多的结晶聚合物。PE 的结晶部分是由全反式构象(T)组成的。在光谱中也能找到无定形态异构体的谱带含有旁式构象(G)。最强烈的无定形吸收是亚甲基面外摇摆振动，位于 1303cm^{-1}、1353cm^{-1} 及 1369cm^{-1}。TG 序列构象对应于 1303cm^{-1} 及 1369cm^{-1} 的谱带，而 1353cm^{-1} 谱带归属于 GG 结构的面外摇摆振动。当 PE 加热达熔点以上时，TG 及 GG 构象增加。但是在熔点以下相当低的温度时，TG 构象同样会增加，标志着结晶聚合物内部局部构象缺陷的形成。

对聚合物构象的研究难点在于难以得到纯的异构体样品，即使结晶态的高聚物也不是 100% 的晶体，其光谱中含有无定形成分的影响。然而，完全无定形样品是容易得到的，这样就可以通过差减法得到各种异构体的红外光谱。例如，结晶形等规聚苯乙烯(PS)的光谱，可从退火处理的半结晶薄膜光谱中减去退火处理的无定形样品光谱来得到。差减过程中以 538cm^{-1} 谱带为标准，将其强度差减为零，所得的差示光谱即可认为是等规 PS 的结晶状态的光谱，如图 4-13 所示。严格地讲，所得的差减谱还不完全是结晶形 PS 谱，因为链之间的作用尚未被消除掉。更准确地说，这是典型的长链段的螺旋结构，这种结构的多数链存在于晶相之中。

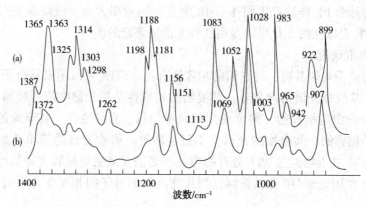

图 4-13 聚苯乙烯的红外光谱

(a)等规聚苯乙烯结晶态差减红外光谱；(b)无规聚苯乙烯红外光谱

应用红外光谱可以测量聚合物的结晶度，但其测量应选择对结构变化敏感的谱带作为分析对象，如晶带，亦可是非晶带。结晶带一般比较尖锐，强度也较大，因此有较高的测量灵敏度。但由于任何聚合物都不可能 100% 结晶，因此没有绝对的标准，不能独立地测量，一般需要用其他的测试方法，如用量热法、密度法、X 射线衍射法的测量结果作为相对标准，来计算该结晶谱带的吸收率。此外，使用非偏振辐射测量取向样品的结晶度时，往往会产生误差。另一方面，也可使用非晶带来测量高聚物的结晶度，这时样品取向的影响就不重要了。非晶带一般较弱，因此可使用较厚的样品薄膜，这对于准确地测量薄膜厚度是有利的。由于完全非晶态的高聚物是可以得到的，可用作测量的绝对标准，因而可独立地测量高聚物的结晶度。虽然高聚物在熔融时是完全非晶态的，但由于谱带的吸收率可能随样品温度变化，故最好在室温下测量。为了得到完全非晶态的样品，可把熔融的高聚物在液氮中淬火，如还不能满足要求，可用 β 射线辐射熔融的高聚物，使其部分交联，这样在冷却时不会重结晶。另一方法是应用相同聚合物的低相对分子质量样品，它们在室温下是非晶态的。

下面以聚氯丁二烯光谱为例，说明结晶度的测定方法。在该聚合物光谱中，位于 $953cm^{-1}$ 和 $780cm^{-1}$ 的谱带是结晶的谱带，可作为测量样品结晶度的分析谱带。由于薄膜的厚度不易准确地测量，可把位于 $2940cm^{-1}$ 的 C—H 伸缩振动谱带作为衡量薄膜厚度的内标。其他对结晶不敏感的谱带，如 $1665cm^{-1}$ 处的 C=C 伸缩振动和 $1450cm^{-1}$ 处的 CH_2 变形振动的谱带也可用来表征薄膜的相对厚度。样品的结晶度可由式(4-6)得到：

$$X = \frac{A(953)}{A(2940)} \times k(2940) \tag{4-6}$$

式中，$A(953)$ 和 $A(2940)$ 分别为该样品的 $953cm^{-1}$ 和 $2940cm^{-1}$ 谱带的吸光度；$k(2940)$ 为比例常数。应用不同的谱带测量，它的值也随着改变。为了测定 k 值，需要有结晶度已知的样品，可采用密度法测量的结果作为相对标准。

4.3.4.2 无机非金属材料

正硅酸乙酯(TEOS)可以通过水解和缩聚形成氧化硅薄膜，利用这种溶胶凝胶反应在多孔硅表面形成一层氧化硅的包覆层，具体反应过程如下：

$$\equiv SiOC_2H_5 + H_2O \longrightarrow \equiv Si—OH + C_2H_5OH$$

$$\equiv SiOC_2H_5 + HO\!-\!Si \equiv \longrightarrow \equiv Si\!-\!O\!-\!Si \equiv +C_2H_5OH$$
$$\equiv Si\!-\!OH + HO\!-\!Si \equiv \longrightarrow \equiv Si\!-\!O\!-\!Si \equiv +H_2O$$

由图 4-14(a)可以看出，在凝胶化 1h 后，TEOS 中烷氧基的峰($1168cm^{-1}$，$1102cm^{-1}$，$1078cm^{-1}$，$963cm^{-1}$ 和 $787cm^{-1}$)依然存在，甘油中的烷氧基峰位于 $1100cm^{-1}$，$1036cm^{-1}$，$995cm^{-1}$，$925cm^{-1}$ 和 $852cm^{-1}$ 处，在 $3000\sim2830cm^{-1}$，$1500\sim1160cm^{-1}$ 处的谱带是由 TEOS 和甘油中的 C_nH_{2n+1} 引起的，Si—O—Si 的伸缩和弯曲振动分别位于 $1065cm^{-1}$ 和 $800cm^{-1}$，说明形成了 SiO_2。在图 4-14(b)中，水解 24h 以后，Si—O—Si 在 $1065cm^{-1}$ 和 $800cm^{-1}$ 的峰显著上升，而甘油和水的峰明显下降，但 TEOS 的峰仍然存在。多孔硅的 Si—H 键的伸缩振动谱带从 $2125cm^{-1}$ 移动到 $2252cm^{-1}$，同时在 $800\sim1000cm^{-1}$ 范围内观察到 Si-H 的弯曲振动。Si—H 键的背键被氧化，形成了 $H_2Si\!-\!O_2$($2196\sim2213$，$976cm^{-1}$)，$HSi\!-\!O_3$($2265cm^{-1}$，$876cm^{-1}$)，$HSi\!-\!SiO_2$($2204cm^{-1}$，$840cm^{-1}$)和 $HSi\!-\!Si_2O$($803cm^{-1}$)。7 天以后，$HSi\!-\!O_3$($876cm^{-1}$)和 $HSi\!-\!SiO_2$($840cm^{-1}$)增加，$H_2Si\!-\!O_2$($970cm^{-1}$)键增加，而 $HSi\!-\!Si_2O$($796cm^{-1}$)键减少。上述 Si—H 背键的氧化和 SiH_2 数量的上升造成了多孔硅发光强度的上升和发光稳定性的增强。

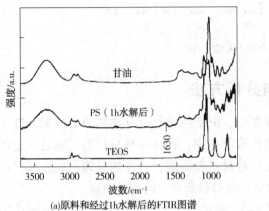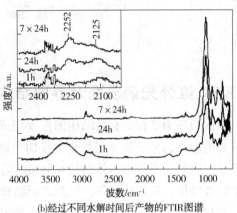

(a)原料和经过1h水解后的FTIR图谱　　　　　(b)经过不同水解时间后产物的FTIR图谱

图 4-14　TEOS 在多孔硅(PS)表面水解和缩聚形成 SiO_2

4.3.4.3　红外光谱在无机化合物表征中的应用

磷酸钙化合物的研究在生物材料领域得到的关注较多，因为该类化合物在牙科和骨科领域应用广泛，可作为填充物或用于植入器械的表面改性。这些化合物中最常见的是羟基磷灰石(HA)和磷酸三钙(p-TCP)。对磷酸钙化合物进行红外光谱分析是一种相对快捷、简易检测化合物成分的方式。常见的磷酸钙化合物，如 HA 和 β-TCP 的 PO_4^{3-} 基团中的四个氧原子在正四面体的四个顶角上，四个原子是等价的 PO_4^{3-} 基团存在四种振动模式，即对称伸缩振动(v_1)、反对称伸缩振动(v_3)、对称变角振动(v_2)和不对称变角振动(v_4)。

在制备 HA 时，一般按照化学剂量比(Ca/P = 1.67)进行反应，由于制备工艺的不同，如在大气环境中采用水热法制备，则所得产物可能含有一定水分，并会出现钙缺失、碳酸基团(CO_3^{2-})取代等，且碳酸基团的取代可能发生在两个不同的位置，即 OH^-(A 型取代)和 PO_4^{3-}(B 型取代)。对合成的 HA 进行红外光谱分析，可有效、快捷监测上述情形的发生。合成的 HA 最典型的基团包括 PO_4^{3-}、OH^- 和 CO_3^{2-}，当然，由于生成非化学剂量比的 HA，也

可能出现 HPO_4^{2-} 的吸收峰。如图 4-15 所示，PO_4^{3-} 基团的特征吸收分别出现在 $560cm^{-1}$、$600cm^{-1}$ 和 $1000 \sim 1100cm^{-1}$ 处；水在 $3600cm^{-1}$ 和 $2900cm^{-1}$ 处的吸收峰相对较宽，OH^- 在 $3570cm^{-1}$ 和 $630cm^{-1}$ 处出现明显的吸收峰。产物中由于 CO_3^{2-} 的取代，会在 $870cm^{-1}$ 和 $880cm^{-1}$ 处出现较弱的吸收，但 $1460cm^{-1}$ 和 $1530cm^{-1}$ 处的吸收则较强。如有非化学剂量比的 HA 生成，则会在 $875 \sim 880cm^{-1}$ 出现较明显的 HPO_4^{2-} 的吸收峰。

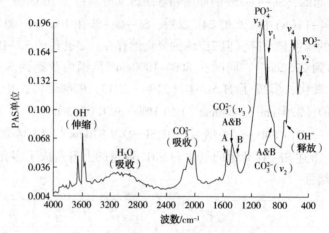

图 4-15 合成 HA 的 FTIR

4.3.5 红外光谱表面及界面结构分析方法

表面与界面结构是材料结构的重要组成部分，由于与空气或其他物质的接触，处于表面或界面层中的分子的排列甚至组成均与基体有所差别，另外一些材料为了满足一定的使用要求，同时又不损坏本体的机械强度，往往对材料表面进行特殊的处理，如金属材料表面的防腐涂层、助焊涂层等。因此表面结构分析是材料研究中的重要内容。

常规红外光谱测定表面结构的方法如图 4-16 所示，分为透射-差减光谱、衰减内反射光谱、漫反射光谱、反射吸收光谱和光声光谱。这些方法需要不同的设备，适用的材料范围也各有特点。

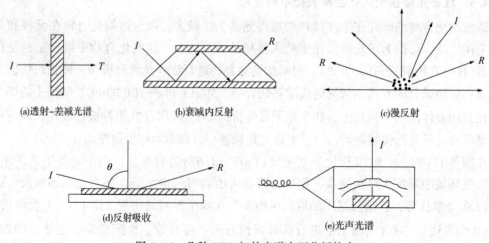

图 4-16 几种 FTIR 红外光谱表面分析技术

（1）透射光谱与光谱差减

对红外光透明的材料，可以用透射光谱结合光谱差减进行表面结构测定。图 4-17 所示为硅氧烷偶联剂与硅石界面上发生的化学反应。尽管二氧化硅对红外有强烈的吸收，而参加界面反应的分子数又极少，但差减谱仍然显示了反应前后结构的差别。由于加热前后的硅石、偶联剂数量都没有改变，所以图 4-17 中光谱(a)与(b)似乎没有区别，但差减谱(c)中的负峰清楚地表明了硅石表面的 SiOH($970cm^{-1}$)与偶联剂的 SiOH($893cm^{-1}$)已经参加了反应。正的吸收峰($1170cm^{-1}$和$1080cm^{-1}$)显示了在界面上的 Si-O-Si 键，从而证实了偶联剂与硅石之间存在着化学键合。

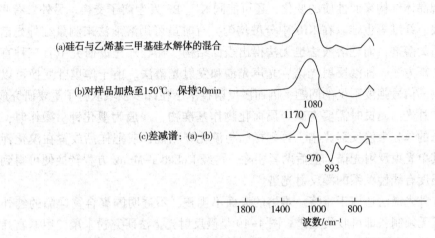

(a)硅石与乙烯基三甲基硅水解体的混合

(b)对样品加热至150℃，保持30min

1080
1170
(c)差减谱：(a)-(b)
970
893

1800　1400　1000　800

波数/cm^{-1}

图 4-17　用硅氧烷偶联剂水解体处理的硅石 FTIR 光谱图

（2）衰减全反射(Attenuated Total Reflection, ATR)

衰减全反射光谱也被称为内反射光谱，当红外辐射经过棱镜投射到样品表面时，光线并不是在样品表面全部被直接反射回来，而是贯穿到样品表面内一定深度后，再返回表面。如果样品在入射光的频率范围内有吸收，则反射光的强度在被吸收的频率位置减弱，因而就产生和普通透射吸收相似的现象，所得光谱就称为内反射光谱。

内反射光谱中谱带的强度取决于样品本身的吸收性质及光线在样品表面的反射次数和穿透到样品内的深度，穿透愈深，吸收愈强。因而衰减全反射光谱与透射光谱的形状区别在于：衰减全反射谱在高波数区域谱带强度较弱，随着波数的减少(波长增加)，谱带强度呈线性上升。图 4-18 是聚酰亚胺的 ATR 光谱。从透射光谱［图 4-18 (a)］上可以看出薄膜的主要成分是由均苯四酸酐和 4,4'-二胺基二苯醚缩聚的聚酰亚胺。从样品正

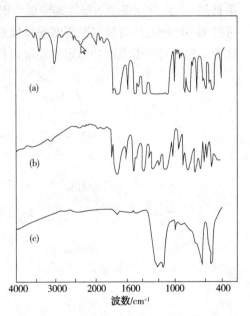

(a)

(b)

(c)

4000　3000　2000　1600　1000　400

波数/cm^{-1}

图 4-18　表面涂覆聚四氟乙烯的
聚酰亚胺薄膜的 ATR 光谱

（a）聚酰亚胺薄膜的透射光谱；

（b）、（c）薄膜两面的 ATR 光谱

反两面的 ATR 光谱可以清楚地看出，一面是纯的聚酰亚胺[图 4-18(b)]，只是其中位于 3000cm⁻¹ 谱带强度有些不同。这是因为光线在短波长处穿透深度较浅。在薄膜另一侧表面上有薄的聚四氟乙烯涂层[图 4-18(c)]。由于操作简便、灵敏度高等优点，衰减全反射法已在高聚物表面结构研究中得到广泛应用。此外，由于水的衰减系数很小，因而可用 ATR 测量表面含水的样品，这是在各种红外光谱技术中最为独特的优点。因为水在其他红外分析方法中都有十分强烈的吸收。ATR 的缺点在于它要求样品与晶体板有良好的光学贴合。

（3）漫反射红外光谱

对于固体粉末样品，一般采用 KBr 压片进行透射红外谱的测定。但有些样品在其制样过程中会出现晶体结构表面性质的变化，还可能同 K⁺、Br⁻ 发生离子交换。另外，有些高分子样品如橡胶、纤维等也难以在 KBr 中分散均匀，有时虽可用溶液法来测量红外光谱，但难以找到合适的溶剂，而且溶液法也无法得出表面结构。在红外光谱研究中有三种直接测定粉末样品的新方法，即漫反射光谱、光声光谱和发射光谱法。由于傅里叶变换可以提高信噪比，解决了信号强度不足的问题，因而漫反射技术已在许多领域取得了重要研究成果。

漫反射红外光谱测试时需要有碱金属卤化物作基准物，一般为溴化钾。操作时，先收集溴化钾粉末的单光束漫反射光谱，再把样品与溴化钾相混，或把样品放置在溴化钾粉末之上，收集其单光束反射光谱，然后两者相除，再经 Kubelka-Munk 方程转换便可得到样品浓度与光谱强度有线性关系的漫反射光谱。

漫反射红外光谱法适用于难溶、难熔的表面不规整、不透明的聚合物样品的红外光谱研究，且样品无须制备即可收集光谱。图 4-19 是漫反射光谱法研究粉末聚二甲基富烯在空气中的自然氧化过程。由该图可见，随着聚合物样品在空气中暴露时间的延长，3000cm⁻¹ 附近的 C—H 伸缩振动谱带逐渐变弱，而 l720cm⁻¹ 附近的 C＝O 伸缩振动谱带及 3400cm⁻¹ 附近的 O—H 伸缩振动谱带逐渐增强。漫反射光谱谱带强度的变化，表示聚合物的空气氧化过程。通过对谱带强度的测定，还可得到氧化动力学的数据。

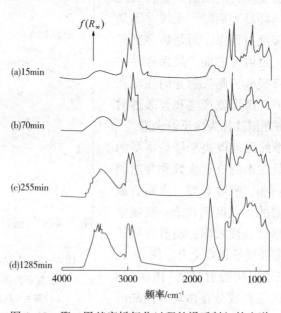

图 4-19　聚二甲基富烯氧化过程的漫反射红外光谱

（4）傅里叶变换红外光声光谱

当样品被周期性调制光照射时，如果对某波长有吸收，就从振动能级的基态跃迁至激发态，当其从激发态回到基态时，能量以热的形式被释放出来。由于入射光是周期性的调制光，所以样品的放热也是周期性的，造成了样品池气体介质周期性的扰动，产生"声音"，由一高灵敏的"耳机"检测出来并转化为光谱信号，这就是光声光谱。光声检测最适于分析、研究强烈散射或光学不透明的试样，而这恰恰是常规红外吸收光谱的不足。例如含有大量炭黑的黑色试样，用常规红外方法分析很难得到满意的光谱信息，但用光声检测它们并不困难，因为光声信号是由试样吸收光引起表面层的气体压力变化所产生的，强烈散射的试样只能降低入射光的强度，一般不影响光谱形貌。光声法的另一优点是试样制备容易，一般无特殊要求。图4-20为某含腈树脂不同形貌的红外光声光谱。无论样品是粉末、锯齿状、平面状还是与KBr压成片，都可以得到清晰的谱图。红外光声光谱与红外吸收光谱图相似，横坐标是波数，纵坐标是光声强度。图4-21是用与图4-20相似的试样测得的漫反射光谱。由图可见，漫反射技术测粉末含腈树脂效果很好，而红外光声光谱可适用多种外貌的样品。

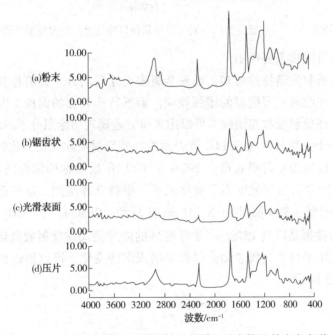

图4-20　某含腈树脂不同外形样品的傅里叶变换红外光声光谱

（5）傅里叶红外反射吸收光谱

红外光照射到涂有样品的金属片时，大部分光线被反射出来，称之为外反射或镜面反射。收集并检测反射光的信号，从中减去金属本身的吸收，就可以得到涂在金属表面的样品的信号。若光线的入射角在70°~88°之间，则可测得被增强的光谱信号，这就是红外反射吸收光谱法。它可用于表征金属表面超薄层样品的结构。由于大角度入射红外光在金属表面反射会产生叠加现象，反射吸收光谱收集到的光谱信号的强度是同样厚度样品的透射光谱信号强度的10~30倍。红外反射吸收光谱可以提供有机化合物在金属表面的结构信息、官能团的排列方向及被吸附物与金属之间发生化学反应的信息。傅里叶红外反射吸收光谱技术在金属防腐蚀物、黏合剂、金属有机化合物、金属与高分子材料复合物与电子材料界

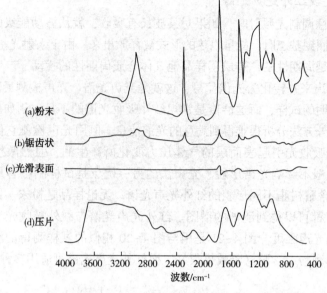

图 4-21　某含腈树脂的不同外形样品傅里叶变换红外漫反射光谱

面结构等研究方面可发挥重要作用。

根据红外反射吸收光谱特性可知，如果金属表面涂层的分子是有序排列的，垂直于表面的偶极矩的红外吸收将呈现明显的增强效应。而平行于表面的偶极矩的吸收则相对地被削弱了。因此，红外反射吸收光谱技术可以用来研究金属表面涂层分子的取向。

图 4-22 为 2-十一烷基咪唑在 14K 金表面的红外反射吸收光谱，比较图中反射吸收光谱与透射光谱，可以发现反射吸收谱中 $2925cm^{-1}$ 的 CH_2 反对称伸缩振动及 $763cm^{-1}$ 的咪唑环的 CH 面外弯曲振动的相对强度明显地增强了。根据选择定则，这些振动的跃迁矩垂直于金属的表面。相反，$3160cm^{-1}$ 的 N－H 伸缩振动、$2850cm^{-1}$ 的 CH_2 对称伸缩振动、$1470cm^{-1}$ 的 CH_2 弯曲振动以及 $1578cm^{-1}$ 的咪唑环的伸缩振动在反射吸收谱中明显变弱，说明这些振动的跃迁矩平行于金属表面。根据光谱强度的变化，可以推论出该化合物在金表面的排列如图 4-23 所示。

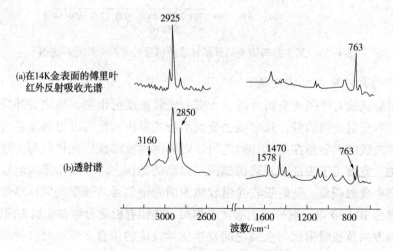

图 4-22　2-十一烷基咪唑的红外光谱

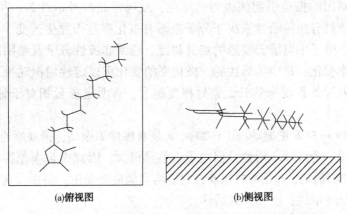

(a)俯视图　　　　　　　　(b)侧视图

图 4-23　2-十一烷基咪唑在金表面排列的俯视图和侧视图

4.4　拉曼光谱

拉曼光谱（Raman spectra），是一种散射光谱。拉曼光谱分析法是基于印度科学家 C. V. 拉曼（Raman）所发现的拉曼散射效应，对与入射光频率不同的散射光谱进行分析以得到分子振动、转动方面信息，并应用于分子结构研究的一种分析方法。与红外光谱类似，拉曼光谱是一种振动光谱技术。所不同的是，前者与分子振动时偶极矩变化相关，而拉曼效应则是分子极化率改变的结果，被测量的是非弹性的散射辐。

4.4.1　拉曼光谱工作原理

当光照射到物质上发生弹性散射和非弹性散射，弹性散射的散射光是与激发光波长相同的成分，非弹性散射的散射光有比激发光波长长的和短的成分，统称为拉曼效应。当用波长比试样粒径小得多的单色光照射气体、液体或透明试样时，大部分的光会按原来的方向透射，而一小部分则按不同的角度散射开来，产生散射光。在垂直方向观察时，除了与原入射光有相同频率的瑞利散射外，还有一系列对称分布着若干条很弱的与入射光频率发生位移的拉曼谱线，这种现象称为拉曼效应。由于拉曼谱线的数目，位移的大小，谱线的长度直接与试样分子振动或转动能级有关。因此，与红外吸收光谱类似，对拉曼光谱的研究，也可以得到有关分子振动或转动的信息。目前拉曼光谱分析仪已广泛应用于物质的鉴定，分子结构的研究谱线特征。

4.4.2　激光拉曼光谱与红外光谱的比较

（1）物理过程不同

拉曼光谱与红外光谱一样，均能提供分子振动频率的信息，但它们的物理过程不同。拉曼效应为散射过程，而红外光谱是吸收光谱，对应的是与某一吸收频率能量相等的（红外）光子被分子吸收。

（2）选择性定则不同

在红外光谱中，某种振动是否具有红外活性，取决于分子振动时偶极矩是否发生变化。

一般极性分子及基团的振动引起偶极矩的变化，故通常是红外活性的。拉曼光谱则不同，一种分子振动是否具有拉曼活性取决于分子振动时极化率是否发生改变。所谓极化率，就是在电场作用下，分子中电子云变形的难易程度。通常非极性分子及基团的振动导致分子变形，引起极化率变化，是拉曼活性的。极化率的变化可以定性用振动所通过的平衡位置两边电子云形态差异的程度来估计，差异程度越大，表明电子云相对于骨架的移动越大，极化率就越大。

CS$_2$有 4 个（3×3-5）简正振动（图 4-24），v_1 是对称伸缩振动，振动所通过平衡位置两边没有偶极矩的变化，为红外非活性，但电子云差异很大，因此极化率差异较大，为拉曼活性。v_2 是不对称伸缩振动，v_3 是弯曲振动，它们均有偶极矩变化，而振动前后电子云形状变化不大，因此是红外活性，而无拉曼活性。

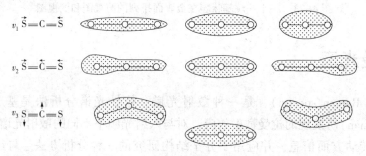

图 4-24　二硫化碳振动及极化率变化

对于一般红外及拉曼光谱，具有以下几个经验规则。

互相排斥规则：凡有对称中心的分子，若有拉曼活性，则红外是非活性的；若有红外活性，则拉曼是非活性的。

互相允许规则：凡无对称中心的分子，除属于点群 D5h，D2h 和 O 的分子外，可既有拉曼活性又有红外活性。若分子无任何对称性，则它们的红外光谱与拉曼光谱就非常相似。

互相禁止规则：少数分子的振动模式，既非拉曼活性，又非红外活性。如乙烯分子的弯曲，在红外和拉曼光谱中均观察不到振动谱带。

由这些规则可知，红外光谱与拉曼光谱是分子结构表征中互补的两种手段，两者结合可以较完整地获得分子振动能级跃迁的信息。

（3）与红外光谱相比拉曼光谱的优点

① 拉曼光谱是一个散射过程，任何尺寸、形状、透明度的样品，只要能被激光照射到，均可用拉曼光谱测试。由于激光束可以聚焦，拉曼光谱可以测量极微量的样品。

② 水的拉曼散射极弱，拉曼光谱可用于测量含水样品，这对生物大分子的研究非常有利。玻璃的拉曼散射也较弱，因而玻璃可作为理想的窗口材料，用于拉曼光谱的测量。

③ 对于聚合物及其他分子，拉曼散射的选择性定则的限制较小，因而可得到更为丰富的谱带。S—S，C—C，C＝C，N＝N 等红外较弱的官能团，在拉曼光谱中信号较为强烈。

④ 拉曼效应可用光纤传递，因此现在有一些拉曼检测可以用光导纤维对拉曼检测信号进行传输和远程测量。而红外光用光导纤维传递时，信号衰减极大，难以进行远距离测量。

拉曼光谱最大的缺点是荧光散射，强烈的荧光会掩盖样品信号。采用傅里叶变换拉曼光谱仪(FT-Raman),可克服这一缺点。FT-Raman 采用 1.064nm 近红外区激光激发以抑制电子吸收,这样既阻止了样品的光分解又抑制了荧光的产生。同其他在拉曼光谱中减少荧光问题的方法相比,近红外激发的傅里叶变换拉曼谱的魅力在于它抑制荧光的能力、它现场检测特性及它对多种复杂样品的适用性。

4.4.3 拉曼光谱在材料研究中的应用

(1) 在线监测聚合反应

由于水和玻璃介质对拉曼散射的吸收是极微弱的,因此拉曼光谱可用于玻璃介质中含水体系的反应监测。图 4-25 是用拉曼光谱研究了聚苯乙烯的悬浮聚合反应,检测器直接连接到 15mm 厚的玻璃窗口上,对反应进行 200min 的监测。图 4-25 给出的苯乙烯的拉曼谱图中,1002cm⁻¹处对应于苯环骨架的呼吸振动,1640cm⁻¹附近对应着 C═C 双键的伸缩振动谱带。由于反应过程中苯环的量保持不变,而 C═C 双键不断减少,因此可用 C═C 双键量的减少来研究反应过程。

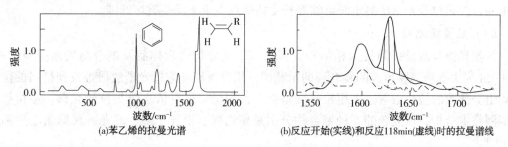

(a)苯乙烯的拉曼光谱　　　　(b)反应开始(实线)和反应118min(虚线)时的拉曼谱线

图 4-25　苯乙烯单体及聚合物的拉曼光谱图

(2) 聚合物形变的拉曼光谱研究

用纤维增强热塑性或热固性树脂能得到高强度的复合材料。树脂与纤维之间的应力转移效果,是决定复合材料力学性能的关键因素。以聚丁二炔单晶纤维增强环氧树脂对环氧树脂进行拉伸,此时外加应力通过界面传递给聚丁二炔单晶纤维,使纤维产生拉伸形变,聚合物链段与链段之间的相对位置发生了移动,从而使拉曼线发生变化。图 4-26 为聚丁二炔纤维的共振拉曼光谱。入射激光波长为 638nm。

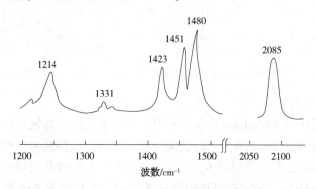

图 4-26　聚丁二炔纤维的共振拉曼光

当聚丁二炔单晶纤维发生伸长形变时,2085cm⁻¹谱带向低频区移动。其移动范围为:纤维每伸长 1%,向低频区移动约 20cm⁻¹。由于拉曼线测量精度通常为 2cm⁻¹,因而拉曼测

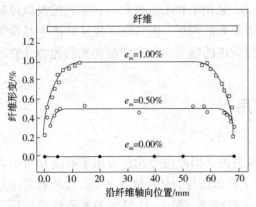

图 4-27　复合材料中聚丁二炔单晶纤维形变分布
复合材料伸长形变为 0.00%, 0.50%, 1.00%

量纤维形变程度的精确度可达±0.1%。环氧树脂对激光是透明的,因此可以用激光拉曼对复合材料中的聚丁二炔纤维的形变进行测量。图 4-27 为拉曼光谱测得的复合材料在外力拉伸下聚丁二炔单晶纤维形变的分布。

图 4-27 中复合材料由环氧树脂与聚丁二炔单晶纤维(直径 $25\mu m$, 长度为 70mm)组成。当材料整体形变分别为 0.00%、0.50% 和 1.00% 时,由拉曼光谱测得的纤维形变及其分布清楚地显示在图中。形变在纤维两端较小,逐渐向中间部分增大,然后达到恒定值。中间部分的形变与材料整体的形变相等。由纤维端点到达形变恒定值处的距离,正好为临界长度的一半。通常临界长度是由"抽出"试验测出的。但是拉曼光谱法测定纤维临界长度的优点在于不需要破坏纤维。

(3) 微量探测技术

拉曼光谱与微量探测技术相结合,可以广泛地分析微量样品及聚合物表面微观结构。图 4-28 为由 5 种薄膜组成的复合膜的示意图。用普通红外透射光谱法很难找到恰当的位置收集组分薄膜的拉曼散射,采用拉曼微量探头,则可以逐点依次收集拉曼光谱。经拉曼微量探测技术分析,该复合的 5 种聚合物分别是聚乙烯、聚异丁烯、尼龙、聚偏氯乙烯和涤纶 PET。

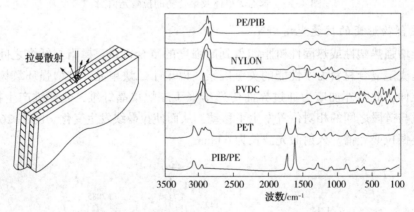

图 4-28　用拉曼光谱微量探测技术依此逐点收集拉曼光谱的示意图

(4) 表面增强拉曼散射

20 世纪 70 年代中期 Fleischmann 等首先观察到吸附在粗糙的银电极表面的单分子层吡啶的拉曼光谱。后来 Van Duye 等人通过试验和计算发现,吸附在银电极表面的吡啶分子对拉曼散射信号的贡献是溶液中分子的 10^6 倍。这种不寻常的表面增强拉曼散射(Surlace Enhanced Raman Scaffering, SERS)迅速引起光谱学家、电化学家及表面化学工作者的极大兴趣,从此以后,SERS 逐渐发展成为一个非常活跃的研究领域。经过多方面实验和反复论证,人们得到若干共识:

① 许多分子能产生 SERS,但只有在少数金属表面上出现 SERS 效应,如 Ag、Au、Cu、

Li、Na、K、Fe 和 Co 等；

② 能实现 SERS 的金属表面要有一定亚微观或微观的粗糙度；

③ 含氮、含硫或具有共轭芳环的有机物吸附在金属表面后较易产生 SERS 效应；

④ SERS 效应有一定的长程性（5~10μm），但与金属表面直接相连的被吸附的官能团的增强效应最为强烈。

SERS 虽然有极高的灵敏度，并可提供丰富的有关分子结构的信息，但大多数 SERS 图是在电化学池中，或在银胶表面，或在超真空系统蒸发的金属镀膜表面获得的。薛奇等人试验了用硝酸蚀刻法制备具有 SERS 活性的金属表面，再将聚合物稀溶液涂在上面，并使溶剂缓缓挥发，便可直接在空气或其他介质中收集 SERS 光谱，制备的金属表面具有极大的灵敏度和稳定性，为 SERS 谱的研究提供了简单易行的方法。

图 4-29 是聚丙烯氰（PAN）在粗糙表面的拉曼光谱，发现了 PAN 在粗糙银表面的石墨化过程。图 4-29（a）和（c）分别为 PAN 在粗糙银表面的漫反射红外及 SERS 谱，图 4-29（b）为光滑银表面的普通拉曼谱。（a）和（b）基本上是 PAN 的本体光谱，而图（c）则完全是石墨光谱，表示 PAN 在粗糙银表面的界面区域中已完全转化为石墨，而本体区域依然是 PAN。这一现象是非常奇特的，因为工业上用 PAN 纤维制造碳纤维至少要在 1000℃下加热 24h，而 SERS 观察到在粗糙的银表面只需在 80℃下加热 6h 即可实现 PAN 向石墨的转化。

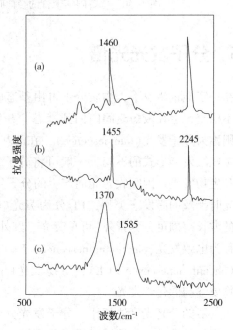

图 4-29　聚丙烯氰（PAN）在 Ag 表面的拉曼光谱
（a）PAN 在粗糙银表面加热 80℃，24h 后的漫反射红外光谱；
（b）PAN 在光滑银表面加热 80℃，24h 后的普通拉曼光谱；
（c）PAN 在粗糙银表面加热 80℃，6h 后的 SERS 谱
（上述样品厚度均为 300nm）

（5）利用拉曼光谱测量单壁碳纳米管的尺寸

碳纳米管的碳原子在直径方向上的振动，如同碳纳米管在呼吸一样，称为径向呼吸振动模式（RBM），如图 4-30（a）所示。其径向呼吸振动模式通常出现在 120~250cm^{-1}。在图 4-30（b）中给出了 Si/SiO$_2$ 基体上的纳米管的拉曼光谱，位于 156cm^{-1} 和 192cm^{-1} 的峰是径向呼吸振动峰，而 225cm^{-1} 的台阶和 303cm^{-1} 峰来源于基体。呼吸振动峰的信息对于表征纳米管非常有用，直径为 1~2nm 的单壁碳纳米管，其呼吸振动峰位和直径符合 $\omega_{RBM} = A/dt + B$。其中 A 和 B 是常数，可以通过实验确定。（B 是由管之间的相互作用引起的振动加速）用直径范围为 1.5nm±0.2nm 碳纳米管束实验，测得 $A = 234$cm^{-1}，$B = 10$cm^{-1}。对于直径小于 1nm 的碳纳米管，由于碳纳米管晶格扭曲变形，ω_{RBM} 的值会依赖于碳纳米管的手性，上述公式不再适用。对于尺寸大于 2nm 的碳纳米管束，呼吸振动峰的强度太弱，以至于无法观测。

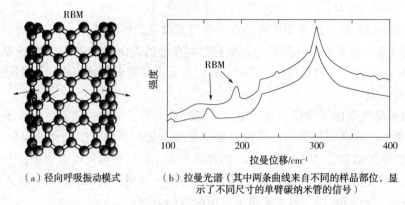

（a）径向呼吸振动模式　　　　（b）拉曼光谱（其中两条曲线来自不同的样品部位，显示了不同尺寸的单臂碳纳米管的信号）

图 4-30　单臂碳纳米管的径向呼吸振动模式（RBM）及其拉曼光谱

4.5　分子发光光谱

在一定能量激发下，物质分子可由基态跃迁到能量较高的激发态，但处于激发态的分子并不稳定，会在较短时间内回到基态，并释放出一定能量，若该能量以光辐射的形成释放，则称为分子发光（luminescence），在此基础上建立了分子发光分析法。

按照激发能形式的不同，一般可将分子发光分为四类，即光致发光、电致发光、化学发光和生物发光。因吸收光能而产生的分子发光称为光致发光（photoluminescence，PL），按照发光时涉及的激发态类型，PL 分为荧光（fluorescence）和磷光（phosphorescence），按照激发光的波长范围可分为紫外-可见荧光、红外荧光和 X 射线荧光。因吸收电能而产生的分子发光称为电致发光（electroluminescence，EL）；因吸收化学能而被激发发光的现象称为化学发光（chemiluminescence，CL）；生物发光（bioluminescence，BL）是指发生在生物体内的有酶类物质参与的化学发光。

与一般的分光光度法相比，分子发光分析法的应用范围有限。但由于其具有较高的灵敏度、良好的选择性、测试所需样品量较少（几十微克或微升），而且可提供激发光谱、发射光谱、发光寿命等物理参数，故目前在医药、环境、生物科学、卫生检验等领域应用十分广泛。

4.5.1　荧光和磷光的产生

当物质分子吸收入射光子的能量之后，发生了价电子从较低的能级到较高能级的跃迁，这时分子被激发而处于激发态，称为电子激发态分子。这一电子跃迁过程经受的时间约为 10^{-15} s。跃迁所涉及的两个能级间的能量差，等于所吸收光子的能量。紫外、可见光区的光子能量较高，足以引起分子中的价电子发生电子能级间的跃迁。

分子中同一轨道里的两个电子必须具有相反的自旋方向，即自旋配对。如果分子中的所有电子都是自旋配对的，该分子即处于单重态（或称单线态），用符号 S 表示。大多数有机物分子的基态是处于单重态的。倘若分子吸收能量后，在跃迁过程中不发生自旋方向的变化，这时分子处于激发的单重态；假如电子在跃迁过程中还伴随着自旋方向的转变。这时分子便具有两个自旋不配对的电子，分子处于激发的三重态（或称三线态），用符号 T 表示。符号 S_0、S_1 和 S_2 分别表示分子的基态、第一和第二电子激发单重态，T_1 和 T_2 则分别表示第一和第二电子激发三重态。

激发态分子不稳定，它可能通过辐射跃迁和非辐射跃迁的衰变过程而返回基态。固然，激发态分子也可能经由分子间的作用过程而失活。辐射跃迁的衰变过程伴随着光子的发射，即产生荧光或磷光。非辐射跃迁的衰变过程，包括振动弛豫、内转化和系间窜越，这些衰变过程导致激发能转化为热能传递给介质。振动弛豫是指分子将多余的振动能量传递给介质而衰变到同一电子能级的最低振动能级的过程。内转化指的是相同多重态的两个电子态间的非辐射跃迁过程（例如 $S_1 \rightarrow S_0$，$T_2 \rightarrow T_1$）。系间窜越则指不同多重态的两个电子态间的非辐射跃迁过程（例如 $S_1 \rightarrow T_1$，$T_1 \rightarrow S_0$）。

如果分子被激发到 S_2 以上的某个电子激发单重态的不同振动能级上，处于这种激发态的分子，很快（$10^{-14} \sim 10^{-12}$ s）发生振动弛豫而衰变到该电子态的最低振动能级，然后又经由内转化及振动弛豫而衰变到 S_1 态的最低振动能级。接着，有如下几种衰变到基态的途径：

① $S_1 \rightarrow S_0$ 的辐射跃迁而放射荧光；② $S_1 \rightarrow S_0$ 的内转化；③ $S_1 \rightarrow T_1$ 的系间窜越。而处于 T_1 态的最低振动能级的分子，则可能发生 $T_1 \rightarrow S_0$ 的辐射跃迁而放射磷光，也可能同时发了 $T_1 \rightarrow S_0$ 的系间窜越。

因为振动弛豫、内转换、外转换等非辐射弛豫的发生都快于荧光发射，所以通常无论激发光的光子能量多高，最终只能观察到由 S_1 的最低振动能级跃迁到 S_0 的各振动能级所对应的荧光发射。因此，在激发光光子能量足够高的前提下，荧光波长不随激发光波长变化。此外，荧光的波长一般总要大于激发光的波长，这种现象称为斯托克斯（Stokes）位移。当斯托克斯位移达到 20nm 以上时，激发光对荧光测定的影响较小。

能够发射磷光的分子比发射荧光的分子要少，且磷光强度一般低于荧光强度。对于同一分子来说，T_1 的最低振动能级能量低于 S_1 的最低振动能级能量，因而磷光的波长长于荧光。同时，磷光寿命相对较长（$10^{-6} \sim 10$ s），光照停止后，仍可维持一段时间。

4.5.2　激发光谱和发射光谱

激发光谱和发射光谱是光致发光光谱中两个特征光谱，能够反映分子内部能级结构，是光致发光光谱定性、定量分析的依据。

（1）激发光谱

在发射波长一定时，以激发光波长为横坐标，荧光或磷光强度为纵坐标绘制的光谱称为激发光谱。它是选择最佳激发光波长的重要依据，也可用于发光物质的鉴定。激发光谱的形状与吸收光谱具有相似性。

（2）发射光谱

在激发波长一定时，以荧光或磷光的发射波长为横坐标，发光强度为纵坐标绘制的光谱称为发射光谱。它具有以下两个普遍特征：①发射谱形状与激发波长无关；②荧光发射光谱和吸收光谱呈镜像关系。

4.5.3　荧光和磷光分析仪

荧光和磷光分析仪是用来测定光致发光光谱的仪器。它和紫外–可见分光光度计的结构类似，主要的不同之处在于，为了消除透射光的影响，荧光和磷光分析仪中的检测器位于与入射光和透射光垂直的方向上。因此，用于荧光测量的比色皿是四面透光的，操作时需手持对角棱，避免污染透光面。另外，荧光和磷光分析仪中有两套独立的单色器，分别用于对激发光波长和荧光发射波长的选择。由于大多数有磷光的物质都会发出荧光，需要采用一种所谓"磷光镜"的装置使检测器只探测到磷光而不会被荧光所干扰，它利用了磷光寿命相对较长的特点。由于荧光光谱仪较为常用，所以下面简单介绍荧光分析仪器。

荧光分光光度计主要由激发光源、激发单色器、样品池、发射单色器和光电倍增管检测器等组成。

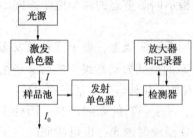

图 4-31　荧光分光光度计构成图

图 4-31 为荧光分光光度计示意图。由光源发出的光，经第一单色器（激发单色器）后，得到所需要的激发光波长。设其强度为 I，通过样品池后，由于一部分光被荧光物质所吸收，故其透射强度减为 I_0，荧光物质被激发后，将向四面八方发射荧光，但为了消除入射光及散射光的影响，荧光的测量应在与激发光呈直角的方向上进行。仪器中的第二单色器称为发射单色器，它的作用是消除溶液中可能共存的其他光线的干扰，以获得所需要的荧光。

① 光源。理想的光源应具有强度大、波长范围较宽、在整个波段内强度一致等特点。常用高压汞灯和氙弧灯。高压汞灯发射不连续光谱，在荧光分析中常用 365nm、405nm、436nm 三条谱线。氙弧灯是连续光源，发射光束强度大，可用于 200~700nm 波长范围。在200~400nm 波段内，光谱强度几乎相等。但氙弧灯功率大，一般为 500~1000W，因而热效应大，稳定性较差。

② 单色器。荧光计有两个单色器，激发单色器和发射单色器。荧光分光光度计中常用光栅作为色散元件，且均带有可调狭缝，以供选择合适的通带。

③ 样品池。荧光分析用样品池需用低荧光材料，不吸收紫外光的石英池，其形状为方形或长方形。样品池四面都经抛光处理，以减少散射光的干扰。

④ 检测器。荧光的强度比较弱，所以要求检测器有较高的灵敏度的光电倍增管作为检测器。

4.5.4　荧光分光光度的测量方法

荧光分析的影响因素很多，下面分别简述其分析过程中，主要的影响源。

① 溶剂。与吸光分析相比，更易受溶剂中所含极微量杂质的影响，须使用充分精制过的溶剂，最好采用在玻璃容器中保存的二次蒸馏水。有机溶剂则应使用荧光分析用的商品溶剂。必要时还需要蒸馏处理或去溶解氧处理。

② 溶液的配制。如同吸收光谱，荧光光谱往往是在溶液状态测量的，溶液的制备与吸收光谱时大致相同。一般使用稀薄的溶液，不稳定的比较多，溶液配制后应尽快测量，并测量荧光强度随时间的变化。每次定量分析应配制空白溶液以及绘制校准曲线用的溶液。

当测量新物质的荧光光谱时，首先须选择最适宜的激发波长及荧光光谱的测量范围。通过吸收光谱的测量，往往便可决定样品的最佳浓度范围及最佳激发波长。为此，通常可按如下顺序进行测量：①假设的激发光谱；②假设的荧光光谱；③激发光谱；④荧光光谱。

①先将检测的荧光波长设定适当的值，然后进行激发波长扫描，测量激发光谱。激发光谱的测量波长范围是根据所使用的溶剂及设定的荧光波长自动确定的。

②是固定由①确定的最佳激发波长(最大激发波长没有限制)，扫描荧光波长，测量荧光光谱。

③是把检测的荧光波长设定在②测得的呈最大荧光强度的波长，测量激发光谱。

④是设定③测得的最佳激发波长，测量荧光光谱。

通常荧光光谱的横坐标表示波长(nm)，纵坐标表示荧光强度(任意单位)。在同一条件下做定量分析可直接取荧光强度值。但与其他装置测量的荧光光谱相比时，各荧光光谱包含有仪器常数，须做校准。这时应在可能接近的条件下测量基准物质，然后必须算出与其荧光强度相比较的相对强度值(相对量子产率)。其中最常用的是硫酸奎宁(0.1mol/L H_2SO_4，溶液)。这种溶液非常稳定，荧光光谱不随浓度改变。求量子产率的方法是把 0.1 mol/L H_2SO_4 的硫酸奎宁溶液及试样溶液用同样的激发光进行激发，测得各自的荧光光谱。测得的光谱横坐标表示波数，求峰积分值(面积)分别为 F_1、F_2。基准物质及试样物质的摩尔吸光系数为 ε_1、ε_2，则各荧光的量子产率 Φ_{f_1}、Φ_{f_2} 之比，可表示为 $\Phi_{f_1}/\Phi_{f_2} = F_1\varepsilon_2/F_2\varepsilon_1$，由此可以求出相对量子产率。

4.5.5 分子发光光谱法的应用

由于能产生荧光和磷光的化合物占被分析物的数量有限，并且许多化合物发射的波长相差较小，故荧光和磷光法很少用于定性分析。

光致发光可以定量分析如下三类物质：试样本身发光；试样本身不发光，但与一个荧光或磷光的试剂反应而转化为发光物；试样本身既不发光又不能转化为发光物质，但能与一个发光物质反应，生成一不发光的产物。

荧光分析的校正方法一般采用外标法和标准加入法。值得注意的是，在定量测定上述三类物质时，具体操作不尽相同。在分光光度法中，由于被检测的信号为 $A = \lg I_0/I_t$，即当试样浓度很低时，检测器所检测的是两个较大的信号(I_0 及 I_t)的微小差别，这是难以达到准确测量的。然而在荧光光度法中，被检测的是叠加在很小背景值上的荧光强度，从理论上讲，它是容易进行高灵敏，高准确测量的，与分光光度法相比较，荧光光度法的灵敏度要高 2~4 个数量级，常用于分析 $10^{-8} \sim 10^{-5} \text{mol/L}$ 范围的物质。

(1) 无机化合物的分析

无机化合物能直接产生荧光并用于测定的很少，但与有机试剂形成配合物后进行荧光测定的元素目前已达到 60 多种。其中铝、铍、镓、硒、钙、镁及某些稀土元素常用荧光法测定。

直接荧光法。利用金属离子或非金属离子与有机试剂生成能发荧光的配合物，通过测量配合物的荧光强度进行定量分析。

荧光猝灭法。有些无机离子不能形成荧光配合物，但它可以从金属离子与有机试剂生成的荧光配合物中夺取金属离子或与有机试剂形成更稳定的配合物，使荧光配合物的荧光强度降低，测量荧光强度减弱的程度可以确定该无机离子的含量。荧光猝灭法广泛地应用于测定阴离子。

（2）有机化合物的分析

脂肪族有机化合物的分析。在脂肪族有机化合物中，本身会产生荧光的并不多，如醇、醛、酮、有机酸及糖类等。但可以利用它们与某种有机试剂作用后生成会产生荧光的化合物，通过测量荧光化合物的荧光强度来进行定量分析。例如：甘油三酸酯是生理化验的一个项目。人体血浆中甘油三酸酯含量的增高被认为是心脏动脉疾病的一个标志。测定时，首先将其水解为甘油，再氧化为甲醛，甲醛与乙酰丙酮及氨反应生成会发荧光的 3,5-二乙酰基-1,4-二氢卢剔啶，其激发峰在 405nm，发射峰在 505nm，测定浓度范围为 $400 \sim 4000 \mu g/mL$。

芳香族有机化合物的分析。芳香族化合物具有共轭的不饱和系统，多能产生荧光，可直接测定。例如 3,4-苯并芘是强致癌芳烃之一，在 H_2SO_4 介质中用 520nm 激发光测定，545nm 波长处的荧光强度，可测定其在大气和水中的含量。

此外，药物中的胺类、甾体类、抗生素、维生素、氨基酸、蛋白质、酶等大多具有荧光，可用荧光法测定。在研究生物活性物质与核酸的作用及蛋白质的结构和机能方面，荧光分析法是重要的手段之一。

4.6 核磁共振波谱

核磁共振波谱与紫外、红外吸收光谱一样，都是分子吸收电磁辐射后在不同能级上的跃迁而产生的。紫外和红外吸收光谱是分子吸收 $200 \sim 400nm$ 和 $2.5 \sim 25 \mu m$ 的电磁波，引起分子中电子能级和振动能级的跃迁而产生的。核磁共振波谱是分子吸收波长很长（$10^6 \sim 10^9 \mu m$），频率为兆赫数量级（MHz），能量很低的电磁辐射（位于射频区）而产生的。这种能量吸收不会引起分子振动和转动能级的跃迁，更不会引起电子能级的跃迁，而是引起核自旋能级的裂分。将有磁性的自旋原子核放入强磁场中，以适当频率的电磁波辐射，原子核吸收射频辐射发生能级跃迁，产生核磁共振吸收现象，从而获得有关化合物分子骨架的信息，这种方法称为核磁共振波谱分析法。以 ^1H 核为研究对象获得的谱图称为氢谱，记做 ^1H-NMR，以 ^{13}C 核为研究对象，获得的谱图称为碳谱，记做 ^{13}C-NMR。

核磁共振波谱分析法是化合物结构分析的重要方法之一，广泛应用于化学、材料学、生命科学、临床医学等领域。

4.6.1 核磁共振基本原理

（1）原子核自旋

原子核是带正电荷的粒子，大多数原子核都有围绕某个轴做自身旋转运动的现象，称为核的自旋运动。若有自旋现象，就会产生磁矩。各种不同的原子核，自旋的情况不同。可以用自旋量子数 I 来表征原子核的自旋运动。$I \neq 0$ 的原子核才有自旋运动，$I = 0$ 的原子核就没有自旋运动，如表 4-2 和图 4-32 所示。

从表 4-2 中可以看出，所有质量数为奇数的核都是磁性的，且 I 为半整数；质量数为偶数，质子数为奇数的核也是磁性的，且 I 为整数；质量数为偶数，质子数也为偶数的核不是磁性的，且 $I = 0$。目前，核磁共振波谱主要研究 $I = 1/2$ 的核，如 ^1H、^{13}C、^{15}N、^{19}F、^{31}P，这些核的电荷分布是球形对称的，核磁共振的谱线窄，最适宜核磁共振检测，其中以 ^1H 核研究最多，其次是 ^{13}C 核。

表 4–2　常见原子核自旋量子数与 NMR 的关系

质量数	质子数	中子数	自旋量子数	自旋核电荷分布	NMR现象	原子核
偶数	偶数	偶数	$I=0$	—	无	^{12}C、^{16}O、^{32}S、^{28}Si
偶数	奇数	奇数	$I=1$ $I=2$ $I=3$	伸长椭圆形	有	^{2}H、^{6}Li、^{14}N ^{58}Co ^{10}B
奇数	奇数	偶数	$I=1/2$ $I=3/2$ $I=5/2$	球形 扁平椭圆形 扁平椭圆形	有	^{1}H、^{15}N、^{19}F、^{31}P ^{7}Li、^{11}B ^{27}Al
奇数	偶数	奇数	$I=1/2$ $I=3/2$ $I=5/2$	球形 扁平椭圆形 扁平椭圆形	有	^{13}C ^{33}S ^{17}O

(a)没有自旋　　　　(b)自旋球体　　　　(c)自旋椭圆体

$I=0$　　　　$I=1/2$　　　　$I=1$，$3/2$，2，…

图 4–32　原子核自旋与自旋量子数 I 的关系

（2）核磁共振现象和产生条件

自旋量子数 $I=1/2$ 的核，如 ^{1}H 核，可以看成电荷均匀分布的球体。当氢核围绕本身的自旋轴做自旋运动时，会产生自旋磁场。将自旋核置于外加磁场（磁感应强度为 B_0）中时，在外加磁场中的核，由于本身的自旋产生磁场，磁场的取向不一定与外加磁场完全一致。核自旋产生的磁场与外加磁场相互作用，使原子核除了本身自旋外，同时还存在一个以外加磁场方向为轴线的回旋运动，原子核一面自旋，一面围绕外加磁场方向回旋。就像陀螺旋转减速到一定程度，它的旋转轴与重力作用方向有偏差时，一边自旋，一边围绕重力场方向做摇头圆周运动一样，这种回旋或摇头圆周运动称为拉摩尔进动（Larmor precession），拉摩尔进动时有一定的频率，称为拉摩尔频率，自旋核的角速度 ω_0、进动频率（拉摩尔频率 ν_0）与外加磁感应强度 B_0 之间的关系可以用拉摩尔公式表示为 $\omega_0 = 2\pi\nu_0 = \gamma B$。

式中 γ 称为磁旋比（magnetogyric ratio），是各种核的特征常数，代表每个原子核的特性。

当外加磁场不存在时，$I=1/2$ 的原子核对两种可能的磁能级并不优先选择任何一个，此时具有简并的能级；当将 $I=1/2$ 的原子核置于外加磁场中时，能级发生裂分，其能量差 ΔE 与核磁矩 μ 和外加磁感应强度 B_0 有关，当原子核吸收的能量刚好为 $2\mu B_0$ 时，核的自旋取向逆转，从低能级跃迁到高能级，这种现象称为核磁共振。

类似吸收光谱，为了产生核磁共振，在与外加磁场垂直的方向放置一个射频振荡器，产生射频电磁波，用一定能量的射频电磁波照射原子核。当外加磁感应强度为某一数值时，进动的核与辐射光子相互作用，当能量满足 $\Delta E = 2\mu B_0 = h\nu$ 时，核吸收能量，产生跃迁，发生核磁共振现象。

实现核磁共振有两种方法：一种是 B_0 不变，改变 ν，称为扫频；另一种是 ν 不变，改变 B_0 称为扫场。在实际工作中，通常使用扫场方法。

4.6.2 核磁共振波谱仪的结构

核磁共振波谱仪主要由五部分组成：磁铁、磁场扫描发生器、射频振荡器、射频接收器和检测器、样品容器。见图 4-33。

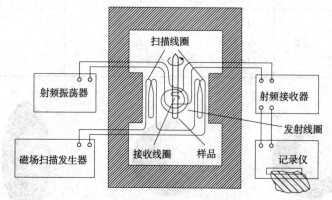

图 4-33　核磁共振波谱仪的组成

磁铁。磁铁提供一定强度，且均匀稳定的磁场。核磁共振波谱仪使用的磁铁有三种，永久性磁铁、电磁铁和超导磁铁。由永久性磁铁和电磁铁获得的磁场一般不能超过 2.5T，与这相应的氢核的共振频率为 100MHz。超导磁铁可使磁场高达 10T 以上，并且磁场稳定、均匀。

磁场扫描发生器。与 B_0 方向同轴安装一对扫描线圈，它可以在小范围内连续调节磁感应强度进行扫描。保持频率恒定，线性地改变磁感应强度，称为磁场扫描，简称为扫场；保持磁感应强度恒定，线性地改变频率，称为频率扫描，简称为扫频。许多仪器同时具有这两种扫描方式，一般扫描的速度不可太快。

射频振荡器。与扫描线圈相垂直的方向绕上射频发射线圈，置于样品管外，它可以发射频率与磁感应强度相适应的射频波。

射频接收器和检测器。沿着样品管轴的方向绕上接收线圈，接收共振信号。接收线圈、扫描线圈、发射线圈三者互相垂直，互不干扰。当射频振荡器发射的射频频率 ν 和磁感应强度 B_0 满足式 $\Delta E = 2\mu B_0 = h\nu$ 时，样品中的氢核就要发生共振而吸收能量，射频接收器检出该能量变化，通过放大后记录成核磁共振波谱图。

样品容器。样品容器由不吸收射频辐射的材料制成。研究[1]H-NMR 的样品管外径约 5mm，通常以硼硅酸盐玻璃制成。由于[13]C 的自然丰度低，研究[13]C-NMR 需用外径为 10mm 的样品管。管长 15~20cm，加入样品量占管长的 1/8~1/6。样品置于样品支架上，用压缩空气使其旋转，以消除磁场的不均匀性，提高谱峰的分辨率。

4.6.3 化学位移和核磁共振波谱

根据核磁共振条件可知，不同的原子核，磁旋比 γ 不同，共振条件不同。固定 B_0，改变射频频率 ν（扫频），不同的核在不同的频率 ν 下共振，依此可以进行定性分析。同样，固定 ν，改变 B_0（扫场），不同的核将在不同的 B_0 下共振。对无机化合物的定性分析，只需要较低的 B_0 和 ν，仪器的分辨率也不需要太高。这种低分辨率的核磁共振波谱仪，每种原子核只出一个共振吸收峰。显然，低分辨率的核磁共振波谱仪对有机化合物的定性分析是不适用的。使用高分辨率的核磁共振波谱仪（一般常用 60MHz、100MHz 或者更高），可以发现有机化合物中的 ^1H 或 ^{13}C 核有许多条共振谱线，而且存在许多精细结构。研究这些谱线及精细结构，发现它与原子核所处的化学环境密切相关，使得核磁共振波谱分析成为研究有机化合物以及生物大分子结构的重要手段。

（1）化学位移的产生

^1H 在 1.409T 的磁场中，应该只吸收 60MHz 的射频波，产生核磁共振信号。实验发现，有机物中化学环境不同的 ^1H，共振时吸收的射频频率稍有不同，差异约为 1.0×10^{-5}。共振频率的微小差异源于任何原子核都被不断运动着的电子云所包围，电子云密度受所处化学环境影响，因此使得共振频率不同。当 ^1H 置于磁场中时，绕核运动的电子在 B_0 的作用下，产生与 B_0 方向相反的感应磁场。感应磁场的存在使原子核实际受到的磁感应强度减小，这种由外围电子云对抗磁场的作用称为屏蔽作用，又称屏蔽效应（shielding effect）。屏蔽作用使原子核实际受到的磁感应强度减小，为了使原子核发生共振，必须提高 B_0 以抵消屏蔽作用。

设原子核实际受到的磁感应强度为 B，屏蔽作用产生的磁感应强度为 B_1，则 $B = B_0 - B_1 = B_0(1-\sigma)$，式中 σ 称为屏蔽常数（shielding constant）。σ 值的大小与原子核外围的电子云密度有关，电子云密度越大，屏蔽作用越大，σ 值也增大。σ 反映了原子核外围的电子对核的屏蔽作用大小，也就是反映了原子核所处的化学环境。

对于 ^1H 而言，磁旋比 γ 是定值，在有机化合物中，由于所处化学环境的差别，σ 有所不同，共振时的 $B_0(\nu_0)$ 就会随着改变，不同化学环境的质子一个接一个地产生共振，这种由屏蔽作用所引起的共振时磁感应强度 B_0（进动频率 ν_0）的移动现象称为化学位移（chemical shift）。化学位移用 δ 表示，其大小与原子核（如 ^1H）所处的化学环境密切相关，因此就有可能根据 δ 的大小来分析原子核所处的化学环境，也就可对有机物的分子进行结构分析。

（2）化学位移的表示方法

化学位移 δ 是核磁共振波谱中反映化合物结构的一个很重要的参数。扫场时可用磁感应强度的改变表示，扫频时也可用频率的改变表示。因为不可能将一个裸露的原子核放在磁场中进行核磁共振测定，所以化学位移 δ 的绝对值是无从知道的，必须找一个人为的标准。一般采用四甲基硅烷［tetramethy-silane, Si(CH₃)₄, TMS］作内标物，即在样品中加入痕量 TMS，以 TMS 中质子共振时的磁感应强度（频率）作为标准，人为地把它的 δ 定为零点，测出样品中质子与 TMS 中质子的距离，即相对化学位移的数值。鉴于一般有机化合物中质子的共振磁感应强度均比 TMS 小，国际纯粹与应用化学联合会规定，在 TMS 左边的峰 δ_H 为正值，右边的峰 δ_H 为负值。

（3）核磁共振谱图

图4-34是用60MHz仪器测定的乙醚($CH-CH-O-CH-CH$)的核磁共振谱图。图中纵坐标是吸收强度，上方横坐标是以频率（Hz）表示的，下方横坐标是以化学位移（δ）表示的。谱图的左边为低场、高频端，δ值大，即常说的去屏蔽（顺磁性）区域；右边为高场、低频端，δ值小，即常说的屏蔽（抗磁性）区域。以δ表示的横坐标从右至左依次增大，$\delta=0$处为标准物质TMS的吸收峰。图中不同δ处的吸收峰代表着乙醚中化学环境不同的质子的共振吸收线，其中$\delta=1.10$的三重峰是乙醚中化学环境相同的2个—CH_3上6个质子的吸收峰，$\delta=3.35$的四重峰是乙醚中化学环境相同的2个—CH_2—上4个质子的吸收峰，也就是说乙醚中有两种不同化学环境的质子。根据谱图不但可以知道有几种化学环境不同的质子，还可以知道每种质子的数目。每一种质子的数目与相应的共振吸收峰的面积成正比，峰面积可以用积分仪测定，也可以由仪器画出的积分曲线的高度来计算，图4-34中的阶梯式曲线就是积分曲线，积分曲线阶梯上升的高度与峰面积成正比，也就代表了质子的数目。谱图中积分曲线的高度比为6:4，即两种质子的个数比为6:4。

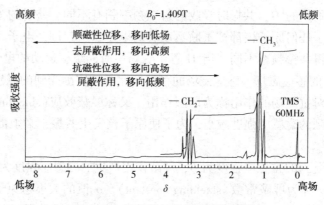

图4-34　乙醚的氢核核磁共振谱图

从^{1}H-NMR谱图上可以得到的信息如下。

① 吸收峰的组数，表明分子中化学环境不同的质子有几种。如图4-34中有两组峰，表明分子中有两种化学环境不同的质子，即—CH_3和—CH_2—中的质子。对于高级谱图，情况更复杂，不能简单地用此方法表明。

② 质子吸收峰出现的位置，即δ值，表明分子中各含氢基团的情况。图4-34中两组峰的δ分别为1.10和3.35，相对应的基团是CH_3—C和C—CH_2—O。

③ 一组吸收峰的分裂数目及耦合常数，表明分子中基团间的连接关系。图4-34中的三重峰和四重峰表明的基团连接关系是CH_3—CH_2—。

④ 积分曲线的高度，表明各基团的质子数目比。

4.6.4　核磁共振波谱图解析

核磁共振波谱能提供的主要参数是化学位移δ，质子耦合裂分峰的数目（$2nI+1$或$n+1$），耦合常数J和各组共振吸收峰的峰面积（积分曲线上升的高度）。这些参数与有机化合物的结构紧密相关。根据δ可以知道有几种化学环境不同的质子；根据共振吸收峰面积，可以知道每种质子的数目；根据$n+1$可以知道相邻质子的数目；根据J可以知道相互耦合的质子核间作用力的大小。因此,核磁共振波谱是鉴定有机化合物及生物分子结构和构象等的重要工具之一,还可以应用于定量分析、相对分子质量的测定及化学动力学的研究等。

^{1}H-NMR 谱图与红外吸收光谱图一样,对于结构比较简单的化合物,有时只根据本身的谱图就可以鉴定化合物的结构。对结构比较复杂的化合物,需结合红外吸收光谱分析、紫外–可见吸收光谱分析、质谱分析及元素分析等数据推断其结构。^{1}H-NMR 谱图解析没有统一固定的程序,一般可按下列步骤进行。

① 尽可能详细地收集被分析样品的信息。包括样品的来源、元素分析结果、相对分子质量、结构单元信息等。

② 按先易后难,先典型后一般的原则,观察整张谱图中基线、吸收峰位、峰形的情况,识别溶剂峰和杂质峰,注意高磁场和低磁场的特殊吸收峰。

③ 根据元素分析数据计算并确定分子的化学式,计算不饱和度,估计结构式中是否有双键、三键及芳香环,缩小解析的范围。

④ 利用共振吸收峰的峰面积(积分曲线上升的高度),算出各峰代表的相对质子数。再根据分子的化学式中质子的数目,确定各吸收峰相应的质子数目。依据耦合裂分峰数目估计相邻基团上的质子数目。

⑤ 根据 δ、J 与结构的一般关系,先识别强单峰(如 CH_3O—、CH_3C =O、Ar—CH_3、CH_3—NR_2、RO—CH_2CN 等)及特征峰(如—COOH、—CHO、—OH、—NH_2、—C_6H_5 等),注意有些分子内氢键的—OH 信号。若结构中可能有—COOH、—OH、—NH—等基团,应滴加 D_2O 后比较谱图的变化(称为重水交换),若有相应的信号消失,证明存在活泼氢。但也要注意形成分子内氢键的—OH 信号和有些—CO—NH—信号不会消失,而有些活泼—CH_2—的质子信号会消失。

⑥ 根据对各组吸收峰 δ、J 及耦合关系的分析,推出结构单元,组合成几个可能的结构式。每种可能的结构式不能与谱图有大的矛盾。

⑦ 对推出的可能结构式进行验证,确定最符合谱图的结构式。

⑧ 结合元素分析、不饱和度、红外吸收光谱分析、紫外–可见吸收光谱分析、质谱分析及其他化学方法所提供的有关数据,对推断结构进行复核,并与标准谱图比较,最终确定正确结构。

对于复杂的谱图解析,如二级或高级谱图,可采用数学分析,用计算机和相关软件来解析谱图。在条件允许的情况下,也可更换不同的溶剂或用去耦法、NOE 效应、加位移试剂等方法解析谱图。

4.6.5　核磁共振波谱的应用

使用核磁共振进行样品分析时,需将样品放入 ϕ=5mm、8mm 或 10mm 的玻璃管中。为保持旋转均匀及良好的分辨率,要求管壁内外均匀、平直,为防止溶剂挥发,需要戴上塑料管帽。

样品的体积与浓度:样品最小充满高度为 25mm,体积为 0.3mL。为了获得良好的信噪比,样品浓度为 5%~10%。^{1}H 谱只需样品 1mg 左右,^{13}C 谱需要几到几十毫克。样品黏度应较低,否则分辨率较低。

溶剂:在制备分析样品时,最主要的是选择适当的溶剂。氘代氯仿 $CDCl_3$ 是最常用的溶剂，除极性强的样品均可适用。极性大的样品可用氘代丙酮、重水、氘代乙腈、氘代二甲亚砜等。采用不同溶剂测得的 δ 值有一定的差异。

参考物质：一般采用内标，加入 1% 的四甲基硅 (TMS)。有时也用溶剂作内标。(如果溶剂和溶质之间存在相互作用，折算时会产生一定误差) 外标是将参考物放在特制的同心管内。

(1) 结构定性分析

① 单体结构与聚合反应分析。

聚丙烯酸茚满酯的合成路线如下。

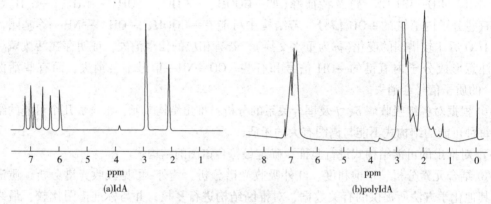

合成单体丙烯酸茚满酯 (IdA) 及其均聚物 (polyIdA) 的 ^{1}H NMR 谱与 CNMR 谱分别如图 4-35 和图 4-36 所示。

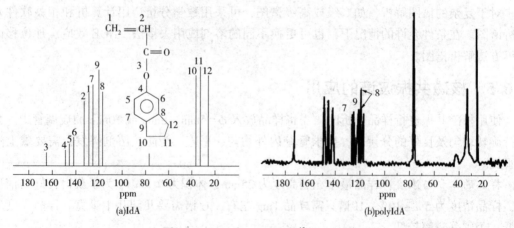

(a)IdA   (b)polyIdA

图 4-35 IdA 和 polyIdA 的 ^{1}H NMR 谱

(a)IdA   (b)polyIdA

图 4-36 IdA 和 polyIdA 的 ^{13}C NMR 谱

IdA 的双键质子特征吸收峰在 ^1H NMR 谱中出现在 5.8～6.5ppm，双键 C 原子在 ^{13}C NMR 谱中的特征振动吸收峰出现于 127.8ppm 和 132.1ppm。IdA 均聚后双键加成为聚丙烯酸主链结构，在聚合物的 ^1H NMR 谱和 ^{13}C NMR 谱中，双键质子和 C 原子的特征吸收峰消失，形成的聚丙烯酸主链结构中的质子特征吸收出现 1.0～3.4ppm，C 原子的特征吸收出现在 30～40ppm 和 110～130ppm。通过特征基团吸收峰的出现和消失，可以判断聚合反应的机理和过程。由于羧基限制了侧基的自由旋转，使大分子链显示出立体异构，^{13}C NMR 中 C-7、C-8 和 C-9 振动吸收峰出现裂分。

② 聚合物类型的鉴定。

图 4-37 为聚乙烯-1-己烯共聚物、聚乙烯-1-丁烯共聚物和聚乙烯-1-丙烯共聚物的 ^{13}C NMR 谱。这些结构含有相似的基团，只是侧基结构不同，用红外光谱很难准确区分三个共聚物，而利用 ^{13}C NMR 谱对结构变化敏感的特点，很容易区分三种共聚物。

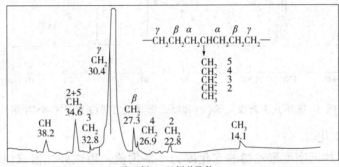
聚乙烯-1-己烯共聚物

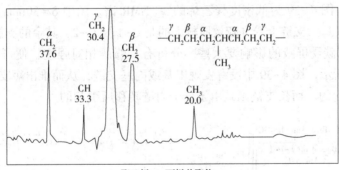
聚乙烯-1-丙烯共聚物

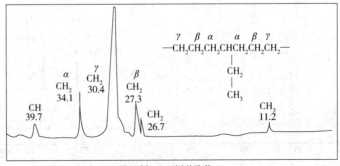
聚乙烯-1-丁烯共聚物

图 4-37　聚乙烯-1-己烯共聚物、聚乙烯-1-丙烯共聚物和聚乙烯-1-丁烯共聚物的 ^{13}C NMR 谱

③ 聚合物异构体。

图 4-38 为聚异戊二烯的两种几何异构体的[13]C NMR 谱，测试条件为溶剂 C_6D_6，浓度 10%，温度 60℃，共振频率 50.3MHz。由图可见，甲基碳及亚甲基 C-1 的共振峰对几何异构非常敏感，而亚甲基 C-4 对双键取代基的异构体很不敏感。

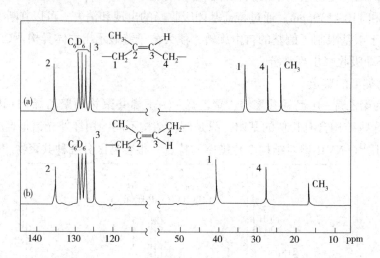

图 4-38 顺式聚异戊二烯(a)和反式聚异戊二烯(b)的[13]C NMR 谱

④ 聚合物的支化。

红外光谱测得的低密度聚乙烯的支化度为一平均值，用红外光谱难以测定支链的长度与其分布。而用 NMR 谱则可很好地解决这一问题。由于不同接枝链长的 C 原子共振峰化学位移存在着差异，图 4-39 为低密度聚乙烯的[13]C NMR 谱。图中 δ=30ppm 的主峰对应于聚乙烯分子中的亚甲基。支链上受屏蔽效应较大的是 C-1 及 C-2，其余的支链受[13]C 屏蔽效应不明显。β 碳比 α 碳受屏蔽的影响要大些。分析有关峰的相对强度，便可得出各种支链的分布，如表 4-3 所示。图 4-39 中没有发现甲基或丙基支链，从而推出短支链是聚合过程中的"回咬"现象引起的，而长支链则是由于分子内链转移所引起的。

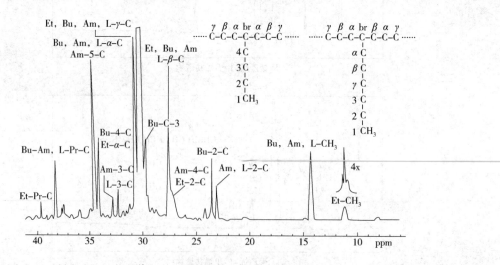

图 4-39　低密度聚乙烯的[13]C NMR 谱(溶剂 1,2,4-三氯苯，浓度 5%，温度 110℃)

表 4-3 　低密度聚乙烯的支链分布

支链类型	每 1000 个主链碳中的支链数
—CH₃(Me)	0.0
—CH₂CH₃(Et)	1.0
—CH₂CH₂CH₃(Pr)	0.0
—CH₂CH₂CH₂CH₃(Bu)	9.6
—CH₂CH₂CH₂CH₂CH₃(Am)	3.6
—hexyl 及长支链(L)	5.6
总数	19.8

（2）定量分析

① 高聚物分子量的测定。

图 4-40(a)为化合物聚丙二醇的 ^{1}H NMR 谱，（b）为加弛豫试剂 Eu(DPM)₃ 后作的图。可在谱图上标出各峰的归属，并求出此聚合物的相对分子质量。图(a)中基本上可以分为两组峰，在较低场的一组峰归属为—CH₂—、—CH—和—OH 基团的吸收，在较高场的一组峰归属为—CH₃。由于结构中有异构体存在，实际上图谱是比较复杂的。在图(b)中，由于加入位移试剂，—OH 峰向低场位移到 $\delta = 7.0$，端基上的—CH—峰位移到 $\delta = 5.17$，端基上的—CH₂—峰向低场位移到 $\delta = 4.17$，链节上的—CH₂—、—CH—基团基本上没有位移，端基上的甲基向低场位移到 $\delta = 1.83$，主链上的甲基基本上没有位移。把端基甲基的积分面积 E 和主链上甲基的面积 I 进行比较，很容易得到化合物聚丙二醇的数均分子量 M_n。

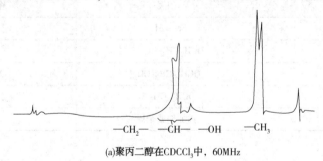

(a)聚丙二醇在 CDCCl₃ 中，60MHz

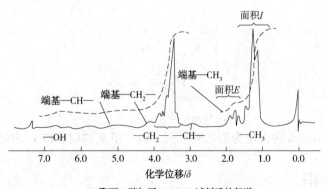

(b)聚丙二醇加了 Eu(DPM)₃ 试剂后的氢谱

图 4-40 　聚丙二醇的 ^{1}H NMR 谱

② 共聚物组成的定量测定。

乙二醇-丙二醇-甲基硅烷共聚物的结构式为

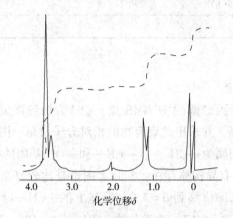

其 ^{1}H NMR 的谱图见图 4-41。其三元共聚物的 ^{1}H NMR 谱峰的归属见表 4-4。

图 4-41　乙二醇-丙二醇-甲基硅烷共聚物的 ^{1}H NMR 谱峰

表 4-4　乙二醇-丙二醇-甲基硅烷共聚物的 ^{1}H NMR 谱峰的归属

δ	归属	峰积分值
0.1	Si—CH$_3^{\cdot}$	$S_{0.1}$
1.17	OCH$_2$CH$_2$—CH$_3^*$	$S_{1.17}$
3.2~3.8	OCH$_2^{\cdot}$CH$_2^{\cdot}$CH$_3$	$S_{3.2~3.8}$
3.68	OCH$_2^{\cdot}$CH$_2^{\cdot}$O	$S_{3.68}$
1.3，2.07	添加剂或杂质	

定量计算如下：

$$
\begin{cases}
\dfrac{\dfrac{1}{2} \times S_{0.1}}{S_{1.17}} = \dfrac{n}{m} \\[3mm]
\dfrac{S_{3.2~3.8} - S_{3.68}}{S_{3.68} \times 3/4} = \dfrac{l}{m} \\[3mm]
l + m + n = 1
\end{cases}
$$

解方程组，求出三者的含量为乙二醇∶丙二醇∶甲基硅烷=45%∶43%∶12%

4.7　质谱分析

质谱分析法(massspectrometry，MS)是使被测样品分子形成气态离子，然后按离子的质

112

量，确切地说按离子的质量(m)与所带电荷(z)的比值[简称为质荷比(m/z)]，对离子进行分离和检测的一种分析方法。质谱既不属于光谱，也不属于波谱。

从质谱分析的对象可以将质谱分析分为原子质谱法和分子质谱法两类。原子质谱法又称为无机质谱法，是将单质离子按质荷比进行分离和检测的方法，广泛应用于元素的识别和浓度的测定。几乎所有元素都可以用原子质谱测定，原子质谱图比较简单，容易解析。图 4-42 是稀土元素的电感耦合等离子体电离质谱(ICPMS)的质谱图。原子质谱仪常用的离子源包括高频火花离子源、电感耦合等离子体(ICP)离子源、辉光放电离子源等。依据采用的电离方式分为火花源电离质谱法(SSMS)、电感耦合等离子体电离质谱法(ICPMS)、辉光放电电离质谱法(GDMS)等。质谱仪最常用的质量分析器有四极质量分析器、飞行时间质量分析器和双聚焦质量分析器等。

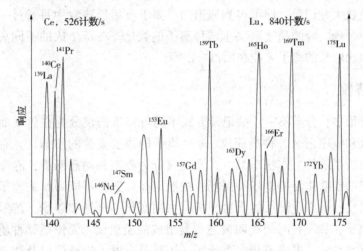

图 4-42　稀土元素的 ICPMS 质谱图

分子质谱法又称为有机质谱法，是研究有机和生物分子的结构信息以及对复杂混合物进行定性和定量分析的方法。一般采用高能粒子束使已气化的分子离子化或使试样直接转变成气态离子，然后按质荷比(m/z)的大小顺序进行收集和记录，得到质谱图。分子质谱图比较复杂，解析相对困难。一般根据质谱图中峰的位置，可以进行定性和结构分析，根据峰的强度，可以进行定量分析。随着质谱技术的不断进步和不断完善，科学家将分子质谱与核磁共振波谱、红外吸收光谱联合使用，成为解析复杂化合物结构的有力工具。

4.7.1　质谱分析基本原理

质谱(MS)和紫外光谱(UV)、红外吸收光谱(IR)、核磁共振波谱(NMR)被称为有机化合物结构分析的四谱。MS 虽被列入其中，但它的原理与其他三谱不同。UV、IR 和 NMR 是吸收波谱，是以分子吸收辐射所引起的能量跃迁为基础的；而 MS 不是吸收波谱，是以一定能量的电子流轰击或用其他适当方法打掉气态分子的一个电子，形成带正电荷的离子，这些正离子在电场和磁场的共同作用下，按离子的质量与所带电荷比值(m/z)的大小排列成谱，对离子进行分离和检测的一种分析方法。$M+e^- \rightarrow M^+ \cdot +2e^-$。$M^+ \cdot$ 代表分子离子(可简写成 M^+)，右上角的"+"表示带一个正电荷；"·"表示带一个未成对的孤电子。分子离子是带有孤电子的正离子，这种离子称为奇电子离子。

轰击样品的高能粒子束的能量大大超过典型有机化合物的解离能，因此，在一般情况下所生成的分子离子能获得足够的能量，很快会进一步从一个或几个地方发生键的断裂，生成不同的碎片离子。在这些碎片离子中，有正离子、中性分子、自由基和极少数的负离子。大多数质谱只研究正离子，采用排斥电位吸引负离子，而中性分子和自由基被真空泵抽走，在质谱图中均没有反映。带正电荷的离子在电场中被加速而进入电分析器。电分析器的功能是滤除由于初始条件有微小差别导致的动能差别，挑出一束由不同的质量(m)和速度(v)组成的、具有几乎完全相同动能的离子。这束动能相同的离子被送入磁分析器，沿着磁分析器的弧形轨道做弧形运动。只要连续改变磁感应强度(磁场扫描)或连续改变电压(电压扫描)，就能够使 m/z 不同的正离子按 m/z 值的大小顺序先后打到离子收集器片上，每一个正离子在此得到一个电子以中和所带正电荷，这样就在离子收集器线路上产生一个电流，将此电流放大并记录，即可得到质谱图。离子收集器狭缝中每通过一种离子，在质谱图上就出现一个峰，峰的高度取决于该种离子的数量。在所生成的不同离子中，只有比较稳定的、寿命比较长的离子才能在质谱中出峰。

4.7.2 质谱仪

质谱仪种类很多，分类不一。按记录方式不同可将质谱仪分为在焦平面上同时记录所有离子的质谱仪和顺序记录各种质荷比(m/z)离子的强度集合的质谱计，有机质谱仪指的是后者。若按分析系统的工作状态又可将质谱仪分为静态和动态两类，静态质谱仪的质量分析器采用稳定的或变化慢的电场和磁场，按照空间位置将不同 m/z 的离子分开，如单聚焦和双聚焦质谱仪；动态质谱仪的质量分析器采用变化的电场和磁场，按照时间和空间区分不同 m/z 的离子，如飞行时间和四极滤质器组成的质谱仪。无论是哪种质谱仪，都应该包含的部件是真空系统、进样系统、离子源、质量分析器、检测器以及数据处理系统。都应该具备的功能是使试样分子转变成离子，通过电场使离子加速，按 m/z 分离离子，将离子流转变成电信号，放大并记录成质谱图。质谱仪的基本结构示意图如图4-43所示。

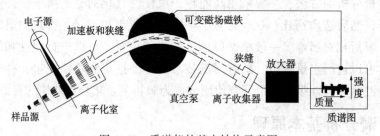

图4-43 质谱仪的基本结构示意图

(1) 真空系统

质谱仪都必须在高真空条件下工作，这样才能保证离子在离子源和质量分析器中正常运行，消减不必要的离子碰撞和不必要的离子分子反应，减少本底与记忆效应。不同的离子源和质量分析器对真空度的要求是不一样的。离子源的压力一般在 $10^{-5} \sim 10^{-4}$ Pa，质量分析器的压力一般在 $10^{-6} \sim 10^{-5}$ Pa。真空系统一般由机械真空泵和扩散泵或涡轮分子泵组成。机械真空泵不能满足高真空度要求，扩散泵是常用的高真空泵，由于涡轮分子泵使用方便，没有油的扩散污染问题，因此，近年来生产的质谱仪大多使用涡轮分子泵。涡轮分子泵直接与离子源或质量分析器相连，抽出的气体再由机械真空泵排到系统之外。

（2）进样系统

质谱仪在高真空状态下工作，对进样量和进样方式有较高的要求，因此进样系统应通过适当的装置，使其能在真空度损失较少的前提下，将试样导入离子源。根据样品的物态和性质选择相应的进样方式。常用的试样引入方式有：①间歇式进样，采用可控漏孔（又称为储罐），适于气体或挥发性液体和固体；②直接探针进样，适于固体或非挥发性的试样；③色谱和毛细管电泳进样，将质谱与色谱或毛细管电泳柱联用，使其兼有色谱法的优良分离功能和质谱法强有力的鉴定功能。与色谱联用的进样方式是最重要，最常用的进样方法之一。气相色谱-质谱联用（GC-MS）已成为常规分析仪器，液相色谱-质谱联用（LC-MS）在近些年也引发了质谱研究和应用领域的巨大变革。

（3）离子源

离子源是质谱仪的核心部分之一，相当于光谱仪上的光源，是提供能量将分析样品电离，形成各种不同质荷比（m/z）离子的场所。电离方式不同，质谱图的差别会很大。目前有机质谱仪可供选择的离子源种类很多，如电子轰击离子源（EI）、化学电离源（CI）、快原子轰击离子源（FAB）、场致电离源（FI）、场解吸电离源（FD）、电喷雾电离源（ESI）、大气压化学电离源（APCI）、基质辅助激光解吸电离源（MALDD）等。下面介绍几种常用离子源的原理和特点。

① 电子轰击离子源（Electron impact Ionization，EI）。EI 源是应用最广泛、发展最成熟的离子源，它主要用于挥发性样品的电离。EI 源一般采用 70eV 能量的电子束轰击气态样品分子，而有机分子的电离电位一般为 7~15eV。在 70eV 的电子碰撞作用下，有机分子可能被打掉一个电子形成分子离子，也可能会发生化学键的断裂形成碎片离子。EI 源的最大优点是比较稳定，谱图再现性好，离子化效率高，有丰富的碎片离子信息，检测灵敏度好，有标准质谱图可以检索。其缺点是谱图中分子离子峰的强度较弱或没有分子离子峰。质谱解析时，由分子离子可以确定化合物的相对分子质量，由碎片离子可以得到化合物的结构。当分子离子峰不出现时，为了得到相对分子质量，可以采用 20eV 的电子能量，不过此时仪器灵敏度将大大降低，需要加大样品的进样量，而且得到的质谱图不是标准质谱图。

图 4-44 是邻苯二甲酸二辛酯（$M=390$）的质谱图，使用 EI 源时[如图 4-44（a）所示]，不出现分子离子峰。

② 化学电离源（Chemical Ionization，CI）。CI 源是利用离子与分子的化学反应使样品分子电离的。与 EI 源相比，CI 源是在相对较低真空度（0.1~100Pa）条件下进行的。CI 源工作过程中要引进一种反应气体（常用甲烷，也可用异丁烷、氨等），使样品分子在受到电子轰击前被稀释，因此样品分子与电子之间的碰撞概率极小，产生的离子主要来自反应气分子。现以甲烷作为反应气体，说明化学电离的过程。

$$CH_4 + e^- \longrightarrow CH_4^+ \cdot + 2e^-$$

$$CH_4^+ \cdot \longrightarrow CH_3^+ + H \cdot$$

反应气离子进一步与中性分子 CH_4 反应，生成 CH_5^+、$C_2H_5^+$。随后反应气离子与样品分子 M 进行离子-分子反应，生成质子化（M+H）$^+$ 或消去 H$^-$ 形成（M-H）$^+$ 的准分子离子。

CI 源采用能量较低的二次离子，是一种软电离方式，化学键断裂的可能性较小，峰的数量随之减少。另外，产生的准分子离子是偶电子离子，较 EI 源的奇电子离子稳定。有些用 EI 源得不到分子离子峰的样品，改用 CI 源后可以得到准分子离子峰且强度高，因而可以推算样品的相对分子质量。图 4-44（b）和图 4-44（c）分别是以甲烷和异丁烷为反应气体时，由 CI 源得到的邻苯二甲酸二辛酯的质谱，在图中可观测到很强的 $m/z=391$ 的准分子离子峰（M+H）$^+$。

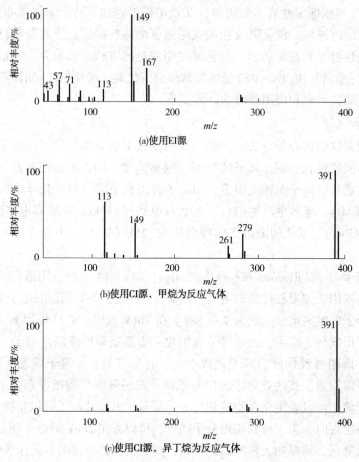

图 4-44　邻苯二甲酸二辛酯（$M=390$）的质谱图

EI 谱和 CI 谱互相补充，可得到更充分的分子结构信息，对化合物结构分析非常有利。现代质谱仪一般同时配有 EI 源和 CI 源，便于切换使用。EI 源和 CI 源都是热源，只适用于易气化、受热不分解的有机样品分析。CI 源得到的质谱图不是标准质谱图，不能进行谱图库检索。

③ 电喷雾电离源（electrosprayionization，ESI）。ESI 源是主要应用于高效液相色谱和质谱仪之间的接口装置，同时又是电离装置。样品溶液从毛细管端喷出时受到 3~8kV 高电压作用，此时液体不是液滴状而是喷雾状。这些极小的雾滴表面电荷密度较高，溶剂蒸发后，雾滴表面电荷密度增加，当电荷密度增加到极限时，雾滴变成数个更小的带电雾滴，此过程不断重复，直至形成强静电场使样品分子离子化，离子被静电力喷入气相而进入质量分析器。ESI 源常与四极质量分析器、飞行时间或傅里叶变换离子回旋共振仪联用。ESI 源是一种很弱的电离技术，它的最大优点是样品分子不发生裂解，通常无碎片离子，只有分子

离子和准分子离子峰。它的另一突出优点是可以获得多电荷离子信息，从而使相对分子质量大(相对分子质量在 300000 以上)的离子出现在质谱图中，使质量分析器检测的质量范围提高几十倍，适合测定极性强、热稳定性差的生物大分子的相对分子质量，如多肽、蛋白质、核酸等。

(4) 质量分析器

离子源的任务是提供能量使样品电离，形成各种不同质荷比(m/z)的离子。这些离子显示出分子内部的结构信息。为了得到各种离子的质量和丰度，需要对混合离子进行质量分离和丰度检测。质量分析器的作用就是将离子源产生的离子按 m/z 顺序分离，它是质谱仪的核心，相当于光谱仪上的单色器。用于有机质谱仪的质量分析器有双聚焦质量分析器、四极质量分析器、离子阱质量分析器、飞行时间质量分析器和傅里叶变换离子回旋共振质量分析器等。下面简要介绍各种质量分析器的原理和特点。

① 双聚焦质量分析器。在双聚焦质量分析器中，由离子源出口狭缝进入质量分析器的离子束中的离子不是完全平行的，而是以一定的发散角度进入的。利用合适的磁场既可以使离子束按 m/z 大小分离开来，又可以将相同 m/z、不同角度的离子汇聚起来，这就是方向(角度)聚焦。磁场具有方向聚焦的功能，只包括一个磁场的质量分析器称为单聚焦质量分析器。进入质量分析器的离子束中还包含 m/z 相同，动能(速度)不同的离子，磁场不能将这部分离子聚焦，影响仪器的分辨率。为了解决能量聚焦的问题，采用电场加磁场组成的质量分析器。电场是一个能量分析器，其作用是挑出不同的质量和速度、具有几乎完全相同动能的离子，达到能量(速度)聚焦的目的，这束动能相同的离子被送入磁场，经过电场和磁场的共同作用后，相同 m/z 的离子可以汇聚在一起，就能够使 m/z 不同的离子按 m/z 值的大小顺序先后进入离子收集器。这种由电场和磁场共同实现质量分离的分析器，同时具有方向聚焦和能量聚焦的功能，称为双聚焦质量分析器。它的优点是分辨率高，可达到 10^5。缺点是扫描速度慢，操作、调整比较困难，而且仪器造价也比较高。

② 四极(杆)质量分析器。四极质量分析器又称为四极滤质器，由四根平行棒状电极组成，两组电极间施加一定的直流电压和交流电压，四根棒状电极形成一个四极电场。从离子源出来的离子进入四极电场后，离子做横向摆动，在一定的直流电压和交流电压作用下，只有某一种质荷比(m/z)的离子(共振离子)能够到达收集器，其他离子(非共振离子)在运动过程中撞击在四根极杆上而被滤掉，最后被真空泵抽走。如果保持电压不变，连续地改变交流电压的频率(频率扫描)，就可以使不同 m/z 的离子依次到达离子收集器；若保持交流电压的频率不变，连续地改变交、直流电压大小(电压扫描)，同样可以使不同 m/z 的离子依次到达离子收集器。四极质量分析器完全是靠 m/z 把不同离子分开的，它具有结构简单、体积小、质量轻、价格低、操作方便和扫描速度快等优点，它的缺点是分辨率不够高，为 $10^3 \sim 10^4$，特别是对高质量的离子有质量歧视效应。

③ 离子阱质量分析器。离子阱的主体是一个环形电极和上、下两个端盖电极间形成一个室腔(阱)。直流电压和高频电压加在环电极上端盖电极接地。在适当的条件(电压、环形电极半径、两端盖电极间距)下，离子源注入的特定 m/z 的离子在阱内稳定区，其轨道振幅保持一定大小，并可长时间留在阱内。反之，不满足特定条件的离子振幅增长很快，撞击到电极而消失。检测时在引出电极上加负电压脉冲使正离子从阱内引出到检测器，扫描方式与四极质量分析器相似，频率扫描或电压扫描，可检测到各种离子的 m/z 值。

离子阱质量分析器的优点是结构小巧、质量轻、价格低，单一离子阱可实现时间上的多级串联质谱功能，可用于 GC-MS、LC-MS，灵敏度比四级质量分析器高 $10 \sim 1000$ 倍。它的缺点是分辨率不够高，为 $10^3 \sim 10^4$，所得质谱图与标准谱图有一定差别。

④ 飞行时间质量分析器。飞行时间质量分析器的核心部分是一个离子漂移管。从离子源出来的离子，经加速电压作用得到动能，具有相同动能的离子进入漂移管，m/z 最小的离子具有最快的速度，首先到达检测器，费时最短；m/z 最大的离子最后到达检测器，费时最长。利用这种原理将不同 m/z 的离子分开。适当增加漂移管的长度可以提高分辨率。

飞行时间质量分析器的优点是：检测离子的 m/z 范围宽，特别适合生物大分子的质谱测定；扫描速度快，可在 $10^{-6} \sim 10^{-5}$ s 内观测、记录质谱，适合与色谱联用和研究快速反应；既不需要电场也不需要磁场，只需要一个离子漂移空间，仪器结构比较简单；不存在聚焦狭缝，灵敏度很高。飞行时间质量分析器的主要缺点是分辨率随 m/z 的增加而降低，质量越大时，飞行时间的差值越小，分辨率越低，一般在 $10^3 \sim 10^4$ 之间。

（5）检测器

离子的检测主要使用电子倍增器，有的也使用光电倍增管，两者原理类似，可以记录约 10^{-8}A 的微电流。由质量分析器出来的具有一定能量的离子撞击到阴极表面产生二次电子，二次电子经多个倍增极放大产生电信号，输出并记录不同离子的信号。这些电信号送入计算机储存、处理或变换、检索打印出结果即得质谱图。

4.7.3 有机质谱中离子的类型

有机质谱中离子的主要类型有：分子离子、准分子离子、碎片离子、亚稳离子、同位素离子、重排离子和多电荷离子。每种离子的质谱峰在质谱解析中各有用途。

（1）分子离子

化合物分子经电子轰击失去一个电子形成的正离子称为分子离子或母离子，相应的质谱峰称为分子离子峰或母峰，以 $M^+ \cdot$ 代表分子离子或简写成 M^+。分子离子的质荷比（m/z）值就是它的相对分子质量。分子离子峰有下列特点。

① 分子离子是带单电荷的自由基离子，这种带有未成对电子的离子称为奇电子离子。

② 分子离子峰出现在质谱图中的质量最高端，存在同位素峰或不出现分子离子峰时例外。

③ 能够通过合理丢失中性分子或碎片离子得到高质量区的重要离子。合理丢失中性分子或碎片离子是指判断最高质量的离子与邻近离子的质量差是否合理。丢失 4～14 和 21～25 个原子质量单位是不可能的，丢失 15 个原子质量单位（比如丢失—CH_3），丢失 17 个原子质量单位（比如丢失—OH），丢失 18 个原子质量单位（比如丢失 H_2O）是合理的。

④ 分子离子的质量数符合氮规律。所谓氮规律是指：只含 C、H、O 的化合物，分子离子峰的质量数一定是偶数；由 C、H、O、N 组成的化合物，含奇数个 N，分子离子峰的质量数是奇数；含偶数个 N，分子离子峰的质量数是偶数。质量数不符合氮规律的高质量端离子，就不是分子离子。

分子离子峰的强度和化合物的结构有关，结构稳定的化合物，分子离子峰强；结构稳定性差的化合物，分子离子峰弱。环状化合物的结构比较稳定，不易碎裂，分子离子峰较强；支链化合物较易碎裂，分子离子峰较弱；有些稳定性差的化合物经常看不到分子离子峰。分子离子峰强弱的大致顺序是：芳香族化合物>共轭烯烃>脂环化合物>直链烷烃>硫醇>酮>醛>胺>酯>醚>羧酸>多分支烃类>醇。

分子离子的质量就是化合物的相对分子质量，分子离子的强度（相对丰度）与化合物的类型相关，因此分子离子峰的识别在化合物质谱的解析中具有特殊的地位。图 4-45 是甲苯的质谱图，$m/z=92$ 是分子离子峰，其相对丰度强。$m/z=91$（CH）是烷基苯的基峰。

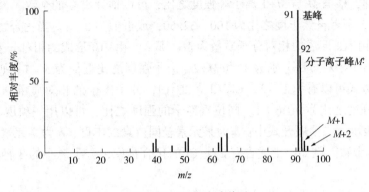

图 4-45　甲苯的质谱图

（2）准分子离子

准分子离子是指与分子存在简单关系的离子，通过它可以确定化合物的相对分子质量。例如：分子得到或失去 1 个 H 生成的 $(M+H)^+$ 或 $(M-H)^+$ 就是最常见的准分子离子。还有一些加合离子如 $(M+Na)^+$、$(M+K)^+$、$(M+X)^+$ 等也是准分子离子。在分子离子峰弱或不出现时，可以通过准分子离子峰推测相对分子质量。

（3）碎片离子

碎片离子是由于离子源的能量过高，使分子离子化学键断裂产生的质量数较低的碎片，相应的质谱峰称为碎片离子峰，碎片离子峰位于分子离子峰的左侧。分子的碎裂过程与其结构密切相关，利用碎片离子提供的信息，有助于推断分子结构，理解碎片离子形成的机理，有助于结构解析。图 4-45 中，$m/z=65$（$C_5H_5^+$）的碎片离子峰，是 $m/z=91$（$C_7H_7^+$）的峰失去一个乙炔分子（C_2H_2）形成的。

（4）亚稳离子

离子离开离子源到达离子收集器之前，在飞行途中可能还会发生进一步裂解或动能降低的情况，这种低质量或低能量的离子称为亚稳离子，形成的质谱峰称为亚稳离子峰。亚稳离子峰出现在正常离子峰的左边，峰形宽且强度弱，通常 m/z 为非整数，比较容易识别。亚稳离子主要用于研究裂解机理。

（5）同位素离子

大多数元素是由具有一定自然丰度的同位素组成的。在组成有机化合物的常见元素中除 P、F、I 外，C、H、O、N、S、Cl、Br 等都有同位素。由于这些元素的存在，当形成化合物后，其同位素就以一定的丰度出现在化合物中。因此，在化合物的质谱中，位于分子离子峰右侧 1 或 2 个质量单位处，就会出现 $(M+1)^+$ 或 $(M+2)^+$ 的峰。通常把这种由不同同位素中重同位素形成的离子峰，称为同位素离子峰，相应的离子就是同位素离子。同位素离子峰的强度比与同位素自然丰度比是相当的，通过 M 和 $M+1$ 或 $M+2$ 的峰强度比值，可以容易地判断化合物中是否含有这些元素和元素的数目。例如：碳元素有两种同位素，^{12}C 和 ^{13}C。两者自然丰度之比为 $100:1.11$，如果由 ^{12}C 组成的化合物相对分子质量为 M，那么由 ^{13}C 组成的同一化合物的相对分子质量则为 $M+1$，同一个化合物生成的分子离子就会有质量为 M 和 $M+1$ 的两种离子。如果化合物中含有 1 个 C，则 $(M+1)^+$ 离子峰的强度为 M^+ 离子峰强度的 1.11%；如果含有 2 个 C，则 $(M+1)^+$ 离子峰的强度为 M^+ 离子峰强度的 2.22%，以此类推。这样，根据 M 与 $M+1$ 离子峰强度之比，可以估计出 C 的个数。氯元素有两种同位素 ^{35}Cl 和 ^{36}Cl，两者自然丰度之比为 $100:32.50$，或近似为 $3:1$。当化合物分子中含有 1 个 Cl 时，如果由 ^{35}Cl 形成的相对分子质量为 M，那么，由 ^{37}Cl 形成的相对分子质量为 $M+2$。生成离子后，离子相对质量分别为 M 和 $M+2$，离子强度之比近似为 $3:1$。如果分子中有 2 个 Cl，其组成方式可以有 $^{37}Cl^{35}Cl$、$^{35}Cl^{35}Cl$、$^{37}Cl^{37}Cl$，分子离子的相对质量分别为 M、$M+2$ 和 $M+4$，离子强度之比为 $9:6:1$。同位素离子的强度之比，可以用一项展开式 $(a+b)^n$ 各项系数之比来表示。二项展开式中：a 为某元素轻同位素的丰度，b 为某元素重同位素的丰度，n 为同位素个数。例如：上述含有 2 个 Cl 的化合物中，分子离子的 3 种同位素离子峰强度之比为

$$(a+b)^n = (a+b)^2 = a^2 + 2ab + b^2$$
$$= \quad 9 \quad + \quad 6 \quad + \quad 1$$
$$(M) \qquad (M+2) \qquad (M+4)$$

如果知道了同位素元素的个数，可以推测各同位素离子强度之比，同理，如果知道了各同位素离子强度之比，可以估计出元素的个数。

(6) 重排离子

分子离子裂解为碎片离子时，有些碎片离子不是由简单的化学键断裂产生的，而是发生了分子内原子或基团的重排，这种特殊的碎片离子称为重排离子。重排远比简单断裂复杂，其中麦氏重排是常见的一种重要方式。当分子中含有 $C=X$（X 为 O、N、S、C）基团，与该基团相连的链上有 3 个以上的碳原子，而且 γ-C 上要有 H。这种化合物的分子离子碎裂时，γ-H 向缺电子的 X 原子上转移，引起一系列的单电子转移。同时 β 键断裂并丢失一个中性小分子。在醛、酮、酯、酸、酰胺及芳香族化合物、长链烯烃等的质谱上都可以找到 γ-H 转移重排产生的离子峰。麦氏重排的特点是：同时有两个以上的键断裂，生成的重排离子的质量数为偶数。除麦氏重排外，重排的种类还有很多。例如：有机化学中学过的狄尔斯-阿尔德反应，是由丁二烯和乙烯制备环己烯的反应，在质谱的分子离子断裂反应中，环己烯可以生成丁二烯和乙烯，正好与合成反应相反，所以称为逆狄尔斯-阿尔德反应，简称为 RDA。现在，RDA 反应已广泛用来解释含有环己烯结构的各类化合物（如萜烯化合物）的裂解。这类裂解反应的特点是：环己烯双键打开，同时引发 2 个 α 键断开，形成 2 个新的双键，电荷处在带双键的碎片离子上。

(7) 多电荷离子

多电荷离子是指失去 2 个或 2 个以上电子形成的离子。当离子带有多电荷时，其 m/z 下降，因此可以利用常规的质谱检测器来分析相对分子质量大的化合物。常见的是双电荷离子 $[m/(2z)]$，双电荷离子在该离子质量数一半的地方出现，如果这个离子的质量数是奇数，$m/(2z)$ 就不是整数。具有 π 电子的芳烃、杂环或高度不饱和的化合物能使双电荷离子稳定化，因此双电荷离子是这些化合物的特征离子。例如，苯的质谱图中，$m/(2z) = 37.5$，

$m/(2z) = 38.5$ 就是双电荷离子。由于质谱中产生的多电荷离子较少，所以在质谱中不重要。

4.7.4 质谱定性分析及谱图解析

一张质谱图包含着化合物的丰富信息。在特定的实验条件下，每个分子都有自己特征的裂解模式。很多情况下，根据质谱图提供的分子离子峰、同位素峰以及碎片离子峰，就可以确定化合物的相对分子质量、分子的化学式和分子的结构。对于结构复杂的有机化合物，还需借助于红外吸收光谱、紫外光谱、核磁共振波谱等分析方法进一步确认。质谱的人工解析是一件非常困难的工作。由于计算机联机检索和数据库越来越丰富，靠人工解析质谱的情况已经越来越少，但是，作为对分子裂解规律的了解和对计算机检索结果的检验和补充手段，人工解析质谱图还有它的作用，特别是对谱库中不存在的化合物的质谱解析。因此，学习一些质谱解析方面的知识仍然是必要的。

（1）质谱的表示方法

质谱的表示方法有三种：质谱图、质谱表和元素图。

① 质谱图。质谱图是记录正离子质荷比(m/z)及离子峰强度的图谱。由质谱仪直接记录下来的图是一个个尖锐的峰，而常常见到的是经过计算机整理的、以直线代替信号峰的条图（棒图）。条图比较简洁、清晰、直观，横坐标以质荷比(m/z)表示，纵坐标以离子峰的强（丰）度表示（质谱中离子峰的峰高称为丰度）。质荷比(m/z)反映离子的种类，离子峰强度反映离子的数目。

把强度最大的离子峰人为地规定为基峰或标准峰（100%），将其他离子峰与基峰对比，这种表示方法称为相对丰度法（如图4-45所示），是最常用的一种表示方法。纵坐标还可以用绝对丰度表示，以总离子流的强度为100%来计算各离子所占份额（%）。文献记载中一般采用条图。

② 质谱表。质谱表是用表格的形式给出离子的质荷比(m/z)及离子峰强度。这种表示方法能获得离子丰度的准确值，对定量分析非常实用，对未知物的结构分析不太合适，因为一些重要特征不如条图清楚可见。甲苯的质谱表见表4-5。

表 4-5　甲苯的质谱表

m/z 值	38	39	45	50	51	62	63	65
相对丰度/%	4.4	5.3	3.9	6.3	9.1	4.1	8.6	11

m/z 值	91（基峰）		92（分子离子峰）		93（$M+1$）		94（$M+2$）	
相对丰度/%	100		68		4.9		0.21	

③ 元素图。元素图是将高分辨质谱仪所得的结果，经过计算机按一定的程序运算而得的。由元素图可以了解每个离子的元素组成，对结构解析比较方便。

（2）重要有机化合物的裂解规律

了解典型化合物的裂解规律，对质谱解析是非常有利的。下面介绍几种重要有机化合物的质谱裂解规律。

① 饱和烷烃。饱和烷烃裂解的特点如下。

（Ⅰ）分子离子峰较弱，随碳链增长强度降低甚至消失。

（Ⅱ）生成一系列 m/z 相差 14 的奇数质量的 C_nH_{2n+1} 碎片离子峰，即 $m/z=15$，29，43，57，…。

（Ⅲ）基峰为 $m/z=43(C_3H_7^+)$ 或 $m/z=57(C_4H_9^+)$ 的离子。

（Ⅳ）支链烷烃裂解优先发生在分支处，形成稳定的仲碳正离子或叔碳正离子。十二烷的质谱图如图 4-46 所示。

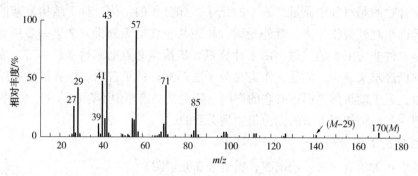

图 4-46　十二烷的质谱图

② 烯烃。烯烃裂解的特点如下。

（Ⅰ）分子离子峰较强。

（Ⅱ）有明显的一系列 C_nH_{2n-1} 的碎片离子峰，通常为 $41+14n$，$n=0$，1，2，…。

（Ⅲ）基峰为 $m/z=41(C_3H_5^+$、$CH_2=CHCH_2^+)$ 的离子，离子峰较强，是烯烃的特征峰之一。

③ 芳烃。芳烃裂解的特点如下。

（Ⅰ）分子离子峰强。

（Ⅱ）在烷基苯中，基峰在 $m/z=91(C_7H_7^+)$ 处，是烷基苯的重要特征；$m/z=91$ 的离子失去 1 个乙炔分子生成 $m/z=65$ 的离子，失去 2 个乙炔分子生成 $m/z=39$ 的离子（这些离子峰强度较小）；若烷基芳烃 α-C 上的 H 被取代，基峰变成 $m/z=91+14n$；若存在 γ-H 时，易发生麦氏重排，产生 $m/z=92$ 重排离子峰。

（Ⅲ）苯的系列特征离子：$m/z=77(C_6H_5^+)$，$m/z=78(C_6H_6^+)$，$m/z=79(C_6H_7^+)$。苯离子 $m/z=77(C_6H_5^+)$ 失去 1 个乙炔分子生成 $m/z=51$ 的离子（离子峰强度较小）。

综上所述，烷基苯的系列特征离子为 $m/z=39$，51，65，77，91，…。

④ 脂肪醇。脂肪醇裂解的特点如下。

（Ⅰ）分子离子峰很弱或不存在。

（Ⅱ）醇易失去一分子水，并伴随失去一分子乙烯，生成 $(M-18)^+$ 和 $(M-46)^+$ 峰。

（Ⅲ）醇裂解遵循较大基团优先离去原则，伯醇形成很强的 $m/z=31$ 峰（$CH_2=OH^+$）、仲醇为 $m/z=45(CH_3CH=OH^+)$，59，73，…、叔醇 $m/z=59[(CH_3)_2C=OH^+]$，73，87，…，以 $m/z=31$，45，59 等离子峰与烯烃相区别。

⑤ 酚和芳醇。酚和芳醇裂解的特点如下。

（Ⅰ）分子离子峰很强。

（Ⅱ）最具特征性的离子峰是由于失去 CO 或 CHO 基团形成的 $(M-28)^+$ 或 $(M-29)^+$ 峰，

如苯酚得到 $m/z=65$，66 的碎片离子。

（Ⅲ）甲基取代酚、甲基取代苯甲醇等都有失水形成的 $(M-18)^+$ 峰，邻位时更易发生。

（Ⅳ）苯酚的 $(M-1)^+$ 峰不强，甲酚和苯甲醇的 $(M-1)^+$ 峰很强，芳香醇还伴有 $(M-2)^+$ 或 $(M-3)^+$ 峰。

⑥ 醛。醛裂解的特点如下。

（Ⅰ）分子离子峰明显，芳醛比脂肪族醛强。

（Ⅱ）α-裂解形成的与分子离子峰一样强（或更强）的 $(M-1)^+$ 峰是醛的特征峰。

（Ⅲ）$C_1 \sim C_3$ 的脂肪族醛的基峰是 CHO^+（$m/z=29$），高碳数直链醛中会形成 $(M-29)^+$ 峰。

（Ⅳ）芳醛易形成苯甲酰阳离子（$C_6H_5CO^+$，$m/z=105$）。

（Ⅴ）具有 γ-H 的醛，能发生麦氏重排，产生 $m/z=44$ 的离子峰，若 α-位有取代基，就会出现 $m/z=44+14n$ 的离子峰，形成的重排峰离子往往是高碳数直链醛的基峰。

⑦ 酮。酮裂解的特点如下。

（Ⅰ）分子离子峰很明显。

（Ⅱ）α-裂解所形成的含氧碎片通常就是基峰，脂肪酮形成的含氧碎片为 $m/z=43$，57，71，…，$43+14n$ 等；芳酮的基峰与芳醛相同，是苯甲酰阳离子（$C_6H_5CO^+$，$m/z=105$）。

（Ⅲ）当有 γ-H 时，可能发生麦氏重排，但与醛不同的是可能发生两次重排。

⑧ 羧酸和酯。羧酸和酯裂解的特点如下。

（Ⅰ）发生 α-裂解生成 $m/z=45$ 和 $m/z=44$ 的离子。

（Ⅱ）有 γ-H 时，发生麦氏重排，得到奇电子离子 $m/z=60$，74，符合 $m/z=60+14n$。

（3）相对分子质量的测定

质谱的一个最大用途是用来确定化合物的相对分子质量。要得到相对分子质量，首先要确定分子离子峰，分子离子的质荷比（m/z）就是化合物的相对分子质量。分子离子峰一定是质谱中质量高端的离子峰，具有合理的质量丢失，应为奇电子离子且质量数符合氮规律。如果某离子峰完全符合这些条件，这个离子峰可能是分子离子峰；如果有一条不符合，这个离子峰就肯定不是分子离子峰。如果没有分子离子峰出现或分子离子峰不能确定时，则需要采取其他方法得到分子离子峰。常用的方法有：①降低离子源的解离能；②制备衍生物；③采取软电离方式。软电离方式往往得到准分子离子，然后由准分子离子推断出相对分子质量。

（4）分子化学式的确定

分子的化学式是化合物分子结构的基础。推测化合物的分子式主要采用高分辨质谱法。有时也采用低分辨质谱法。高分辨质谱仪可以精确地测定分子离子或碎片离子的质荷比（m/z），误差小于 10^{-5}。C、H、O、N 的相对原子质量分别为 12.000000、1.007825、15.994915、14.003074，利用元素的精确质量和丰度比，可求出元素组成。例如：CO、C_2H_4、N_2 的相对分子质量都是 28，但它们的精确质量值是不同的。对于复杂分子的化学式，由计算机完成复杂的计算是轻而易举的事，即测定精确质量值后由计算机计算给出化合物分子的化学式。这是目前最方便、快速、准确的方法，傅里叶变换质谱仪、双聚焦质谱仪、飞行时间质谱仪等都能给出化合物的元素组成。

在低分辨质谱仪上，对相对分子质量较小，分子离子峰较强的化合物，可以利用分子离子峰的同位素峰来确定分子式，称为同位素相对丰度法。有机化合物都是由 C、H、O、N 等元素组成的，这些元素具有同位素。由于同位素的贡献，质谱中除了有相对分子质量为 M 的分子离子峰外，还有相对分子质量为 $M+1$、$M+2$ 的同位素峰。不同的元素组成，同位素丰度不同，$(M+1)/M$ 和 $(M+2)/M$ 都不同，若以质谱测定分子离子峰及其同位素峰的相对丰度，就可以根据 $(M+1)/M$ 和 $(M+2)/M$ 的比值确定分子式。贝农(Beynon)等计算了包括 C、H、O、N 的各种组合的化合物的 M、$M+1$、$M+2$ 的丰度值，并编成质量与丰度表，如果知道了化合物的相对分子质量和 M、$M+1$、$M+2$ 的丰度比，即可查贝农表确定分子式。

（5）结构式的确定

从未知物的质谱图推断化合物分子结构式的步骤大致如下。

① 确定分子离子峰。由质谱中高质量端离子峰确定分子离子峰，求出相对分子质量，从峰强度可初步判断化合物类型及是否含有 Cl、Br、S 等元素，根据分子离子峰的高分辨数据，查贝农表，得到化合物的元素组成。

② 利用同位素峰信息。利用同位素丰度数据，通过查贝农表，可以确定分子的化学式。使用贝农表应注意两点：一是同位素的相对丰度是以分子离子峰为 100 为前提的；二是只适合于含 C、H、O、N 的化合物。

③ 由分子的化学式计算化合物的不饱和度，即确定化合物中环和双键的数目。

④ 充分利用主要碎片离子的信息，从两方面入手：一方面是特别要研究高质量端的离子峰，质谱高质量端离子峰是由分子离子失去碎片形成的，从分子离子失去的碎片，可以确定化合物中含有哪些取代基，从而推测化合物的结构。另一方面是研究低质量端离子峰，寻找不同化合物断裂后生成的特征离子和特征系列离子。例如：直链烷烃的特征离子系列为 $m/z = 15$，29，43，57，71，…，烷基苯的特征离子系列为 $m/z = 39$，65，77，91，…。根据特征离子系列可以推测化合物类型。

⑤ 综合上述各方面信息，提出化合物的结构单元。再根据样品来源、物理与化学性质等，提出一种或几种最可能的结构式。必要时，可联合红外吸收光谱和核磁共振波谱数据得出最后结果。

⑥ 验证所得结构。验证的方法有：将所得结构式按质谱裂解规律分解，看所得离子和未知物谱图是否一致；查该化合物的标准质谱图，看是否与未知谱图相同；寻找标样，做标样的质谱图，与未知物谱图比较等。

4.7.5　色谱-质谱联用技术

联用技术是指两种或两种以上的分析技术联合在线使用，以实现更快、更有效地分离和分析的技术或方法。最常用的是将分离能力最强的色谱技术和结构鉴别能力强的质谱或光谱检测技术相结合的联用技术。色质联用是将色谱与质谱联合使用的一种技术。

气相色谱-质谱联用技术(GC-MS)简称气-质联用，是应用十分广泛的一种方法。从原理上讲，所有的质谱仪都能与气相色谱仪联用，最理想的是使用傅里叶变换离子回旋共振质量仪(GC-FT-ICR-MS)。

液相色谱-质谱联用技术(LC-MS)简称液-质联用，主要用于氨基酸、肽、核苷酸及药物、天然产物的分离分析。LC-MS 中接口技术是关键，20 世纪 80 年代以后，LC-MS 的接口技术研究取得了突破性进展，出现了电喷雾电离(ESI)接口技术和大气压化学电离

（APCI）接口技术，使 LC-MS 成为真正的联用技术。

　　图 4-47 是环境空气质量监测中，使用 GC-MS 检测的汽车尾气中有机污染物总离子流色谱图。联用技术的形式多种多样，此处不再过多介绍。如有兴趣可参看相关文献资料。

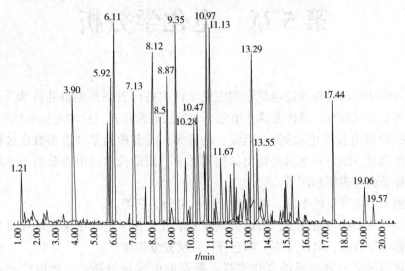

图 4-47　汽车尾气中有机污染物总离子流色谱图

第 5 章　电化学分析

电化学分析法是利用物质的电化学和电化学性质进行表征和测量的科学，是电化学和仪器分析的重要组成部分。具体来说，电化学分析法通常是通过检测电化学性质如电阻(或电导)、电位(电极电位或电动势)、电流、电量等，或者检测某种电参数在过程中的变化情况，或者检测某一组分在电极上析出的物质质量，根据检测的电参数与化学量之间的内在联系，对样品进行表征和测量。

根据所测量的电参量的不同，电化学分析法可分为三类。

第一类是在某些特定条件下，通过待测液的浓度与化学电池中某些电参量的关系进行定量分析，如电导分析、电位分析、库仑分析及伏安分析等。

第二类是通过某一电参量的变化来指示终点的电容量分析法，如电位滴定、库仑滴定等。

第三类是通过电极反应把被测物质转变为金属或其他形式的化合物，用重量分析法测定其含量，如电重量分析。

由于篇幅有限，本章只对电化学分析法中较为常用的方法做介绍，其他内容可参考有关著作和资料。

5.1　电化学分析法概述

电化学分析法是利用物质的电化学和电化学性质进行表征和测量的方法，因此需要首先就电化学分析法所涉及的基本概念及理论作一简单的介绍。

5.1.1　电化学电池

任何一种电化学分析法都是在一个电化学电池上实现的，电化学电池是化学能和电能的转换装置。要构成一个电化学电池，首要条件是该化学反应是一个氧化还原反应，或者在整个反应过程中经历了氧化还原的过程；其次必须给予适当的装置，使化学反应在电极上进行。每一个电化学电池至少有两个电极，分别或同时浸入适当的电解质溶液中，用金属导线从外部将两个电极连接起来，同时使两种电解质溶液接触，构成电流通路，电子通过外电路导线从一个电极流到另一个电极，在溶液中带正、负电荷的离子从一个区域移动到另一个区域以输送电荷。最后在金属-溶液界面之间发生电极反应。即离子从电极上取得电子或将电子交给电极，发生氧化-还原反应。如果两个电极浸在同一种电解质溶液中，这样构成的电池称为单液电池或无液体接界电池[如图 5-1(a)所示]。如果两个电极分别插在两种不同的电解质溶液中，这样构成的电池称为双液电池或有液体接界电池。两种电解质溶液之间可以用半透膜或烧结玻璃隔开，也可把两种电解质溶液放在不同的容器中，中间用盐桥相连[如图 5-1(b)所示]。用半透膜，烧结玻璃隔开或用盐桥连接两种电解质溶液，是为了避免两种电解质溶液的混合，同时又能让离子自由通过。通常采用较多的是双液电池，因为这类电池避免了两个半电池的各组分直接参与反应而降低电池的效率。

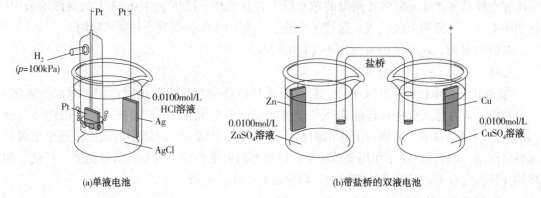

(a)单液电池　　　　　　　　　(b)带盐桥的双液电池

图 5-1　电化学电池

电化学电池分为原电池和电解池。无论是原电池还是电解池，凡是发生氧化反应的电极称为阳极，发生还原反应的电极称为阴极。单个电极上的反应称为半电池反应。若两个电极没有用导线连接起来，当半电池反应达到平衡状态时，没有电子输出。当用导线将两个电极连通构成通路时，整个电池才能工作，此时才能进行电化学测量。

在电化学研究中，为了简化起见，常用符号来表示化学电池。用符号表示化学电池的规定如下。

① 发生氧化反应的电极(阳极)写在左边，发生还原反应的电极(阴极)写在右边。

② 电池组成的每一个接界面用单竖线"│"隔开，两种溶液通过盐桥连接，用双竖线"‖"表示。当同一相中同时存在多种组分时，用","隔开。

③ 电解质溶液位于两电极之间，并应注明其浓(活)度。如有气体，应注明压力、温度，如未注明，则指 298.15K(25℃)及 100kPa(标准压力)。

④ 气体或均相的电极反应，反应物本身不能直接作为电极，要用惰性材料作电极。在图 5-1(a)所示的化学电池中，其半电池反应及电池符号分别如下。

半电池反应　　阳极 $H_2(g) \Longrightarrow 2H^+ + 2e^-$

阴极 $2AgCl + 2e^- \Longrightarrow 2Ag + 2Cl^-$

总反应式　　　$H_2 + 2AgCl \Longrightarrow 2H^+ + 2Ag + 2Cl^-$

电池符号

Pt，$H_2(p = 100kPa)$│$H^+(0.0100mol/L)$，$Cl^-(0.0100mol/L)$，$AgCl(饱和)$│Ag

5.1.2　电极种类

根据组成系统和作用机理不同，电极可以分成以下几类。

① 金属及其离子电极。这种电极是将金属插入含有此金属离子的盐溶液中构成的，它只有一个界面。如金属银与银离子组装的电极，简称为银电极。

电极组成 Ag│$Ag^+(x \, mol/L)$

电极反应 $Ag^+ + e^- \Longrightarrow Ag$

② 气体离子电极。将气体物质通入含有相应离子的溶液中，气体与其溶液中的阴离子组成平衡系统。由于气体不导电，需借助不参与电极反应的惰性电极(如铂或石墨)起导电作用，这样的电极称为气体电极。在这类电极中，标准氢电极是电化学中较为重要的电极。标准氢电极是将镀有一层多孔铂黑的铂片浸入含有氢离子浓度为 1.0mol/L 的硫酸溶液中，在 298.15K 时不断通入纯氢气，保持氢气的压力为 100kPa，氢气为铂黑所吸附。

电极组成 Pt，$H_2(p=100kPa) \mid H^+(1.0mol/L)$

电极反应 $H_2(g) \Longrightarrow 2H^+ + 2e^-$

③ 氧化还原电极。从广义上说，任何电极反应都包含氧化及还原作用，故都是氧化-还原电极。但习惯上仅将其还原态不是金属的电极称为氧化-还原电极。它是由惰性电极(如铂片或石墨)插入含有同一元素的两种不同氧化值的离子的溶液中构成的。这里金属只起导电作用，而氧化-还原作用是溶液中不同价态的离子在溶液与金属的界面上进行的。如将铂片插入含有 Fe^{3+} 及 Fe^{2+} 的溶液中，即构成 Fe^{3+}/Fe^{2+} 电极。

电极组成 $Pt \mid Fe^{3+}(x\ mol/L)$，$Fe^{2+}(y\ mol/L)$

电极反应 $Fe^{3+} + e^- \Longrightarrow Fe^2$

④ 金属及其难溶盐-阴离子电极。这类电极是在金属表面上覆盖一层该金属的难溶盐(或氧化物)，然后将其浸入含有该难溶盐阴离子的溶液中构成的，故又称为难溶盐电极，它有两个界面。如电分析化学中最常见的 Ag-AgCl 电极和甘汞电极就属此类电极。Ag-AgCl 电极是由在 Ag 丝上镀一层 AgCl，然后浸在一定浓度的 KCl 溶液中构成的，如图 5-2 所示。饱和甘汞电极(Saturated Calomel Electrode，SCE)是由金属汞和 Hg_2Cl_2(甘汞)以及饱和 KCl 溶液组成的电极，其构造如图 5-3 所示。

电极组成 Hg，$Hg_2Cl_2(s) \mid Cl^-(x\ mol/L)$

电极反应 $Hg_2Cl_2(s) + 2e^- \Longrightarrow 2Hg^+ + 2Cl^-$

饱和甘汞电极在使用前应浸泡于与内充液组成基本相同的溶液中，并放置一周。

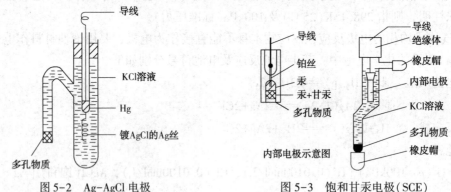

图 5-2 Ag-AgCl 电极　　　　图 5-3 饱和甘汞电极(SCE)

⑤ 离子选择性电极(Ion Selective Electrode，ISE)。以上四类电极均是以金属为基体的电极，也统称为金属基电极，其共同特点是电极反应中有电子交换发生，即氧化-还原反应发生，而离子选择性电极不同于这些电极。在电极上没有电子交换发生。离子选择性电极是一类电化学传感体，它的电极电位与溶液中给定的离子活度的对数呈线性关系。由于它们都具有敏感膜，故又称为膜电极。

根据电极所起的作用不同，电极可以分成以下几类。

① 工作电极。是指在测试过程中可引起试液中待测组分浓度明显变化的电极。

② 参比电极。在电化学测量过程中，具有恒定电位的电极称为参比电极。这样测量时电池的电动势的变化就直接反映了指示电极或工作电极的变化情况，使问题简单化。在电分析化学系统中，饱和甘汞电极和银-氯化银电极是最常用的参比电极。

③ 辅助电极(或对电极)。辅助电极(或对电极)与工作电极形成通路，它只提供电子传递的场所，在辅助电极上进行的电化学反应并非实验中需要研究或测试的。当电池通路流过的电流很小时，一般直接由指示电极或工作电极与参比电极组成二电极系统。但是，当电池通路流过的电流很大时，如果再用参比电极与工作电极组成电池，此时，参比电极的电位不再稳定不变，或系统(如溶液)的 IR 降太大，难以克服。在这种情况下，就要采用工作电极、参比电极和对电极所构成的三电极系统，其中目标物在工作电极上发生反应。产生的电流通过对电极构成回路，参比电极为工作电极提供其电极电位的变化情况。

当然，电极的其他分类方法很多。如根据电极的尺寸大小可分为常规电极，微电极和超微电极。根据所用电极是否修饰分为裸电极和修饰电极。根据电极材料的不同又分为碳电极、金电极、铂电极等。

5.1.3　化学电池热力学

众所周知，通过对一个系统的热力学研究能够知道一个化学反应在指定的条件下可能进行的方向和达到的程度，电能可以转变成化学能，反之亦然。如果一个化学反应设计在电池中进行，通过热力学研究同样能知道该电池反应能完成时需外界提供的最大能量，这是化学电池热力学的主要研究内容。

（1）电极电位

① 电极电位的产生。单个电极与电解质溶液界面的相间电位就是电极电位，而相间电位是如何产生的？又与哪些因素有关呢？

当电极插入溶液中，在电极和溶液之间便存在一个界面，在界面处的溶液和溶液本体的溶液的性质存在差别。金属可以看成是由离子和自由电子组成的。金属离子以点阵排列，电子在其间运动。如果把金属，例如锌片，浸入合适的电解质溶液(如 $ZnSO_4$)中，由于金属中 Zn^{2+} 的化学势大于溶液中 Zn^{2+} 的化学势，锌就不断溶解进入溶液。Zn^{2+} 进入溶液中，电子被留在金属片上，其结果是在金属与溶液的界面上金属带负电，溶液带正电，两相间形成了双电层。由于双电层电性相反，故两相间必存在一定的界面电位差，也称为相间电位差。这种双电层将排斥 Zn^{2+} 继续进入溶液，而金属表面的负电荷对溶液中的 Zn^{2+} 又有吸引，当双方达到动态平衡时，便在电极和溶液之间形成稳定的相间电位。由于分子热运动的原因，双电层结构具有一定的分散性，它可分为紧密层(也称为斯特恩层)和扩散层两部分，如图 5-4 所示。前者指溶液中与金属表面结合得比较牢固的那层离子，后者则为紧密层外侧的疏松部分。紧密层的厚度一

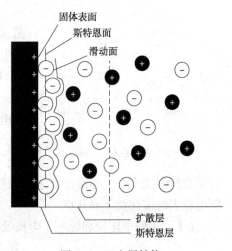

图 5-4　双电层结构

般只有 0.1nm 左右，而扩散层的厚度与金属的本性、溶液性质和浓度、表面活性物吸附以及溶液中分子的热运动有关，所以其变动范围通常在 $10^{-10} \sim 10^{-6}$ m 之间。正因为如此，双电层的相间电位除与金属本性、溶液性质和浓度、表面活性物吸附有关外，还与温度有关。

② 标准氢电极和标准电极电位。电极处于标准状态时的电极电位称为标准电极电位，通常用 E^0 表示。电极的标准态指参与电极反应的活性物质的浓（活）度均为 1mol/L，气体的分压为 100kPa，液体或固体为纯净状态，温度通常为 298.15K。可见，标准电极电位仅取决于电极的本性。

化学电池是由两个相对独立的电极构成的。但是到目前为止，还不能从实验上测定或从理论上计算单个电极的电极电位，而只能通过测得两个电极组成的化学电池的电动势来间接测定电极电位。因此，只需将欲研究的电极与另一个作为电位参比标准的电极组成原电池，即可表示为：标准电极 ‖ 待测电极。

通过测量该原电池的电动势，就能确定所研究电极的电极电位。原电池的电动势为

$$\varepsilon_{电池} = E_{阴} - E_{阳} - E_{j} - iR$$

式中，$E_{阴}$ 为阴极电极电位；$E_{阳}$ 为阳极电极电位；E_{j} 为液体接界电位；$\varepsilon_{电池}$ 为电池的电动势；iR 为溶液的电阻引起的电压降。

可以设法使 E_{j} 和 iR 降至忽略不计。这样上式可简化为 $\varepsilon_{电池} = E_{阴} - E_{阳}$。如果 $E_{阴}$ 或 $E_{阳}$ 是一个已知的电极电位，那么，由测得的电池电动势减去已知的电极电位，即可求得另一个电极的电极电位。按照国际纯粹与应用化学联合会（IUPAC）的建议，采用标准氢电极（SHE）作为标准电极，规定标准氢电极的电极电位等于零，此时原电池的电动势就作为该给定电极的相对电极电位，比标准氢电极的电极电位高的为正，反之为负。

标准氢电极是将镀有铂黑的铂片插入氢离子浓（活）度为 1mol/L 的硫酸溶液中，并在298.15K 时不断通入压力为 100kPa 的纯氢气，使铂黑吸附氢气达到饱和。这时溶液中的氢离子与铂黑所吸附的氢气建立了如下的动态平衡

$$2H^+ + 2e^- \Longrightarrow H_2(g)$$

被标准压力的氢气饱和了的铂片和 H^+ 浓（活）度为 1mol/L 的溶液间的电位差就是标准氢电极的电极电位，电化学上规定为零，即 $E^{\ominus}_{H^+/H_2} = 0.00V$。

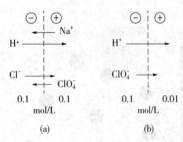

图 5-5　液接界双电层的产生

在实验中常采用三电极系统测得电池的电极电位（如图 5-5 所示），如银–氯化银电极与标准氢电极组成以下原电池：

$$Pt \mid H_2(100kPa)，H^+(1mol/L) \parallel Ag^+(1mol/L) \mid Ag$$

测出其电位势 $\varepsilon = +0.799V$，所以银–氯化银电极的标准电极电位就为 +0.799V。

运用同样方法，理论上可测得各种电极的标准电极电位，但有些电极与水剧烈反应，不能直接测得，可通过热力学数据间接求得。标准电极电位表给研究氧化还原反应带来了很大的方便，使用标准电极电位表时应注意下面几点。

（Ⅰ）为便于比较和统一，电极反应常写成：

$$氧化型 + ne^- \Longrightarrow 还原型$$

（Ⅱ）E^0 值越小，电对中的氧化态物质得电子倾向越小，是越弱的氧化剂，而其还原态

物质越易失去电子，是越强的还原剂。$E^\ominus$ 值越大，电对中的氧化态物质越易获得电子，是越强的氧化剂，而其还原态物质越难失去电子，是越弱的还原剂。较强的氧化剂可以与较强的还原剂反应，所以，位于表左下方的氧化剂可以氧化右上方的还原剂。也就是说，E 值较大的电对中的氧化态物质能和 E 值较小的电对中的还原态物质反应。

（Ⅲ）电极电位是强度性质，没有加和性。因此，E 值与电极反应的书写形式和物质的计量系数无关。仅取决于电极的本性，如

$$Br_2 + 2e^- \Longrightarrow 2Br^- \quad E^\ominus = +1.065V$$

$$2Br^- - 2e^- \Longrightarrow Br_2 \quad E^\ominus = +1.065V$$

$$2Br_2 + 4e^- \Longrightarrow 4Br^- \quad E^\ominus = +1.065V$$

（Ⅳ）使用电极电位时，一定要注明相应的电对。如 $E_{Fe^{3+}/Fe^{2+}} = 0.77V$，而 $E_{Fe^{2+}/Fe} = -0.44V$，两者相差很大，如不注明，容易混淆。

（Ⅴ）$E^\ominus$ 是水溶液系统的标准电极电位，对于非标准态、非水溶液系统，不能用 $E^\ominus$ 比较物质的氧化还原能力。

以标准氢电极（SHE）作为标准电极测电极电位时，在正常条件下，测得的电极电位可以达到很高的准确度（±0.000001V）。但它在使用时的条件要求十分苛刻，而且它的制备和纯化也比较复杂，在一般的实验室中难以有这样的设备，故在实验测定时，往往采用二级标准电极。Ag-AgCl 电极和饱和甘汞电极就是常用的二级标准电极。

（2）液体接界电位与盐桥

当两种不同种类或不同浓度的溶液直接接触时，由于浓度梯度或离子扩散使离子在相界面上产生迁移。当这种迁移速率不同时，会产生电位差或称为产生了液接电位。如图 5-5（a）所示，如果用一张隔膜（离子可以自由通过）将相同浓度的 HCl 和 NaClO₄ 溶液隔开，此时，两边溶液的正、负离子都会穿过隔膜进行扩散。对于 H^+ 和 Na^+，H^+ 自左边溶液迁移到右边，Na^+ 自右边溶液迁移到左边，虽然浓度相同，但是 H^+ 迁移速率大于 Na^+ 的迁移速率，所以在一定时间后，向右边的 H^+ 必然比向左边的 Na^+ 多，于是造成了隔膜右边的正离子过剩。又由于静电吸引的原因，这些过剩的正、负离子将集中于界面两侧，从而形成双电层。双电层形成以后，将妨碍离子的继续扩散，最终达到稳态（H^+ 和 Na^+ 以等速率通过界面），建立起一定的界面电位差。同时对 Cl^- 和 ClO_4^- 也存在同样的效应。

当隔膜两边是浓度不同的同一种电解质时，仍然会产生液接电位。如图 5-5（b）所示，两边均是 $HClO_4$ 溶液，但是浓度不等。左边为 0.1mol/L，右边为 0.01mol/L。起始时，由于两边浓度不等，溶质将从高浓度部分扩散到低浓度部分，即从左向右扩散，扩散时，H^+ 比 ClO_4^- 有更快的迁移速率，最后在界面右侧出现过量 H^+，左侧出现过量 ClO_4^-，由于静电吸引的原因，正、负离子将集中于界面两侧，从而形成双电层。由于双电层右侧带正电荷，使 H^+ 继续向右迁移的速率减慢；而 ClO_4^- 被右侧的正电荷吸引而加快迁移，最终达到两者速率相同，建立起一定的界面电位差。

一般情况下，液接电位比较小，但如果液接电位不稳定，必将影响测量电位的准确性，从而影响分析结果的准确度。因此，在电位分析法中，要求液接电位小且稳定。常用的消除液接电位的方法是：在两溶液之间用盐桥连接。盐桥是用阴、阳离子迁移速率相近的强电解质（如 KCl、KNO₃、NHNO₃等）的浓溶液充满 U 形管制成的。由于盐桥中电解质浓度很大，因此在两个溶液界面上，盐桥中的电解质的阴、阳离子分别向两个溶液中扩散；当盐

桥中电解质的阴阳离子迁移速率很接近时，产生的液接电位很小，而且在两个界面上的液接电位符号刚好相反，可以互相抵消，因此使用盐桥可以使液接电位基本上得到消除。盐桥的制作方法是将 3% 琼脂加入饱和 KCl 溶液（4.2mol/L）中，加热混合均匀，再注入 U 形管中，冷却成凝胶，两端以多孔砂芯密封。

（3）化学电池的电动势

电动势与吉布斯（Gibbs）函数变的关系。根据热力学原理，恒温恒压条件下反应系统吉布斯函数变的降低值等于系统能对外界做的最大有用功，即 $-\Delta G = W_{max}$。将一个能自发进行的氧化还原反应设计成一个原电池，在恒温恒压条件下，就可实现从化学能到电能的转变。电池所做的最大有用功即为电功。电功 W 中等于电动势 E 与通过外电路的电量 Q 的乘积，即 $W = EQ$；而 $Q = nF$，$E = E_{阴} - E_{阳}$，所以 $W_{电} = nFE = nF(E_{阴} - E_{阳})$，$\Delta G = -EQ = -nF(E_{阴} - E_{阳})$。式中：$F$ 为法拉第常数，$F = 96485C/mol$；n 为电池反应中转移电子的物质的量，mol。在标准态下，有 $\Delta G^{\ominus} = -nFE = -nF(E_{阴}^{\ominus} - E_{阳}^{\ominus})$，可以看出，如果知道了参加电池反应物质的 G，即可计算出该电池的标准电动势，这就为理论上确定电极电位提供了依据，同时也可以利用测定原电池电动势的方法确定某些离子的 $\Delta G^{\ominus}$，它是沟通化学热力学和电化学的桥梁。

电化学上的可逆性通常包含两层含义：一是指电池反应的化学可逆性；另一层是指热力学上的可逆性。化学可逆性是指当有相反方向的电流流过电池时，两极上发生的电极反应可逆向进行。如电池 $Zn \mid ZnSO_4(x\ mol/L) \parallel CuSO_4(y\ mol/L) \mid Cu$ 就属于此类。但不是所有的电池都具有化学可逆性。如电池 $Zn \mid H_2SO_4$（稀溶液）$\mid Cu$ 显然该电池就不具备化学可逆性。对于化学不可逆的电池在任何条件下，都是热力学不可逆的。

可逆电池还应具备热力学上的可逆性。等式 $\Delta G = -nFE$ 成立的前提是热力学可逆。热力学可逆是一种理想状态，只有在无限缓慢、接近平衡状态下进行的过程，才能接近热力学可逆。所以在实际测定某可逆电池的电动势时，应使电极上通过的电流无限小，即电极反应进行得无限缓慢，无论正向还是反向电流通过电极时，电极反应都必须在平衡电位下进行。这样电池才能做最大的有用功——电功（$W_{电}$）。若通过电极的电流不满足上述情况，电极附近将出现浓度差等现象而产生极化，破坏电池内部的平衡状态。并且由于充、放电时电流过大，电池本身有一定内阻，电流的通过导致一部分有用功转化为热效应，从而使实际测得的电动势偏离平衡值。因此，必须同时满足上述两个条件，才构成可逆电池。所以严格来讲，只有由两个可逆电极放在同一种电解质溶液中所形成的电池，而且通过电池的电流又是无限小的情况下，才能构成可逆电池。

标准电极电位是在标准状态下测定的，通常参考温度为 298.15K。如果条件（如温度、浓度、压力等）发生改变，则电对的电极电位也将随之发生改变。德国化学家能斯特将影响电极电位大小的诸因素，如电极物质的本性、溶液中相关物质的浓度或分压、介质和温度等因素概括为一个公式，称为能斯特方程式。即对于任意电极反应

$$a_{氧化型} + ne^- \rightleftharpoons b_{还原型} \tag{5-1}$$

能斯特方程为

$$E = E^{\ominus} + \frac{RT}{nF} \ln \frac{C^a_{氧化型}}{C^b_{还原型}}$$

对一个指定的电极来说，由上式可以看出，氧化型物质的浓度越大，则 E 值越大，即

电对中氧化态物质的氧化性越强，而相应的还原态物质是弱还原剂。相反，还原型物质的浓度越大，则 E 值越小，电对中的还原态物质是强还原剂，而相应的氧化态物质是弱氧化剂。电对中的氧化态或还原态物质的浓度或分压常因有弱电解质沉淀物或配合物等的生成而发生改变，使电极电位受到影响。

许多物质的氧化还原能力与溶液的酸度有关，如酸性溶液中 Cr^{3+} 很稳定，而在碱性介质中 Cr^{3+} 却很容易被氧化为 Cr^{6+}。再如 NO_3^- 的氧化能力随酸度增大而增强，浓 HNO_3 是极强的氧化剂，而 KNO_3 水溶液则没有明显的氧化性，这些现象说明溶液的酸度对物质的氧化还原能力有影响。

5.1.4 化学电池动力学

（1）电极反应的途径

在化学电池中，电极反应是在电极与电解液两相界面上发生的异相传递过程。对于发生于异相界面的电极反应，施加在工作电极上的电极电位大小表示了电极反应的难易程度，而流过的电流大小则表示了电极上所发生电极反应的速率。电极反应速率除受通常的动力学变量的影响之外，还与物质传递到电极表面的速率以及各种表面效应相关。总的电极反应的速率由一系列过程所控制，这些过程可能是以下几种。

① 物质传递。反应物从溶液本体相传递到电极表面以及产物从电极表面传递到溶液本体。

② 电极/溶液界面的电子传递（异相过程）。

③ 电荷传递反映前置或后续的化学反应。这些反应可能是均相反应，也可能是异相反应。

④ 吸附、脱附、电沉积等其他表面反应。

对于一个总的电极反应，其反应速率具体受哪个步骤控制，要由实验来确定。最简单的电极反应过程包括：反应物向电极表面的传递，非吸附物质参加的异相电子传递反应以及产物向溶液本体的传递。常见的更复杂的反应过程可能包括一系列的电子传递和质子化步骤，是多步的机理，或电极反应涉及了平行途径或电极的改性等。图 5-6 显示了一般电极反应的反应途径。需要指出的是，与一连串化学反应一样，电极反应速率的

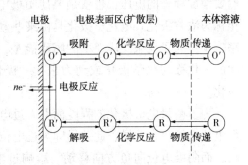

图 5-6 一般电极反应的反应途径

大小取决于阻力最大，因而进行得最慢的步骤，这一步骤称为决定电极反应速率的速率控制步骤。

（2）物质传递

电极反应是由一系列单元步骤组成的，当电荷传递的速率很大，而溶液中反应物向电极表面的传递或产物离开电极表面的液相传递速率跟不上时，总的电极反应速率由传质步骤控制，即传质步骤是电极反应的速率控制步骤。

传质步骤是指存在于溶液中的物质（可以是电活性的，也可以是非电活性的）从一个位置到另一个位置的运动，它的起因是两个位置存在电位差或化学势的差别，或是溶液体积

单元的运动。物质传递的形式有三种：扩散、电迁移和对流。

扩散是指在浓度梯度的作用下，带电或不带电的物质由高浓度区向低浓度区的移动。扩散过程可分为非稳态扩散和稳态扩散两个阶段。稳态扩散中，通过扩散传递到电极表面的反应物质可以由 Fick 扩散第一定律推导出。

电迁移是指在电场的作用下，带电物质的定向移动。在远离电极表面的溶液本体中，浓度梯度的存在通常是很小的，此时反应的总电流主要通过所有带电物质的电迁移来实现。电荷借助电迁移通过电解质，达到传输电流的目的。

对流是指流体借助本身的流动携带物质转移的传质方式。通过对电解液的搅拌（强制对流）、电极的旋转或因温差都可引起对流（自然对流），可以使含有反应物或产物的电解液传输到电极表面或本体溶液。

对于一般的电化学系统，必须考虑扩散、电迁移和对流三种传质方式对反应动力学的影响。但是，在一定的条件下，只是其中的一种或两种传质方式起主要作用。

（3）极化和过电位

在电化学系统研究中，电极反应的信息常常通过测定电流和电极电位的函数关系而获得。当有较大电流通过电池时，电极电位对平衡值发生偏离，或者当电极电位改变较大而电流改变较小的现象称为极化。极化是一种电极现象，电池的两个电极都可能发生极化。极化通常分为浓差极化和化学极化。浓差极化是由于电极反应过程中，电极表面附近溶液的浓度和溶液本体的浓度发生了差别所引起的。电解作用开始后，阳离子在阴极上还原，致使电极表面附近溶液阳离子减少，浓度低于内部溶液，这种浓度差别的出现是由于阳离子从溶液内部向阴极输送的速率，赶不上阳离子在阴极上还原析出的速率，在阴极上还原的阳离子减少了，必然引起阴极电流的下降，为了维持原来的电流密度，必然要增加额外的电压，也就是要使阴极电位比可逆电位更负一些。这种由浓度差引起的极化称为浓差极化。电化学极化是由某些动力学因素引起的。如果电极反应的某一步反应速率较小，为了克服反应速率的障碍能垒，必须额外加一定的电压。这种由反应速率小所引起的极化称为化学极化或动力极化。极化是一种电极现象，电池的两个电极都可能发生极化。

为了衡量电极极化的程度而引入过电位（超电位）的概念。由于极化，使实际电位和平衡电位之间存在差异，此差异即为过电位（超电位）。当极化出现时，阳极电位向正方向移动，而阴极电位向负方向移动。影响过电位的因素主要有电极的材料、电极反应的产物、温度、搅拌情况和电流密度等。目前，过电位的数值还无法从理论上加以计算。人们根据经验，对过电位总结了以下规律。

① 过电位随电流密度的增大而增大。

② 过电位与电极材料有关。在锡、铅、锌、银、汞等"软金属"电极上，过电位都较大，尤其是汞电极。

③ 产物为气体的电极过程，过电位都较大。

④ 温度升高，过电位将降低。

过电位的研究对于生产、理论和实验方面均具有重要意义。对电分析化学而言，同样重要。如在电解分析、库仑分析等都要涉及过电位，尤其是伏安分析法。

5.2 电导

电导分析法也是电分析化学的一个重要分支。最早用于测定溶度积、离解常数和电解质溶液其他性质的一种方法。该方法有极高的灵敏度，但几乎没有选择性。因此在分析中应用不广泛。它的主要用途是测定水体中的总盐量及电导滴定。近几年，应用电导池作离子色谱的检定器。它的应用得到发展。

5.2.1 电导分析的基本原理

电解质溶液同金属导体一样，能够导电，遵守欧姆定律。在一定温度，一定浓度的电解质溶液的电阻 R 与电极间的距离 L 成正比，同电极面积 A 成反比，即

$$R = \rho L/A \tag{5-2}$$

式(5-2)中 ρ 为电阻率，单位为 $\Omega \cdot cm$。电导 G 是电阻 R 的倒数，其单位为西门子（S）。于是

$$G = 1/R = A/\rho L = kA/L = k/\theta \tag{5-3}$$

式中 $k = 1/\rho$，称为电导率。电导率与电阻互为倒数关系。电导率是两电极面积分别为 $1cm^2$，电极间距离为 $1cm$ 时溶液的电导值，其单位为 $S \cdot cm^{-1}$。$\theta = L/A$，称为电导池常数，对于某一电导池来说，它是固定值。

电解质溶液的导电是通过离子来进行的，因此电导率与电解质溶液的浓度及其性质相关。单位体积内离子的数目越多，离子的迁移速度越快，离子所带电荷数越高，则电导率就越大。为了比较各种电解质溶液的导电能力，引入了摩尔电导率的概念。摩尔电导率是指含有 $1mol$ 电解质的溶液，在相距 $1cm$，面积为 $1cm^2$ 两个电极间所具有的电导，以 Λ 表示，其单位为 $S \cdot cm^2 \cdot mol^{-1}$。设含 $1mol$ 某电解质溶液的体积为 $V(mL)$，则 $V = 1000/c$（$mL \cdot mol^{-1}$）。

根据摩尔电导率的定义，Λ 与 k 的关系为 $\Lambda = kV = 1000k/c$

于是

$$k = \Lambda c/1000 \tag{5-4}$$

将式(5-4)代入式(5-3)中，则

$$G = \Lambda c/1000\theta \tag{5-5}$$

当电解质溶液极稀，即溶液无限稀释时，离子间的相互作用可以忽略不计，溶液的总电导等于各离子电导之总和，即

$$G = \frac{1}{1000} \frac{1}{\theta} \sum_i \Lambda_i c_i \tag{5-6}$$

式中，Λ_i 为 i 离子的摩尔电导率，c_i 为 i 离子的浓度。

测量溶液的电导实际就是测量溶液的电阻。但是测量溶液的电导不能用直流电源，否则会导致电极产生电解作用，使电极表面附近的溶液组成发生变化，给电导的测量带来严重误差。一般采用 $50Hz$ 交流电源，电导较高时，为了防止极化现象宜采用 $1000 \sim 2500Hz$ 的高频电源。

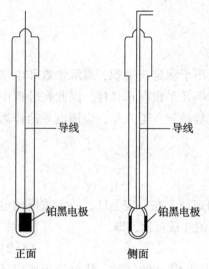

导线

导线

铂黑电极

铂黑电极

正面

侧面

图 5-7　电导电极结构示意图

测量溶液电导的电极称为电导电极，一般用铂片制成。将一对大小相同的铂片按一定几何形状固定在玻璃环上就构成电导电极，如图 5-7 所示。电导电极分为镀铂黑和光亮两种。在测定电导较大的溶液时要用铂黑电极，测定电导较小的溶液(如测定蒸馏水的纯度)时应选用光亮电极。为了测定电导率，必须知道电导池常数 θ。有些市售的电导仪，其电极都标注有电导池常数，也可通过测量标准 KCl 溶液的电阻，再按式(5-3)求得。

5.2.2　电导分析方法

电导分析法可分为直接电导法和电导滴定法两类。

(1) 直接电导法

直接电导法是直接根据溶液电导来确定待测物质的含量的。由式(5-5)可知

$$G = KC \tag{5-7}$$

式中，K 与实验条件有关，当实验条件一定时为常数。根据溶液的电导求得溶液浓度的方法与直接电位法类似，也可采用标准曲线法和标准加入法。

由于溶液的电导是溶液中各种离子电导之和，而各种离子的摩尔电导率值又不相同，因此直接电导法只能确定溶液中混合离子的总浓度，不能测定其中某种离子的含量。但对单一组分的溶液，由于直接电导法使用的仪器简单，灵敏度高，操作简便，所以直接电导法仍然有应用。该法不仅可用于定量分析，还可用来测定某些常数，如介电常数、弱电解质的解离常数、反应速率常数等。特别是用于检验高纯水的纯度以及用于生产过程的在线控制非常有效和简便。此外，还可用作色谱分析的检测器。

(2) 电导滴定法

电导滴定法是利用滴定过程中被滴定溶液电导的变化来指示化学计量点的滴定方法。类似于电位滴定法，在滴定过程中随着反应物和产物浓度的变化，被滴定溶液的电导就随之变化。在化学计量点附近电导的变化率最大。为减少滴定剂的加入所引起的稀释作用，滴定剂的浓度应比电解质的浓度至少大 10 倍，甚至 100 倍。

图 5-8 为几种不同酸碱体系的电导滴定曲线。图 5-8(a)为强碱 NaOH 滴定强酸 HCl 的电导滴定曲线。强酸和强碱离解出的 H^+ 和 OH^- 的电导率都很大，其他离子的电导率与 H^+ 和 OH^- 相比小得多，中和反应产物 H_2O 的电导率极小。在滴定开始前溶液中 H^+ 浓度很大，所以溶液电导很大，随着 NaOH 的滴入，溶液中 H^+ 浓度减小，使溶液的电导降低，在化学计量点时电导最小；过了化学计量点后由于 OH^- 过量，溶液的电导又增大。图中曲线转折点即为滴定终点。图 5-8(b)为 $NH_3 \cdot H_2O$ 滴定 HCl 的滴定曲线，化学计量点前溶液电导随 H^+ 浓度减小而迅速下降，化学计量点时电导最小，过了化学计量点后，由于 $NH_3 \cdot H_2O$ 中 OH^- 浓度较小，所以电导无明显增大。图 5-8(c)为 NaOH 滴定 H_3BO_3($K_a = 5.7 \times 10^{-1}$)的滴定曲线；图 5-8(d)为 NaOH 滴定 HOAc($K = 1.8 \times 10^{-5}$)的滴定曲线；图 5-8(e) HCl 滴定

NaOAc 的滴定曲线；图 5-8(f) 为 $NH_3 \cdot H_2O$ 滴定 HOAc 的滴定曲线；图 5-8(g) 为 NaOH 滴 HCl–HOAc 混合酸的滴定曲线(图中 A 为滴定 HCl 的化学计量点，B 为滴定 HOAc 的化学计量点)。

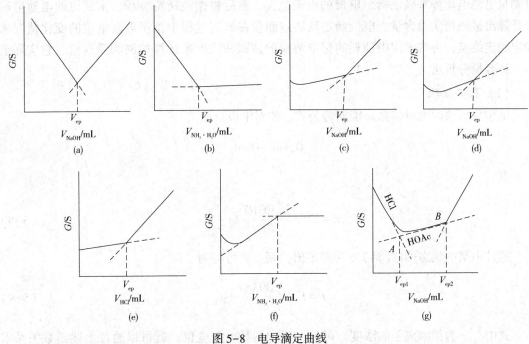

图 5-8　电导滴定曲线

　　由此可见，酸碱电导滴定可用于滴定极弱的酸或碱(K_a 或 K_b 为 10^{-10})，也能用于滴定弱酸盐或弱碱盐以及强、弱混合酸。在普通滴定分析或电位滴定中这些都是无法进行的，因此是电导滴定的一大优点。电导滴定法还可用于反应物与产物电导相差较大的沉淀滴定——络合滴定和氧化还原滴定体系。

5.3　电位分析法

　　电位分析法是利用电极的电极电位和溶液中某种离子的活度(或浓度)之间的关系来测定被测物质活度(或浓度)的一种电分析化学方法，它以测定电池电动势为基础。化学电池的组成是以被测试液作为电解质溶液，并于其中插入两个电极，一支是电极电位与被测试液的活度(或浓度)有定量函数关系的指示电极，另一支是电极电位稳定不变的参比电极。通过测量该电池的电动势来确定被测物质的含量。

　　电位分析法具有如下特点：选择性好，在多数情况下，共存离子干扰很小，对组成复杂的试样往往不需经过分离处理就可直接测定。灵敏度高，直接电位法的相对检出限一般在 $10^{-8} \sim 10^{-5} mol/L$。因此，特别适合于微量组分的测定。而电位滴定法则适用于常量分析。仪器设备简单，操作方便，分析速度快，易于实现分析的自动化。测定只需很少试液，并可做原位测量。因此，电位分析法应用范围很广，尤其是离子选择性电极，目前，已广泛用于轻工、化工、生物、石油、地质、医药卫生、环境保护、海洋探测等各个领域中，并已成为重要的测试手段。

5.3.1　电位分析法的基本原理

电位分析法根据其原理的不同可分为直接电位法和电位滴定法两大类。直接电位法通过测量电池电动势来确定指示电极的电极电位，然后根据能斯特方程，由测得的电池电动势计算出被测物质的含量。电位滴定法通过测量在滴定过程中指示电极电位的变化情况来确定滴定终点，再按滴定中消耗的标准溶液的体积和浓度来计算被测物质含量。它实际上是一种容量分析法。

（1）基本原理

电位分析法的测量依据是能斯特公式。如对电极反应

$$O_x + ne \rightarrow Red$$

有

$$E = E^{\ominus} + \frac{2.303RT}{nF} \lg \frac{c_{O_x}}{c_{Red}} \tag{5-8}$$

若其中某一状态的浓（活）度为固定值，则上式可写为

$$E = K \pm \frac{2.303RT}{nF} \lg c_x \tag{5-9}$$

式中，c_x 为待测离子的浓度。可见，通过测量电极电位，就可以通过上述函数关系求出有关离子的活度（或浓度）。

由于单个电极的电极电位的绝对值无法测量，所以可以将它和另一个电极电位值固定，并将已知的电极共同浸入试液中组成原电池，通过测定其电动势，就可以求出有关离子的浓度。因此，电位分析法一般需要两个电极，一个是指示电极，其电极电位与待测离子的浓度有关，能指示待测离子的浓度变化；另一个是参比电极，其电极电位具有恒定的数值，不受待测离子浓度变化的影响。

（2）指示电极

在电位分析中，指示电极包括两类：金属基电极和离子选择性电极。金属基电极（以金属为基体的电极）是电位分析法早期被采用的电极。其共同特点是电极反应中有电子交换反应，即氧化还原反应发生。只有少数几种金属基电极能在直接电位法中用于测定溶液中的离子浓度，但干扰严重，未得到广泛应用。目前，仅少数几种在电位滴定中作指示电极和参比电极，最常用的指示电极是离子选择性电极。

（3）参比电极

参比电极要求电极电位恒定，重现性好。在电位分析中，通常采用饱和甘汞电极、Ag-AgCl电极等作参比电极。

5.3.2　离子选择性电极的类型与响应机理

离子选择性电极的种类很多，根据敏感膜的类型，1975 年国际纯粹与应用化学联合会推荐的关于离子选择性电极的命名与分类如下：

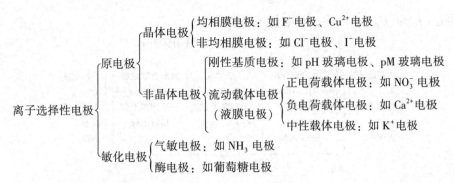

离子选择性电极 {
　原电极 {
　　晶体电极 {
　　　均相膜电极：如 F⁻ 电极、Cu²⁺ 电极
　　　非均相膜电极：如 Cl⁻ 电极、I⁻ 电极
　　}
　　非晶体电极 {
　　　刚性基质电极：如 pH 玻璃电极、pM 玻璃电极
　　　流动载体电极（液膜电极）{
　　　　正电荷载体电极：如 NO_3^- 电极
　　　　负电荷载体电极：如 Ca²⁺ 电极
　　　　中性载体电极：如 K⁺ 电极
　　　}
　　}
　}
　敏化电极 {
　　气敏电极：如 NH₃ 电极
　　酶电极：如葡萄糖电极
　}
}

离子选择性电极的基本构造包括三部分：①敏感膜。②内参液。它含有与膜及内参比电极响应的离子。③内参比电极。通常用 Ag-AgCl 电极，但也有离子选择性电极不用内参液和内参比电极，它们在晶体膜上压一层银粉，把导线直接焊在银粉层上，或把敏感膜涂在金属丝或金属片上制成涂层电极。

离子选择性电极的膜电位与有关离子浓度的关系符合能斯特公式，但膜电位的产生机理与其他电极不同，膜电位的产生是离子交换和扩散的结果，而没有电子转移。测量溶液 pH 值时常用的 pH 玻璃电极就是最早的离子选择性电极。

最早问世（1906 年）的离子选择性电极是玻璃电极，也是对其研究最多的离子选择性电极。下面对 pH 玻璃电极的结构作简要介绍。

典型的 pH 玻璃电极如图 5-9 所示。电极的核心部分是电极下端的球形玻璃泡（也有平板式玻璃膜），由特殊成分玻璃制成，膜厚 30～100μm。玻璃膜的化学组成对 pH 电极性能影响较大。球泡内充注饱和的 KCl 溶液，作为内参比溶液，并以 Ag-AgCl 电极作内参比电极，浸入内参比溶液中，其内参比电极的电极电位是恒定的，与待测溶液的 pH 值无关。由于玻璃膜的电阻很高，所以要求电极有良好的绝缘性能，以免发生旁路漏电现象，影响测定。pH 玻璃电极能测定溶液的 pH 值，主要是由于它的玻璃膜（敏感膜）产生的膜电位与待测溶液的 pH 值有特殊的关系。

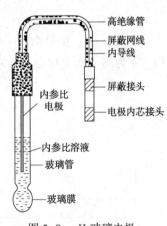

高绝缘管
屏蔽网线
内导线
屏蔽接头
电极内芯接头
内参比电极
内参比溶液
玻璃管
玻璃膜

图 5-9　pH 玻璃电极

这种玻璃膜的结构是由固定的带负电荷的硅酸晶格组成骨架（以 GL⁻ 表示），在晶格中存在体积较小，但活动能力较强的 Na⁺，其活动起导电作用。当玻璃电极长时间浸泡在水溶液中时，膜的表面便形成一层厚度为 0.05～1μm 的水合硅胶层。水合硅胶层是产生膜电位的必要条件。所以玻璃电极在使用之前必须在水中浸泡相当长的时间，以便形成稳定的水合硅胶层，如图 5-10 所示。浸泡后，玻璃电极水合硅胶层表面的 Na⁺ 与水溶液中的质子发生的交换反应为

$$H^+ + Na^+GL^- \longrightarrow Na^+ + H^+GL^-$$
溶液　　玻璃膜　　溶液　　水合硅胶层

当玻璃膜与试液接触时，由于外部试液与玻璃膜的外水合层，以及内参比溶液与玻璃膜的内水合层中 H⁺ 的浓度不同，H⁺ 就会从高浓度向低浓度扩散。扩散的结果，破坏了界面附近原来正、负电荷分布的均匀性。于是，在两相界面附近就形成双电层结构，从而产生

了相界电位($E_外$和$E_内$)。最终，膜电位可以表示为

$$E=K+0.0592 \lg a_1 = K-0.0592 \text{pH} \tag{5-10}$$

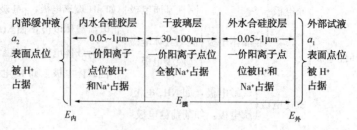

图 5-10　浸泡后玻璃电极膜示意图

5.3.3　离子选择性电极的性能指标及特点

（1）离子选择性电极的性能指标

评价某一种离子选择性电极的性能优与劣或某一个电极的质量好与差时，通常可用下列一些性能指标来加以衡量。

① 检测限与线性范围。离子选择性电极的电极电位随被测离子活度的变化而变化，其膜电位与被测离子活度的关系可表示为

$$E_膜 = K \pm \frac{RT}{nF} \ln a_i \tag{5-11}$$

式中，正、负号由离子的电荷性质决定，"+"号表示阳离子电极，"−"号表示阴离子电极；n 为离子的电荷数；K 为常数。对不同的电极，K 值不同，它与电极的组成有关。

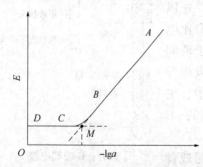

图 5-11　电极的校正曲线和检测下限

以电极的电极电位对响应离子活度的负对数作图，所得的曲线称为标准曲线。在一定的活度范围内，校准曲线呈直线（AB），这一段为电极的线性响应范围。当活度较低时，曲线就逐渐弯曲。如图 5-11 所示。检测限是灵敏度的标志。在实际应用中定义为 AB 与 CD 两外推线的交点 M 处的活度（或浓度）值。

② 电极选择性系数。在同一敏感膜上，可以对多种离子同时进行程度不同的响应，因此膜电极的响应并没有绝对的专一性，而只有相对的选择性。电极对各种离子的选择性，可用选择性系数来表示。当有共存离子时，膜电位与响应离子 i^{n+} 及共存离子 j^{m+} 的关系，由尼柯尔斯基（Nicolsky）方程式表示为

$$E_膜 = K + \frac{RT}{nF} \ln(a_i + K_{i,j}^{\text{pot}} a_j^{n/m}) \tag{5-12}$$

从式（5-12）可以看出，选择性系数越小，则电极对 i^{n+} 及共存离子 j^{m+} 的选择性越高。如 $K_{i,j}^{\text{pot}}$ 等于 10^{-2}，表示电极对 i^{n+} 的敏感性为 j^{m+} 的 100 倍。

③ 响应时间。膜电位是响应离子在敏感膜表面扩散及建立双电层结构的结果。电极达到这一平衡的速率，可用响应时间来表示，它取决于敏感膜的结构本性。国际纯粹与应用化学联合会将响应时间定义为静态响应时间：从离子选择性电极与参比电极一起接触试液时算起，直至电池电动势达到稳定值（变化在 1mV 以内）时为止所经过的时间，称为实际响

应时间。在实际工作中，通常采用搅拌试液的方式来增大扩散速率，缩短响应时间。它与下列因素有关。

（Ⅰ）与待测离子到达电极表面的速率有关。搅拌可以增大被测离子到达电极表面的速率，因而可以缩短响应时间。

（Ⅱ）与待测离子的活度有关。同一支离子选择性电极浸入不同浓度的待测溶液，响应时间是不同的。一般电极在浓溶液中的响应时间比在稀溶液中要短。

（Ⅲ）与介质的离子强度有关。在通常情况下，当试液中的共存离子为非干扰离子时，它们的存在会缩短响应时间。

（Ⅳ）共存离子为干扰离子时，对响应时间有影响。干扰离子往往会使响应时间延长。

（Ⅴ）与电极膜的厚度、光洁度有关。在保证电极有良好机械性能的前提下，电极的敏感膜越薄，响应时间越短；电极的敏感膜越光洁，响应时间越短。

（2）离子选择性电极的特点

① 应用范围广。能用于测定许多阴、阳离子及有机离子、生物成分，特别是用于测定其他方法难于测定的碱金属离子，并且能用于气体分析。

② 方法的测定浓度范围宽，能达到几个数量级。

③ 适用于作为工业流程自动控制及环境检测设备中的传感器，仪器简单。

④ 能制成微型电极，甚至制成管径小于 $1\mu m$ 的超微型电极，用于单细胞及活体检测。

⑤ 电位分析法反映的是离子的活度，因此适用于测定化学平衡的活度常数，如解离常数、配合物的稳定常数、溶度积常数等，常常作为研究热力学、动力学及电化学等基础理论的重要手段。

5.3.4　电位分析法的应用

（1）直接电位法

① pH 值的测定。用电位分析法测定溶液的 pH 值，是以玻璃电极作指示电极，饱和甘汞电极作参比电极，浸入试液中，组成原电池，用酸度计来测量原电池的电动势。其测量装置如图 5-12 所示。其电池可以表示为

$$Ag \mid AgCl \mid HCl \mid 玻璃膜 \mid 试液(a_{H^+}) \parallel KCl(饱和) \mid Hg_2Cl_2 \mid Hg$$

为了使用方便，酸度计是直接以 pH 值作为标度的。在 25℃ 时，每单位 pH 标度应该相当于 59.2mV 的电位变化值(该值称为电极的电极系数)。测量时，先用标准缓冲溶液校正仪器上的标度，使标度上所指示的值恰好为标准缓冲溶液的 pH 值，然后换上待测试液，便可直接测得其 pH 值。但由于玻璃电极的实际电极系数不一定恰好为 59.2mV，为了提高测量的准确度，所以测量时所选用的标准缓冲溶液的 pH 值应当与试液的 pH 值接近(最好不超过 3 个 pH 值单位)，并根据试液的温度，用仪器上的温度补偿器调整 pH 标度的电极系数。实践证明，pH 玻璃

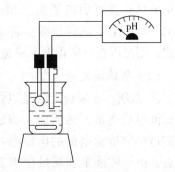

图 5-12　pH 值测量装置示意图

电极的玻璃膜必须经过水化，才能对 H^+ 有敏感响应，因此，pH 玻璃电极在使用前应该在蒸馏水中浸泡 24h 以上，使其活化。每次测量后，也应当把它置于蒸馏水中保存，使其不

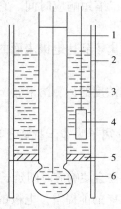

图 5-13　复合 pH 电极
结构示意图

1—玻璃电极；2—电极管；
3—参比电极电解液；
4—参比电极元件；
5—微孔隔离材料；
6—保护套

对称电位减小并达到稳定。用常规玻璃电极测定溶液 pH 值需要另选一支参比电极，与之配对组成测量电池，实际操作起来不甚方便。为此，又研制了复合 pH 电极，它通常由两个同心玻璃套管构成，其结构如图 5-13 所示。内管为常规的玻璃电极，外管实际为一参比电极，参比电极主件为 Ag/AgCl 电极或 Hg/Hg$_2$Cl$_2$电极，下端为微孔隔离材料层，防止电极内、外溶液混合，又为测定时提供离子迁移通道，起到盐桥装置的作用。

由于复合 pH 电极是由玻璃电极和参比电极组装起来的单一电极体，所以只要把复合 pH 电极的引线接到酸度计上，并将电极插入试样溶液中，即可进行 pH 值测定。使用复合 pH 电极省去了组装玻璃电极与饱和甘汞电极的程序，特别有利于小体积溶液 pH 值测定。

② 离子活（浓）度的测定。电位分析法测定离子活（浓）度的装置如图 5-14 所示。按分析过程的不同测量的具体方法有多种，下面介绍常用的两种方法。标准曲线法。这种方法是首先配制一系列标准溶液，分别测出其电动势 Φ，然后在直角坐标纸上作 Φ-lg$c$ 曲线（称为工作曲线或者标准曲线），再在同样条件下测出未知溶液的电动势 Φ，从标准曲线上即可查出未知溶液的浓度。这种方法的关键是控制离子的活度系数。因为离子选择性电极的膜电位反映的是离子的活度而不是浓度，但在一般的分析中要求测浓度。浓度与活度之间有如下关系：$a = \gamma c$

在稀溶液中（$c < 10^{-3}$mol/L），活度系数 $\gamma \approx 1$，浓度较大时，只有当离子活度系数固定不变时，工作电池的电动势才与被测离子的浓度呈直线关系。因此在测定时，必须把浓度很大的惰性电解质加入标准溶液和待测溶液中，使它们的离子强度很高而且接近一致，从而使两者的活度系数几乎相同。所加的这种惰性电解质溶液通常称为总离子强度调节缓冲剂（Total Ionic Strength Adjustment Buffer，TISAB）。它除了固定溶液的离子强度外，还起着缓冲和掩蔽干扰离子的作用。

③ 标准加入法。标准曲线法要求标准溶液与待测试液具有接近的离子强度和组成，否则就会因 γ 值的不同而造成测定误差。若采用标准加入法进行测定，则可以在一定程度上减免这一误差。

（2）电位滴定法

① 原理。电位滴定法是以指示电极、参比电极与试液组成电池，然后加入滴定剂进行滴定，观察滴定过程中指示电极的电极电位的变化。在计量点附近，由于被滴定物质的浓度发生突变，所以指示电极的电位产生突跃，由此即可确定滴定终点。电位滴定法的测量仪器如图 5-14 所示，滴定时用磁力搅拌器搅拌试液以增大反应速率使其尽快达到平衡。电位滴定法的基本原理与普通的滴定分析法并无本

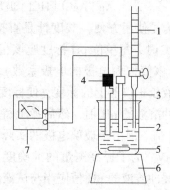

图 5-14　电位滴定法的测量仪器

1—滴定管；2—滴定池；3—指示电极；
4—参比电极；5—搅拌子；
6—电磁搅拌器；7—电位计

质的差别，其区别主要在于确定终点的方法不同。

② 终点的确定。在电位滴定法中，终点的确定方法主要有电位-滴定剂体积曲线、一阶导数法、二阶导数法和直线法等，下面仅介绍电位-滴定剂体积曲线法。取一定体积的试液于小烧杯中，在电磁搅拌下，每加入一定量的滴定剂，就测量一次溶液电动势，直到超过计量点为止。在计量点附近，电动势的变化很快，应当每加 0.1～0.2mL 滴定剂就测量一次电动势。以滴定剂的体积为横坐标，电动势为纵坐标，作电位-滴定剂体积曲线，如图 5-15 所示。作两条与滴定曲线呈 45°夹角的切线，在两切线间作一条垂线，通过垂线的中点作一条切线的平行线，它与曲线相交的点即为滴定终点。

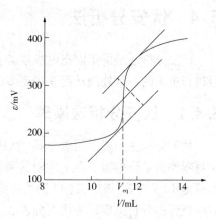

图 5-15　电位-滴定剂体积曲线

此外，滴定终点尚可根据滴定终点时的电动势值来确定。此时，可以先将从滴定标准试样获得的经验计量点作为确定终点电动势值的依据。这也就是自动电位滴定的方法依据之一。自动电位滴定有两种类型：一种是自动控制滴定终点，当到达终点电势时，即自动关闭滴定装置，并显示滴定剂用量；另一种类型是自动记录滴定曲线，自动运算后显示终点时滴定剂的体积。

③ 应用。电位滴定的反应类型与普通容量分析完全相同。滴定时，应根据不同的反应选择合适的指示电极。滴定反应类型有下列四种。

（Ⅰ）酸碱反应。可用玻璃电极作指示电极。

（Ⅱ）氧化还原反应。在滴定过程中溶液中氧化态物质和还原态物质的浓度比值发生变化可采用惰性电极作指示电极，一般用铂电极。

（Ⅲ）沉淀滴定。根据不同的滴定反应，选择不同的指示电极。例如：用硝酸银滴定卤素离子时，在滴定过程中，卤素离子浓度发生变化，可用银电极来反映。目前，则更多采用相应的卤素离子选择性电极。

（Ⅳ）配位滴定。以 EDTA 进行电位滴定时，可采用两种类型的指示电极。一种是应用于个别反应的指示电极，如用 EDTA 滴定 Ca^{2+} 时，则可用 Ca^{2+} 选择性电极作指示电极。另一种是能够指示多种金属离子浓度的电极可称为 pM 电极，这时在试液中加入 Cu-EDTA 配合物，然后用 Cu^{2+} 选择性电极作指示电极，当用 EDTA 滴定金属离子时，溶液中游离的 Cu^{2+} 的浓度受游离 EDTA 浓度的制约，所以 Cu^{2+} 选择性电极的电位可以指示溶液中游离 EDTA 的浓度，间接反映被测金属离子浓度的变化。

④ 特点。

（Ⅰ）准确度高。测定的相对误差可低至 0.2%。

（Ⅱ）可用于难以用指示剂判断终点的有色溶液、浑浊溶液的测定。

（Ⅲ）可用于非水溶液的滴定。某些有机物的滴定需要在非水介质中进行，一般缺乏合适的指示剂，可以用电位滴定法测定。

（Ⅳ）能用于连续自动滴定，并适用于微量分析。

5.4 伏安分析法

伏安分析法是采用固态电极或静止的悬汞电极作为测量电极，伏安分析法可以对电信号进行更多的后续处理从而获得更多的有用信息。

5.4.1 伏安分析法原理

伏安分析法一般采用贵金属（如 Pt、Au 等），玻碳电极以及惰性导电的金属材料或非金属材料作为工作电极。在不搅动的测试溶液中对工作电极上的实时电流进行测定，并做出电极电位(V)与电极电流(A)的关系曲线，称之为伏安曲线，简称伏安图。采用该种电化学方法进行的分析测定称为伏安分析法。

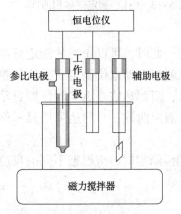

图 5-16　电分析化学三电极
测量系统示意图

电化学伏安分析法的测定体系由工作电极、参比电极与辅助电极以及溶液体系构成，可分别组成两电极体系和三电极体系。图 5-16 是三电极电化学测量系统的示意图。具有电化学氧化还原活性的物质在工作电极表面上进行电化学反应，电化学反应转移的电子通过工作电极形成电流信号。由于电化学分析测定的基本都是微量或痕量的物质，形成的电极电流往往微弱，需要通过恒电位仪或电化学测试仪器进行微电流的检测放大。参比电极是为了给工作电极提供一个参考电位，要求其在使用过程中稳定可靠，一般使用饱和甘汞电极、Ag-AgCl 电极等。在使用中不能有电流通过参比电极，否则会引起参考电位的漂移，因而要求恒电位仪的参比电极输入端的输入阻抗尽量高，以减少参比电极工作时的工作电流。辅助电极一般采用惰性贵金属 Pt 片或 Pt 丝，其主要作用是给工作电极提供电流的通路，与工作电极的电流形成闭环回路，因参比电极上的电流很小可忽略，所以通过工作电极的电流与辅助电极的电流相等。

溶液体系主要由支持电解质底液、酸碱缓冲溶液、被测物质等组成。支持电解质的加入是为了减小或消除溶液电阻的影响。由于溶液存在一定的电阻，当有电流通过工作电极与辅助电极之间的溶液时，将会形成一定的电压降。参比电极与工作电极之间的溶液电压降，将会叠加在参比电压的信号之上，这样会造成参比电压发生偏差，尤其在伏安信号峰值时。因而在测定溶液中必须添加一定浓度的支持电解质，同时参比电极的安装位置也有一定的讲究，应尽量靠近工作电极的表面，理想的参比电极是采用鲁金毛细管并将毛细管的一个端口接近工作电极的表面双电层的界面上。

早期为了简化电分析测试系统，采用两电极测定体系，取消了辅助电极，将参比电极与辅助电极的测量端连接在一起，由参比电极代替了辅助电极的作用。这种两电极体系，由于通过工作电极的电流全部通过参比电极，容易造成参比电极的电位漂移和不稳定，另外溶液电阻产生的电压降直接叠加在参比电极的参比电压上，造成参比电压的不准确，随着电流大小而波动。电流通过参比电极将会造成参比电极内的化学物质进行电化学反应而损耗，参比电极会因较多使用或较大电流的使用后而损坏。但在微量物质测定时，由于测定的含量很低，电流信号很小，有时候这种影响不大，但现在一般不推荐使用两电极电化学测量系统。

5.4.2 伏安分析法种类与特点

伏安分析法是将直流线性扫描电压加在工作电极与参比电极之间，测量工作电极与辅助电极环路上流过的电流大小记为电极电流。记录直流线性扫描电压与电极电流的曲线图。从曲线图中测量伏安极谱峰的大小，根据峰高或峰面积进而计算测定物质的含量。工作电极上获取直流扫描电压的方式有单向扫描（阴极扫描、阳极扫描）和循环扫描等，图 5-17 给出了不同扫描方式的电极电位变化示意图。循环扫描可以根据氧化还原峰的出现与否、峰电位的位置、电位差以及峰形面积等，考察电化学活性物质在电极表面进行电化学反应的可逆性，对电化学反应机理进行研究，进而探讨如何提高测定的灵敏度。

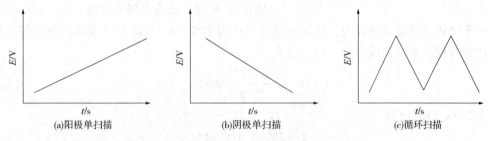

图 5-17　不同扫描方式的电极电位变化示意图

电化学伏安分析方法的灵敏度很高，电极电流可以检测到 $10^{-8} \sim 10^{-9} A$，甚至更低。电极表面的状态、吸附物质的改变等任何微小的变化都将引起电极电流的改变，而固体电极表面的微观状态、双电层的分布、不同电位下的作用以及微量物质的吸附解吸，在每次测定中都会发生不同程度的微小变化。由于灵敏度很高，反映到测定信号会有一定的波动，使得每次测定要保持一定的精密度和重现性有一定的难度。伏安分析法的工作电极是由在测定电位范围内，具有电化学惰性的导电材料制成，常用的有 Pt、Au、Ag 等贵金属电极、玻碳电极、悬汞电极、汞膜电极等。玻碳电极具有电化学惰性、氢过电位高和电位使用范围大的优点而得到广泛使用，但重现性不佳，表面需要进行精细的打磨处理。悬汞电极由可调节装置控制，可以控制每滴悬汞的体积大小，并且每次测定都可以使用新的悬汞以保证每滴汞表面的新鲜和结果的重复性，但存在污染和后处理麻烦的问题。汞膜电极常常是在玻碳电极表面，采用电化学电镀预沉积方法，先在其表面形成汞膜再在汞膜电极上进行测定。一次测定结束，将汞膜电解溶出，重复电沉积-测定-电解溶出这样可以保证每次测定用的汞膜电极具有很好的重复性，也可以在电预沉积时与测定的金属元素一同电沉积，形成汞齐并富集，可以提高灵敏度，这种电化学共沉积的方法叫溶出伏法或溶出分析法。

（1）线性扫描伏安分析

线性扫描伏安法一般采用三电极体系，线性扫描伏安法是在工作电极与参比电极之间加上一个随时间线性变化的电压，同时记录通过工作电极与辅助电极之间的电流，从而获得电极电流与电位之间的伏安关系曲线，即线性扫描伏安图。电极电位与时间的关系为

$$E = E_0 \pm vt$$

式中，v 为电压扫描速度，V/s；E_0 为电极起始扫描电位，V；t 为扫描时间，s。

对于可逆电极过程，当施加在电极表面的电位达到电活性物质的分解电压时，电极反应即可进行，其表面浓度与电位的关系符合能斯特方程。随着线性扫描电压的进行，电极

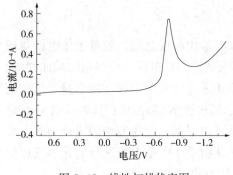

图 5-18　线性扫描伏安图

电流急剧上升，电极表面反应物的浓度迅速下降，而产物浓度上升。由于受到物质扩散速度的影响，溶液本体反应物不能及时扩散迁移到电极表面进行补充，产物不能及时完全离开电极表面因而造成电极反应物质的"匮乏"和产物的"堆积"，电极电流迅速下降，形成峰形伏安线。若线性扫描电压继续进行，水溶液中会发生电解水而形成析氢或析氧峰。图 5-18 是阴极还原伏安扫描图（从左到右扫描），在 -1.2V 之后为电极表面电化学析氢反应的起始峰，此时开始为电解水溶液。

对于电化学可逆电极反应，通过电极过程动力学和 Fick 扩散定律求解，可以得到线性扫描伏安方程，其电极反应特征峰电流为

$$I_p = 0.452 \frac{n^{3/2}F^{3/2}}{R^{1/2}T^{1/2}} A D_0^{1/2} v^{1/2} c_0 \tag{5-13}$$

在 298K 时简化为

$$I_p = 269 n^{3/2} A D_0^{1/2} v^{1/2} c_0 \tag{5-14}$$

式中，n 为电极反应电子转移数；A 为电极有效面积，cm^2；D_0 为电极反应物质在溶液中的扩散系数，cm^2/s；v 为电极电位扫描速度，V/s；c 为电极反应物质的本体浓度，mol/L；I_p 为峰电流，A。在电极面积 A 固定的条件下，电流方程可以简化为：$I_p = kv^{1/2}c$。

该公式表明电极反应的峰电流与电极反应物质的浓度成正比，这是线性扫描伏安法定量测量的理论依据。一般线性扫描伏安法测定的最佳浓度范围为 $10^{-4} \sim 10^{-2} mol/L$。电极反应的峰电流与电极电位扫描速度的 1/2 次方成正比，提高扫描速度可以提高测定的灵敏度。但对于不可逆电极过程，由于电极反应速度慢，在快速扫描时电极反应的速度跟不上极化速度，伏安曲线将不出现电流峰，因而对于电极反应速度较慢的物质应选用较慢的电位扫描速度。

对于可逆电极反应，伏安曲线上的峰电位与电解液本体溶液的组成和浓度有关，与扫描速度无关，峰电位的表达式为

$$E_p = E_{1/2} \pm 1.1RT/nF \tag{5-15}$$

当电极反应电子转移数 $n = 1$ 时，电流峰电位比平衡电位后移 $28.5 \sim 31.5mV$。电流峰的上升速度非常快，在起始 10% 上升到峰值所对应的电极电位变化约为 100mV。当电极反应为不可逆时（半可逆或完全不可逆），峰电位 E_p 随扫描速度 v 的增大而负（或正）移。

线性扫描伏安法所获得的伏安曲线，可以看成是循环伏安法的初始循环的一支，与循环伏安法循环扫描后的谱图存在一定的差别。对所获得的伏安曲线进一步作一次微分、二次微分、半积分、半微分、1.5 次微分、2.5 次微分处理，可以改善谱峰的形貌并得到更高的灵敏度和分辨率。

经典的极谱电分析是采用滴汞电极作为工作电极，滴汞表面不断更新，有着一定的特性。电化学的动力学研究很多都是通过滴汞电极的极谱分析建立的，但是由于汞的环境污染问题，现在已经很少有使用滴汞电极的了。

（2）方波伏安分析

方波伏安法是将经典极谱法中所用的不断更新的滴汞电极改变成固态电极、静态悬汞电极或汞膜电极等。一般采用三电极体系，在电极上施加线性扫描电压的同时叠加一个小振幅的方波信号，测定通过电极的方波信号所引起的交流信号的大小，而获得电极扫描电位与交流信号的关系图，即方波伏安图。

相对于直流电而言，交流电更容易通过电容器。因而交流伏安法存在的一个主要问题是交流电能够较容易地通过电极表面的双电层电容，引起的电容电流的本底电流较大而形成干扰，方波伏安法能够克服和消除电容电流的影响。方波伏安法是将一频率通常为 $225\sim250Hz$、振幅为 $10\sim30mV$ 的方波电压叠加在线性扫描电压信号上。通过测定叠加上的低频率小振幅（$<50mV$）方波交流电压在每次方波电压结束改变方向前瞬间通过电解池的电流信号，得到方波瞬间电流 i 与电位 E 的关系图，则称为方波伏安图。方波伏安法与交流伏安法相比有更高的灵敏度，一般可以提高 $1\sim2$ 个数量级。对于电极反应为可逆的物质，灵敏度可达 $4\times10^{-8}mol/L$，对于电极反应部分可逆的物质，灵敏度相对较低，在 $10^{-6}mol/L$ 左右。方波伏安具有较高波峰的分辨率，一般可达 $40mV$。

（3）脉冲伏安分析

脉冲伏安法是在方波伏安法的基础上，通过改进方波信号的占空比而发展起来的。一般采用三电极体系，在电极上施加线性扫描电压的同时叠加一个小振幅的脉冲电压信号，通过测定电极的脉冲信号所引起的交流信号的大小，获得电极扫描电位与交流脉冲信号的关系图，即脉冲伏安图。

为了消除方波伏安存在的缺陷，改进了方波信号的占空比，即减小了方波电压的时长，相对延长了休止时间，形成了脉冲信号，因而相对降低了方波脉冲的频率。其仪器设计与电路工作原理与方波伏安基本相同。

脉冲伏安按所施加的脉冲电压的方式不同，可分为常规脉冲伏安（又称积分脉冲伏安）和微分脉冲伏安（又称导数脉冲伏安）。脉冲伏安法的测试方式有利于电化学电极反应的进行，特别是可逆性较差的物质，灵敏度会发生明显的改善。需特别注意的是，脉冲伏安法所用的电极为"固定态"导体电极，而脉冲极谱法所用电极为滴汞电极，滴汞电极在使用过程中，其表面积在不断长大和更新，在加电脉冲时，需要考虑到滴汞的速度和周期，因为滴汞的速度一般较慢、周期较长。在脉冲极谱中，控制电脉冲的周期与滴汞的周期一致，以保证每个脉冲有近似的汞滴面积，因而不能采用较高电位扫描速度。在脉冲伏安法中，由于电极面积基本固定不变，其电脉冲的周期无须考虑与汞滴的同步问题，因而有利于电位扫描速度的提高，更灵活，便于测定和数据处理。

（4）循环伏安分析法

循环伏安法一般采用三电极体系，由固态金属电极、玻碳电极或滴汞电极作为工作电极，Pt 丝或 Pt 片作为助电极，与恒电位的参比电极组成。为了减小溶液电阻，在测定底液中加入一定浓度的支持电解质。在工作电极上施加随时间线性变化的电压，同时检测通过工作电极的微电流。以工作电极的电压/电位为横坐标，以工作电极为微电流为纵坐标作关系图，得到电位与电流的关系曲线，由于电极电位随时间在一定电位区间范围内，由起始电位到终止电位往复循环扫描，因而简称为循环伏安，其方法称循环伏安法。循环扫描的次数可以是一次，也可以是多次，一般在前几次循环扫描中，伏安图会发生一定的改变，多次循环扫描后达到动态稳定而重复，多次循环可以考察电极表面扩散和电化学反应过程的动态平衡情况。

循环伏安法在工作电极上施加的三角波电位如图 5-19 所示，起始电位 E_i 开始沿某一方向变化，到达终止电位 E_m 后，又反方向回到起始电位。变化一周为一次循环，可以进行多次循环。当溶液中有能够被氧化还原的电化学活性物质存在时，电位由低电位向高电位方向变化时，电极电位逐步升高，电极表面发生电化学氧化反应；反之，当电位由高电位向低电位方向变化时，电极电位逐步降低，电极表面发生电化学还原反应。根据溶液测量物质不同，扫描电位也可以从高到低再回扫到高电位的方式。相应地，在循环伏安图中可以得到两支对应的 $i-E$ 曲线，若前半部扫描是去极剂在电极上被还原的阴极过程，在后半部扫描过程中是还原产物又重新被氧化的阳极过程。因此一次三角波扫描，完成一个去极剂电化学还原和氧化过程的循环，其典型的循环伏安图如图 5-20 所示。图中几个主要参数是：峰电位 E_p，有氧化峰电位 E_{pa} 和还原峰电位 E_{pc} 之分；峰电流 i_p，有氧化峰电流 i_{pa} 和还原峰电流 i_{pc} 之分；扫描起始电位 E_i，终止电位 E_p，电位扫描速率 v 等。

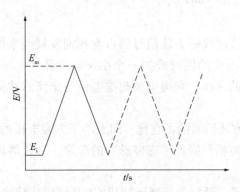

图 5-19　单/多循环扫描电压曲线

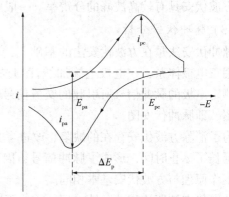

图 5-20　单循环伏安曲线

由于循环伏安法一般是在静止的溶液中进行的，在电极表面进行的电化学氧化还原的物质和新产生的物质短时间内几乎停留在电极表面和双电层附近。在电极反应速率较快的可逆反应中，溶液中扩散的速率一时跟不上电化学反应的速率，在电极表面容易形成电化学反应物质的瞬间"匮乏"或电化学反应产物的瞬间"饱和"，在伏安曲线上表现为峰形走势曲线信号。当电化学反应完全可逆时，即电化学反应的物质在电极上可以被氧化和还原重复进行，则循环伏安图中有类似的上下镜像反转对称的性质。当电化学反应完全不可逆时，即电化学反应的物质在电极上只能进行电化学氧化反应或只能进行还原反应，则循环伏安图中仅出现单向的一支伏安峰形图，循环伏安曲线的两个峰电流的比值以及两个峰电位的值和差值是循环伏安法中最为重要的参数，结合扫描速度等可以进行电极反应机理的研究。

考察确定循环伏安扫描的电位范围，首先要考虑到电极的使用电位范围，不能使电极本身发生明显的氧化还原反应。同时要避免电极表面发生无用的电解水或电解底液的反应，电解水将会产生很大的电流信号而造成干扰。一般要求在未加测定物质的纯底液中，所选择考察电位的范围内应为一条基本稳定的基线，或两端略微存在发生电解水峰的起始信号。这条基线的特征应该仅主要表现为纯溶液电阻和电极表面的电容特性。这与电解质溶液的底波组成和浓度、电极的性质、表面粗糙度、电极表面积以及设定的灵敏度相关，若这条基线的斜率较大，应该适当增加支持电解质的浓度以降低溶液电阻。图 5-21 为罗丹明 B（RhB）在玻碳电极上的循环伏安曲线（a）与本底空白曲线（b）的对比图。

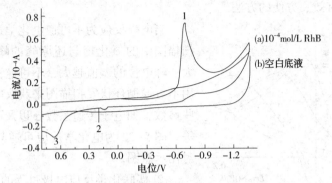

图 5-21　罗丹明 B（RhB）在玻碳电极上的循环伏安曲线

1—阴极扫描（电极电位由正向负）时出现的还原峰；2，3—阳极扫描（电极电位由负向正）时
出现的不同物质或基团的氧化峰，氧化峰与还原峰不对称，表明此电化学电极反应是不可逆的

循环伏安测量体系是由氧化还原电活性物质、支持电解质与电极体系构成的。同一氧化还原溶液体系、不同的电极、不同的支持电解质，有着不同的效果和电化学反应机理，可得到不同的循环伏安曲线图。因此，寻找合适的电极和电极处理方法以及与之配套的支持电解质，同时利用不同的电化学参数和对各种影响因素的考察，进行氧化还原体系的电化学性质的研究是电分析化学的一个重要任务。

① 可逆、准可逆、不可逆电极过程的判据。

循环伏安法可用来判断电极过程的可逆性，如果电极反应的速率常数很大，同一电极质应在阴极还原和阳极氧化过程中两个方向进行的速率相等，而且符合能斯特方程，则得到上下两支曲线基本对称的伏安图，其两个峰电位之差为 $2.3RT/nF$［或 $(59/n)$ mV，25℃，一般在 $(57/n \sim 63/n)$ mV 之间］，阳极电流与阴极电流之比为 1，这是可逆体系的基本特征。若电极反应率常数小，电极表面的反应物质不能在电极表面瞬间反应完全，则会偏离能斯特方程，两峰电位之差大于 $(59/n)$ mV，不可逆性增大。两峰电位之愈大愈不可逆。不同电极过程的判据见表 5-1。

表 5-1　可逆、准可逆、不可逆电极过程的判据

伏安参数	可逆 $O+ne^- \rightleftharpoons R$	准可逆	不可逆 $O+ne^- \xrightarrow{k_f} R$
电位响应性质	E_p 与 v 无关，25℃　$E_{pa}-E_{pc}=\dfrac{59}{n}$ mV 与 v 无关	E_p 随 v 移动，在低 v 时，$E_{pa}-E_{pc}$ 接近 $\dfrac{60}{n}$ mV，v 增加时，此值亦增大	v 增加 10 倍，E_p 移向阴极化 $\dfrac{30}{\alpha n}$ mV
电流函数性质	$i_p/v^{1/2}$ 与 v 无关	$i_p/v^{1/2}$ 与 $v^{1/2}$ 无关	$i_p/v^{1/2}$ 对扫描速率是常数
阳极电流 i_{pa} 与阴极电流 i_{pc} 比的性质	$i_{pa}/i_{pc}=1$ 与 v 无关	仅在 $\alpha=0.5$ 时，$i_{pa}/i_{pc}=1$	反扫时没有电流

注：表中符号 E_p—峰电位；i_{pa}—氧化峰电流；n—电子转移数；E_{pa}—氧化峰电位；i_{pc}—还原峰电流；α—电荷转移系数；E_{pc}—还原峰电位；v—电位扫描速率；k_f—正向电极反应速率常数；i_p—峰电流。

对于完全可逆体系，符合能斯特方程，反应产物稳定，阴极峰与阳极峰电流相等 $i_{pa}=i_{pc}$，可以通过阴、阳两极峰电位的数值除 2 得到标准电极电位。这是采用循环伏安法测定标准电极电位的有效、方便的方法。

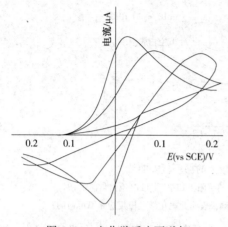

图 5-22　电化学反应可逆与
不可逆伏安图谱的对比

当电极反应为不可逆电化学过程，其循环伏安扫描图中的氧化峰与还原峰的峰值电位差相距较大。峰电位的差值越大，不可逆程度越大。可以利用不可逆循环伏安扫描图来获取电化学动力学的一些参数，如电子传递系数 α 以及电极反应速率常数等。图 5-22 为电化学反应可逆与不可逆伏安图的对比示意图。

② 偶联化学反应电极过程的判据。

在电极表面进行电化学反应过程中，同时伴随有化学反应的进行。根据反应进行的顺序可有多种情况，化学反应前行于电极反应、化学反应随后于电极反应、化学反应平行于电极反应。当电极反应产生的物质在电极表面进行化学反应，化学反应产生的物质正好是电极反应前的物质，则又在电极表面进行电化学反应，形成[电化学反应-化学反应-]，链式循环应，这种化学反应平行于电极反应，其电活性物质的作用如同催化剂，极大地放大了电解电流，可以有效地提高灵敏度。表 5-2 列出了偶联化学反应电极过程的几种特性和判据。

表 5-2　偶联化学反应电极过程的判据

	化学反应前行于电极反应	化学反应随后于电极反应		催化反应
		可逆随后化学反应	不可逆随后化学反应	
伏安参数性质	$Z \underset{k_{-1}}{\overset{k_1}{\rightleftharpoons}}$ $O+ne^-\rightleftharpoons R$ $K=\dfrac{k_1}{k_{-1}}$	$O+ne^-\rightleftharpoons R\underset{k_{-1}}{\overset{k_1}{\rightleftharpoons}}Z$ $K=\dfrac{k_{-1}}{k_1}$		$O+e^-\rightleftharpoons R$ Z k
电位响应性质	E_p 随 v 的增加而移向阳极化	E_p 随 v 增加而移向阴极化，若 k_1+k_{-1} 大，K 小，则 v 每增加 10 倍，E_p 移动近 $\dfrac{60}{n}$mV	在低 v 时，E_p 向阴极化移动 $\dfrac{30}{n}$mv 在较高 v 时，E_p 移动较少	E_p 随 v 增加移向 10 倍，移动的大小通过 $\dfrac{60}{n}$mV 这一极大值 在 k/α① 的两极端，E_p 与 v 无关
电流函数性质	当 v 增加，$i_p/v^{1/2}$；减小	v 改变，$i_p/v^{1/2}$ 基本恒定	$i_p/v^{1/2}$ 与 v 无关	在低 v 值时，$i_p/v^{1/2}$ 随 v 的增加而增加，并逐渐变为与 v 无关

续表

	化学反应前行于电极反应	化学反应随后于电极反应		催化反应
		可逆随后化学反应	不可逆随后化学反应	
伏安参数性质	$Z \underset{k_{-1}}{\overset{k_1}{\rightleftharpoons}}$ $O+ne^- \rightleftharpoons R$ $K=\dfrac{k_1}{k_{-1}}$	$O+ne^- \rightleftharpoons R \underset{k_{-1}}{\overset{k_1}{\rightleftharpoons}} Z$ $K=\dfrac{k_{-1}}{k_1}$	不可逆随后 化学反应	$O+e^- \rightleftharpoons R$ Z k
阳极电流与阴极电流之比的性质	i_{pa}/i_{pc} 一般 >1，且随 v 的增加而增加在低 v 时趋近于 1	v 减小，i_{pa}/i_{pc} 由 1 减小	i_{pa}/i_{pc} 随 v 增加趋近于 1	$i_{pa}/i_{pc}=1$
其他	但化学反应慢，K 具有中等数值时，电流响应低	如果 K 小，化学反应快，则除电位移动外，为可逆电荷跃迁的典型响应		当 k/a 变大时，响应接近 ⎍ 形状

① $\alpha = \dfrac{nFv}{RT}$。

注：表中 v 为扫描速度；k_1、k_{-1} 分别为正向及逆向化学反应速率常数。

5.4.3　伏安分析法的应用

　　伏安分析法是近年来迅速发展的高灵敏度的测试手段之一，由捷克电化学家海洛夫斯基教授创建的极谱学，半个世纪以来，在电子学发展的推动下，无论在理论、仪器与实验技术及应用方面都获得了很大发展。以下是在伏安分析原理简介的基础上，简要列举伏安分析法的应用实例。

　　① 循环伏安法。

　　通过快速线性扫描方式在电解池两电极之间施加等腰三角形脉冲电压，控制电压范围使电极上能交替发生还原和氧化反应，并记录电流-电势曲线。根据曲线形状可以判断电极反应的可逆程度、氧化还原反应中间产物、相界吸附或新相形成的可能性，以及偶联化学反应的性质等。常用来测量电极反应参数，判断其控制步骤和反应机理，并观察整个电位扫描范围内可发生哪些反应，及其性质如何。对于一个新的电化学体系，首选的研究方法往往就是循环伏安法，可称之为"电化学的谱图"。例如：NiO 在 0.5V 的电压下理论比电容可高达 2573F/g，并且其价格低廉、化学和热稳定性较高，因此经常被用作超级电容器材料。NiO 的电化学性能随着其微观形貌的改变，表现出明显的差异。如图 5-23 是泡沫 Ni 和通过超声处理合成的纳米 NiO 负载在泡沫上形成的 NiO-Ni 作为工作电极的伏安曲线。

　　由于 NiO 的法拉第氧化还原反应的影响，NiO-Ni 的伏安曲线表现出有两个强峰，这是典型的赝电容行为。在 0.35V 观察到了氧化峰，此时 NiO 转化为 NiOOH，在 0.19V 时观察到可逆反应的还原峰。根据氧化还原机理，NiO 电极的电荷存储按照以下方式进行：

$$NiO+OH^- \rightleftharpoons NiOOH$$

$$Ni(OH)_2+OH^- \rightleftharpoons NiOOH$$

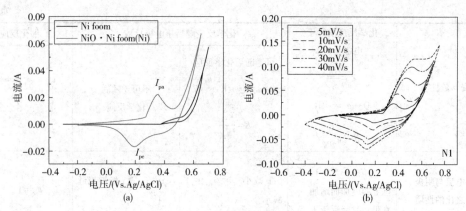

(a)原始泡沫 Ni 和 NiO 涂覆的泡沫循环伏安曲线，扫速：5mV/s；

(b)不同扫速的循环伏安曲线。Pt 为对电极，Ag/AgCl 为参比电极，1M NaOH

作为电解质溶液。(Journal of Colloid and Interface Science，2016，471，136-144)

图 5-23 伏安电线

与 NiO-Ni 电极相比，Ni 电极的相应电流很小，这说明 Ni 对 NiO-Ni 电极的电容作用几乎可以忽略。在纳米结构 NiO 电极中观察到明显的氧化还原峰，这是由于 NiO 电子或离子转移机制的作用，说明该电极具有较高的电容和良好的可逆性。NiO-Ni 电极在不同的扫速下的 CV 曲线显示相同的趋势，但是电流密度和电位峰值不同。增加了扫描速率氧化还原过程的电流密度，阳极和阴极峰向正负区域发生偏移。根据以下公式计算 NiO 电极的比电容：

$$C_s = \frac{\int IdV}{vxmx\Delta V} \tag{5-16}$$

C_s 是特定条件下的 NiO 比电容(F/g)，v 是扫速(mV/s)，m 是作活性物质 NiO 的质量(g)，ΔV 是施加的偏压，积分项等于 CV 曲线下的面积。

比电容随着扫描速率的增加而减小。主要是因为在低扫描速率下，羟基(OH⁻)离子具有足够的时间扩散到 NiO 电极中；在高扫描速率下，离子的扩散时间较短，到达材料表面的 OH⁻ 离子数量有限，因此表现出较低的比电容值。

② 溶出伏安法。

是一种很灵敏的方法，检测限可达 $10^{-7} \sim 10^{11}$ mol/L。通过适当的阳极或者阴极过程，恒电位预电解一定时间，使痕量待测组分在电极上沉积。然后用于与预电解相反的电极过程，使富集在该电极上的物质重新溶解下来，根据溶出过程中所得到的伏安曲线来进行定量分析(溶出极化曲线溶出峰的电流与被测物质的浓度成正比)。

例如具有沸石拓扑结构的咪唑酸酯骨架(ZIF)是一类重要的金属有机框架(MOF)材料。通过简单的溶液法制备特定的 ZIF-8，其与壳聚糖(CS)分散剂混合形成 ZIF-8-CS 的复合物，然后将该混合物用作制备化学改性的电极，进行重金属离子的溶出伏安分析，修饰电极的流程如图 5-24 所示。结果表明，化学修饰的 ZIF-8 电极材料可以同时检测到 Hg^{2+}、Cu^{2+}、Pb^{2+} 和 Cd^{2+} 的溶出峰。这主要是因为 ZIF-8 是一种高性能的多空吸附剂，具有较大的表面积，当电极上施加恒定的负电位时，多孔结构和咪唑配体的许多吸附位可以有效吸附溶液中的重金属离子，并且金属离子被还原为零价的金属态。当从低电位到高电位进行正向扫描时，还原后的金属被氧化。监测这些氧化峰，根据氧化峰的电流强度可得到金属离子浓度。另一方面，由于不同的金属具有不同的氧化电势，可以同时分析不同的金属离子。因此 ZIF-8 可作为 Hg^{2+}、Cu^{2+}、Pb^{2+} 和 Cd^{2+} 的灵敏分析的高性能溶出伏安响应电极材料。

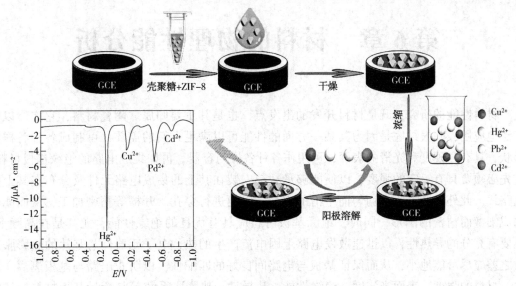

图 5-24　ZIF-8-CS/GCE 修饰电极的制备及阳极溶出伏安法分析 Hg^{2+}、Cu^{2+}、Pb^{2+} 和 Cd^{2+}（Journal of Electroanalytical Chemistry，2019，835，293-300）

第6章　材料的物理性能分析

材料性能的研究，既是材料开发的出发点，也是其重要归属。陶瓷材料，它之所以能广泛地应用，归根结底是因为其某一方面的性能可以满足人们的需要，可制成各种各样的形状，具有高硬度和光滑的表面，可用作各种各样的容器。再如集成电路的绝缘基板材料，首先必须要具有一定的强度，以便能够承载起安装在其上的集成电路元件及分布在其上的电路线，此外，还需要有均匀而平滑的表面，以便进行穿孔、开槽等精密加工，从而能够构成细微而精密的图形，同时，绝缘基板材料应具有优良的绝缘性能，尤其是在高频下，还要有充分的导热性，以迅速散发电路上因电流产生的热，电子元器件与基片的热膨胀系数之差应尽可能地小，从而保证基板与电路间良好的匹配性，以防止电路与基板剥离。总之，材料的强度、表面光洁度、绝缘性能、热导性、热膨胀系数等是衡量基板材料好坏的重要指标。环氧树脂等高分子材料是较好的基板材料，但它们的导热性能不好。氧化铝的导热性能约为环氧树脂的30倍，故氧化铝是重要的基板材料，比氧化铝的导热性更好，更有希望作基板材料的是氧化铝单晶(亦称为蓝宝石)，其导热系数比氧化铝烧结体大4倍，却难以获得合适的薄片形状。碳化硅导热性较好，约10倍于氧化铝，硬度高，可精密加工，热膨胀系数接近硅，但由于是半导体，致密烧结非常困难。现采用添加百分之几的氧化铍，并用热压烧结方法，获得了导热性能与绝缘性兼有的致密材料。金刚石是导热系数最好的材料，绝缘性也很好，是最理想的绝缘基板材料，但是要稳定地供给高纯度且具有一定大小的片状金刚石晶体，目前还有很大困难。以上仅从导热系数指标来讨论，实际应用中还要考虑其他指标。如对于大型计算机，还要考虑介电常数，因为若基板材料的介电常数过大，则电子元件上的响应时间就会变长，从而影响计算机的运算速度。因此，用氧化铝作基片材料，还存在着许多需要改进之处。总之，对材料的使用，主要是利用其某一方面的性能。在选用材料时先考察主要性能满足与否，再考察其他性能。

同一材料不同性能，只是相同的内部结构在不同的外界条件下所表现出的不同行为。在研究材料性能时，既要总结个别性能的特殊规律，也应该要从材料的内部结构去理解材料为什么会有这些性能。例如，在研究材料机械性能时，我们既要研究材料的各种强度、弹性、塑性、韧性的特殊规律，即建立与性能相关的各种表象规律，又要运用晶体缺陷理论去研究材料从形变到断裂的普遍规律，去探寻这些现象形成的机理。又如，材料的电、磁、光、热现象的物理性能，可以在电子论的指导下得到物理本质的统一。因此，我们必须要运用固体物理和固体化学，从本质上理解固体材料的各种性能所涉及的现象。绝大多数性能是与整体内部的原子特性和交互作用有关的，但是，有些性能则只与材料的表面层原子有关，如腐蚀和氧化、摩擦和磨损、晶体外延生长与离子注入、催化和表面反应等。

一般人们都用"工艺—结构—性能"这条路线去控制或改造材料的性能，即工艺决定材料结构，材料结构决定材料性能。改变结构时，应考虑它的可变性以及这种改变对于性能改变的敏感性。有些结构是难以改变的，如原子结构，有些组织虽然可以通过工艺来改变，但性能对于结构却有不同的敏感性。某些性能主要取决于成分，成分固定，性能也就随之而固定，称之为非结构敏感性能。另一些性能则由于晶体的缺陷、畸变、第二相的数量、大小和分布等的改变而可能发生显著的变化，这些性能被称为结构敏感性的性能，例如，电导率、屈服强度、矫顽力等。本章节从介绍材料的物理性能出发，阐述了材料力学、热学、磁学、电学和光学的分析方法，以及评价材料的各种性能指标，讲解材料性能指标的测定原理与方法。

6.1 材料的热学性能

材料及其制品都是在一定温度环境下使用的，在使用过程中，会对不同的温度做出反应，表现出不同的热物理性能，即为材料的热学性能。材料的热学性能主要包括热容、热膨胀、热传导、热稳定性等。

6.1.1 材料的热容

热容(C)是指在不发生相变和化学反应时，材料温度降低或升高 1K 时所需要的热量(Q)。

$$C = dQ/dT \qquad (6-1)$$

热容与材料的量有关。单位质量的热容叫比热容，单位 J/(kg·K)，1mol 物质的热容称为物质的摩尔热容，单位 J/(mol·K)。

热容与过程有关，定压过程和定容过程是最主要的过程。如果加热(或降温)过程中体积不变，物体温度升高(或降低)1K 所吸收的热量称为定容热容(C_v)；如果加热(或降温)过程中压力不变，物体温度升高(或降低)1K 所吸收的热量称为定压热容(C_p)。对于处于凝聚态的材料，C_v 和 C_p 两者差别较小，试验中只能测定定压热容。在高温时，二者相差较大。热容是结构不敏感性能，与材料的结构关系不大，具有加和性，但当有相变发生时，热容会发生突变。

6.1.1.1 材料的热容及其影响因素

(1) 金属与合金的热容

金属内部有大量的自由电子，在温度很低时，自由电子对热容的贡献不可忽略。当温度很低时，金属热容需要同时考虑晶格振动和自由电子两部分的贡献。过渡金属中电子热容尤为突出，它除了 s 层电子热容，还有 d 层或 f 层电子热容。正是由于金属中存在的大量的自由电子，使得金属的热容随温度变化的曲线不同于其他键合晶体材料，特别是在高温和低温的情况下。一般而言，金属热容规律也适用于金属的合金。合金及固溶体等的热容由各组成原子热容按比例相加而得。

(2) 陶瓷材料的热容

对于简单的由离子键和共价键组成的陶瓷材料，室温下几乎无自由电子，因此，其热容与温度的关系更符合德拜模型。虽然陶瓷材料的热容是结构不敏感性，与材料的结构的关系不大，且具有加和性。但是，陶瓷材料的摩尔热容与比热容是对结构敏感的，单位体积的热容与气孔率有关。由于多孔材料质量轻，所以单位体积热容小，因此，提高轻质隔热砖的温度所需要的热量远低于致密的耐火砖。

6.1.1.2 材料的热容测量方法及应用

热容测量方法是一种重要的物理测量方法，它可以用来测量物质的热容、比热、热导率等物理性质。热容是指在恒定压力下，单位质量物质温度增加1℃所需的热量。比热是指单位质量物质温度增加1℃所需的热量。热导率是指单位时间内单位面积、单位温度差下热量传导的速率。下面将简单介绍热容测量方法的原理、方法及应用。

（1）热容测量方法的原理

热容测量方法的原理是利用热量和温度之间的关系进行测量。在测量过程中，需要对样品加热或冷却，然后测量样品温度的变化，从而计算出样品的热容或比热。常用的热容测量方法有等温量热法、差示扫描量热法、热流量法、恒温热容法等。

（2）热容的测量方法

等温量热法是一种常用的热容测量方法，它利用反应时放出或吸收的热量来测定物质的热容。在实验中，需要将样品与反应剂混合，然后测量反应过程中温度的变化，从而计算出反应放出或吸收的热量，再根据热量和温度的关系计算出样品的热容。

差示扫描量热法是一种基于温度差的热容测量方法，它利用样品和参比体之间的温度差来测量样品的热容。在实验中，需要将样品和参比体同时加热或降温，然后测量它们之间的温度差，从而计算出样品的热容。

热流量法是一种基于热量和温度的热容测量方法，它利用样品和参比体之间的热传导率来测量样品的热容。在实验中，需要将样品和参比体置于恒定的温度差下，然后测量它们之间的热传导率，从而计算出样品的热容。

恒温热容法是一种基于恒定温度的热容测量方法，它利用样品和参比体在恒定温度下的热容差异来测量样品的热容。在实验中，需要将样品和参比体置于恒定温度下，然后测量它们之间的热容差异，从而计算出样品的热容。

（3）热容测量的应用

热容测量方法广泛应用于材料科学、化学、地质学等领域。在材料科学中，热容测量方法常用于研究材料的热性质、晶体结构、相变等问题。在化学中，热容测量方法常用于研究化学反应的热效应、热动力学等问题。在地质学中，热容测量方法常用于研究地球内部的热性质、岩石的热力学性质等问题。

6.1.2 材料的热膨胀

物体的体积或长度随温度的升高而增大的现象称为热膨胀。用线膨胀系数或体膨胀系数来表示。实际上，固体材料的热膨胀系数值并不是一个恒定值，而是随温度变化而变化，通常随温度升高而加大。

热膨胀系数是固体材料重要的性能参数。在多晶、多相固体材料以及复合材料中，由于各相及各个方向的膨胀系数值不同，所引起的热应力问题已成为选材、用材的突出矛盾。材料的热膨胀系数大小直接与热稳定性相关。

6.1.2.1 固体材料的热膨胀机理

固体材料热膨胀的实质是原子的热振动，热振动属于一种非简谐振动，因而振动的结果是原子的平均位移量不等于零。当平均位移量大于零时物体膨胀，平均位移量小于零时物体收缩。固体材料的热膨胀机理：①固体材料的热膨胀本质，归结为点阵结构中质点间平均距离随温度升高而增大；②随着温度升高，晶体中各种热缺陷的形成造成局部点阵的畸变和膨胀，热缺陷浓度呈指数规律增加。

6.1.2.2 热膨胀和其他性能的关系

（1）热膨胀与温度、热容的关系

固体材料的热膨胀与点阵中质点的位能有关，而质点的位能是由质点间的结合力特性所决定的。质点间的作用力越强，质点所处的势阱越深，升高同样温度，质点振幅增加得越少，相应地，热膨胀系数越小。当晶体结构类型相同时，结合能大的材料的熔点也高，也就是说熔点高的材料膨胀系数较小。对于单质晶体，熔点与原子半径之间有一定的关系，某些单质晶体的原子半径越小，结合能越大，熔点越高，热膨胀系数越小。

（2）热膨胀和结构的关系

组成相同但结构不同的物质，其膨胀系数不相同。通常情况下，结构紧密的晶体，膨胀系数较大，而类似于无定形的玻璃材料，往往有较小的膨胀系数。结构紧密的多晶二元化合物都比玻璃具有更大的膨胀系数。原因是玻璃的结构较疏松，内部空隙多，当温度升高时，原子振幅加大，原子间距离增加时，部分增大的空间被结构内部的空隙所容纳，而整个物体宏观的膨胀量就少些。

6.1.2.3 高分子材料的热膨胀

材料的热膨胀依赖于原子间的作用力随温度的变化情况。共价键中原子间的作用力大，而次级键中原子间的作用力小。在晶体（如石英）中，所有原子形成三维有序的晶格，热膨胀系数很低。在液体中只是分子间的作用力，热膨胀系数很高。在聚合物中，形成链的原子在一个方向是以共价键结合起来的，而在其他两个方向只是次级键，因此聚合物的热膨胀系数介于液体与石英或金属之间。另外，聚合物在玻璃化转变时膨胀系数发生很大的变化。热膨胀是高分子材料用作电子材料、建筑材料等工业材料时必需的数据，是与其在成型加工中的模具设计、黏结等有关的性能。由于高分子材料的热膨胀性和金属及陶瓷很不相同，这些材料间结合时会产生热应力。另外，膨胀系数的大小直接影响材料的尺寸稳定性，因此在材料的选择和加工中必须加以注意。

6.1.2.4 材料热膨胀系数的测量方法及应用

固体材料的热膨胀系数测定的方法很多，如采用千分表读数法对金属材料的线膨胀系数进行测量。或者将测试样品置于电炉中，升温后炉膛内的试样发生膨胀，顶在试样端部的测试杆将与之产生等量的膨胀量（如果不计系统的热变形量），这一膨胀量由电感位移计精确测量出来，由仪表显示并送计算机计算膨胀系数。目前比较常用的热膨胀系数测量仪器是激光热膨胀系数测量仪，下面简单介绍该仪器的测试原理、结构和应用。

（1）激光热膨胀系数测量原理

激光热膨胀系数测量仪是一种利用激光干涉原理进行测量的仪器，如图6-1所示。一束激光经过半反射透镜后被一分为二，一道照射在样品端，另一道照射在参比端，经反射后两道光重新汇聚，并产生干涉。由干涉条纹可求得光程差，光程差的大小取决于样品的

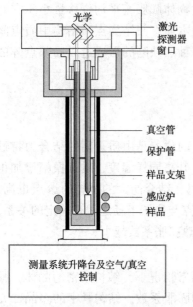

光学

激光
探测器
窗口

真空管
保护管
样品支架
感应炉
样品

测量系统升降台及空气/真空
控制

图 6-1　激光热膨胀系数
测量仪结构示意图

高度以及半反射透镜的厚度。测量时，透镜厚度保持不变，光程差的变化由样品高度的变化导致，由此求得样品的膨胀量。

（2）激光热膨胀系数测量仪结构

如图 6-1 所示，激光热膨胀系数测量仪主要由激光热膨胀主机、炉体、激光干涉检测系统、循环冷却机、真空系统、分析和控制系统、液氮罐及控制系统等组成。

激光热膨胀主机包括测量仪器的主机电路和结构、电路控制模块、数模转换模块以及气体控制模块，对整体仪器提供电路控制、信号处理和气体控制功能。

炉体由电阻加热元件，并配合液氮作为低温降温媒介，配合温度控制仪和液氮释放控制器进行温度闭环控制。

激光干涉检测系统由连续激光发生器、光学镜头以及干涉检测器组成，通过样品表面反射膜处反射光的迈克尔逊干涉，判断样品膨胀量的大小。

循环冷却机的 20℃恒温冷却水，经过水管送到炉壳、炉盖、炉底、接口、法兰等需要冷却的地方，确保高温炉体与其他非高温部件处于室温恒温状态。

真空系统是由直联泵、扩散泵、气动阀、真空管道、充气阀、放气阀、真空测量仪等组成，对测量系统进行抽真空处理。

分析和控制系统是基于计算机的分析和控制，提供整套仪器的全自动测量控制和数据分析评估功能。

液氮罐及控制系统是储存液氮，并通过全自动控制器对炉体进行低温控温，实现设备在较低温度下测试。

（3）激光热膨胀系数测量仪的应用

激光热膨胀系数测量仪主要用于各类超低膨胀系数材料的热膨胀系数测试。适用于不同类型不同领域的材料，包括陶瓷、金属、玻璃、炭、复合材料、半导体、微晶材料等。

6.1.3　材料的热传导

当固体材料两端存在温度差时，热量自动地从热端传向冷端的现象称为热传导。不同的材料在导热性能上有很大的差别，有些材料是极为优良的绝热材料，有些又会是热的良导体。

6.1.3.1　固体材料热传导机理

（1）固体材料热传导的宏观规律

对于各向同性的物质，当在 x 轴方向存在温度梯度 $\mathrm{d}T/\mathrm{d}r$，且各点温度不随时间变化（稳定传热）时，则在 Δt 时间内沿 x 轴方向穿过横截面积 A 的热量 Q，由傅里叶定律求得

$$Q = -\lambda \frac{\mathrm{d}T}{\mathrm{d}x} A\Delta t \qquad (6-2)$$

式中，负号表示热流逆着温度梯度方向，λ 为热导率或导热系数，单位 $W \cdot m^{-1} \cdot K^{-1}$。其物理意义为：单位温度梯度下，单位时间内通过单位横截面的热量。λ 反映了材料的导热能力。不同材料的导热能力有很大的差异，如金属的 λ 为 $2.3 \sim 417.6 W \cdot m^{-1} \cdot K^{-1}$。通常将 $\lambda < 0.22 W \cdot m^{-1} \cdot K^{-1}$ 的材料称为隔热材料。需要注意的是，傅里叶定律适用条件为稳定传热过程，即物体内温度分布不随时间改变。

（2）固体材料热传导的微观机理

不同材料的导热机构不同。气体传递热能方式是依靠质点间的直接碰撞来传递热量。固体中的导热主要是由晶格振动的格波和自由电子的运动来实现的。金属有大量自由电子且质量轻，能迅速实现热量传递，因而主要靠自由电子传热，晶格振动是次要的。非金属晶体，如一般离子晶体晶格中，自由电子是很少的，因此，晶格振动是它们的主要导热机构。

对于纯金属，导热主要靠自由电子，而合金导热就要同时考虑声子导热的贡献。由自由电子论知，金属中大量的自由电子可视为自由电子气，那么，借用理想气体的热导率公式来描述自由电子热导率，是一种合理的近似。

当非金属晶体材料中存在温度梯度时，处于温度较高处的质点热振动较强、振幅较大，由于其和处于温度较低处振动弱的质点具有相互作用，带动振动弱的相邻质点，使相邻质点振动加剧，热运动能量增加，这样热量就能转移和传递，使整个晶体中热量从高温处传向低温处，产生热传导现象。

6.1.3.2 影响热导率的因素

（1）影响金属热导率的因素

温度的影响：在低温时，热导率随温度升高而不断增大，并达到最大值，随后，热导率在一小段温度范围内基本保持不变，升高到某一温度后，热导率随温度升高急剧下降，温度升高到某一定值后，热导率随温度升高而缓慢下降（基本趋于定值），并在熔点处达到最低值。

晶粒大小的影响：一般情况是晶粒粗大，热导率高，晶粒愈小，热导率愈低。立方晶系的热导率与晶向无关，非立方晶系晶体热导率表现出各向异性。

杂质将强烈影响热导率：当两种金属构成连续无序固溶体时，热导率随溶质组元浓度增加而降低，热导率最小值靠近组分浓度 50% 处。但当组元为铁及过渡族金属时，热导率最小值偏离组分浓度 50% 处较大，当两种金属构成有序固溶体时，热导率提高，最大值对应于有序固溶体化学组分。

（2）影响无机非金属材料热导率的因素

影响金属材料热导率的因素对无机非金属材料同样适用，但由于陶瓷材料相结构复杂，其热传导机构和过程较金属复杂得多，影响其热导率的因素也就不像影响金属那样单一。下面就一些影响因素进行简单的定性分析。

① 温度的影响：在某个低温处（约为 40K）热导率出现极大值。在更高的温度下，由于热容已基本无变化，而平均自由程也逐渐趋于下限值，所以随温度变化热导率变得缓和了，

在温度高达到 1600K 后，由于光子热导的贡献使热导率又有回升。气体热导率随温度升高而增大，这是由于温度升高，气体的平均速率大大加快而平均自由程略有减小，即气体的热导率主要是平均速率起影响作用。

② 化学组成的影响：不同组成的晶体，热导率往往有很大的差异。这是因为构成晶体的质点的大小、性质不同，它们的晶格振动状态不同，传导热量的能力也就不同。对于无机非金属材料来说，构成材料质点的相对原子质量愈小，密度愈小，杨氏模量愈大，德拜温度愈高，热导率愈大。因而，轻元素的固体和结合能大的固体热导率较大。如金刚石的热导率为 $1.7 \times 10^{-2} W \cdot m^{-1} \cdot K^{-1}$，比较重的硅的热导率大(硅的热导率为 $1.0 \times 10^{-2} W \cdot m^{-1} \cdot K^{-1}$)，但是没有金属固体的热导率高，这是由于导热机构不同。固溶体的情况与金属固体的类似，即固溶体的形成降低热导率，且取代元素的质量和大小与基质元素相差愈大，取代后结合力改变愈大，对热导率的影响愈大。这种影响在低温时随温度升高而加剧。当温度大于德拜温度的一半时，与温度无关。这是因为温度较低时，声子传导的平均波长远大于线缺陷的线度，所以并不引起散射。随着温度升高，平均波长减小，在接近点缺陷线度后散射达到最大值，此后温度升高。当含有杂质时，杂质含量稍有增加，热导率会迅速下降，当杂质含量稍高时，热导率随杂质含量增加而下降的趋势逐渐减弱。

③ 显微结构的影响：声子传导与晶格振动的非线性有关。晶体结构愈复杂，晶格振动的非线性程度愈大，格波受到的散射愈大，声子的平均自由程就愈小，热导率就较低。非等轴晶系的晶体热导率呈各向异性。石英、金红石、石墨等都是在膨胀系数低的方向热导率最大。温度升高时，不同方向的热导率差异减小。这是因为温度升高，晶体的结构总是趋于更好地对称。同一种物质，多晶体的热导率总是比单晶体的小。这是因为多晶体中晶粒尺寸小、晶界多、缺陷多，晶界处杂质也多，声子更易受到散射，因而它的平均自由程小得多，所以热导率小。还可以看出，低温时二者平均热导率一致，随着温度升高，差异迅速变大。这主要是因为在较高温度下晶界、缺陷等对声子传导有更大的阻碍作用，同时，也是单晶比多晶在温度升高后在光子传导方面有更明显的效应。

对于非晶体热导率随温度的变化规律基本上可分为三个阶段，如图 6-2 所示。图中 OF 段，相当于 400~600K 低温温度范围。这一阶段，光子导热的贡献可忽略，热导由声子导热贡献，温度升高，热容增大，声子的热导率相应上升。图中 Fg' 段，相当于 600~900K 这一由低温到较高温度区间。这一阶段，随着温度的不断升高，热容不再增大，逐渐为一常数，声子热导率亦不再随温度升高而增大，但此时光子导热开始增大，因而非晶体的 $\lambda-T$ 曲线开始上扬。若无机材料不透明，则是一条与横坐标接近平行的直线 Fg 段。图中 g'h' 段，温度高于 900K。这一阶段，温度升高，声子的热导率变化仍不大，由于光子的平均自由程明显增大，曲线急剧上扬。若无机材料不透明，由于它的光子导封很小，则不会出现 g'h' 这一段，而是曲线 gh 段。

④ 气孔的影响：当温度不很高，气孔率不大，气孔尺寸很小，又均匀地分散在陶瓷介质中时，这样的气孔可看作一分散相，但与固体相比，它的热导率很小，可近似看作零。在不改变结构状态的情况下，气孔率的增大，总是使导热降低，如图 6-3 所示。这就是多孔、泡沫硅酸盐、纤维制品、粉末和空心球状轻质陶瓷制品的保温原理，从构造上看，最好是均匀分散的封闭孔，如是大尺寸的孔洞，且有一定贯穿性，则易发生对流传热。

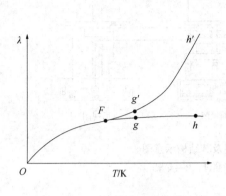

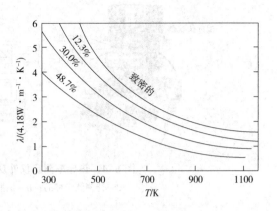

图 6-2 非晶体热导率曲线   图 6-3 气孔率对 Al_2O_3 热导率的影响

6.1.3.3 热导率的测量方法及应用

（1）热导率的测量原理

物体传导热量的能力，又称为热导率，是材料的热物性参数之一，也是固体最重要的热物性参数。测量热导率的实验方法按照温度与时间的变化关系，可以分为稳态法和动态法两类。

在稳态法中，先利用热源对样品加热，样品内部的温差使热量从高温处向低温处传导，样品内部各点的温度将随加热快慢和传热快慢的影响而变动。通过适当控制实验条件和实验参数使加热和传热的过程达到平衡状态，则待测样品内部可能形成稳定的温度分布，根据这一温度分布就可计算出导热系数。它的优点在于原理清晰，可直接准确地获得导热系数绝对值；缺点在于检测时间长、对环境要求苛刻，因此常用于低热导率材料的测量。

而在动态法中，最终在样品内部所形成的温度分布是随时间变化的，如呈周期性的变化，变化的周期和幅度亦受实验条件和加热快慢的影响，与热导率的大小有关。在实验中对试样进行短时间加热，使实验材料的温度发生变化，根据其变化的特点，通过解导热微分方程，可求得实验材料的导热系数。以下介绍比较简单且经典的稳态热导率的测定方法。

（2）热导率测量仪的结构和测量方法

稳态法中，最常用的方法是将样品制成平板状，其上端面与一个稳定的均匀发热体充分接触，下端面与一均匀散热体相接触。由于平板样品的侧面积比平板平面小得多，因此可以认为热量只沿着上下方向垂直传递，横向由侧面散去的热量可以忽略不计，即样品内只有在垂直样品平面的方向上有温度梯度，在同一平面内，各处的温度相同。其装置如图 6-4 所示，是由电加热器、铜加热盘、橡皮样品圆盘、铜散热盘、支架及调节螺丝、温度传感器以及控温与测温器组成。

1898 年，C. H. Lees 首先使用平板法测量不良导体的导热系数。实验简图如图 6-5 所示。

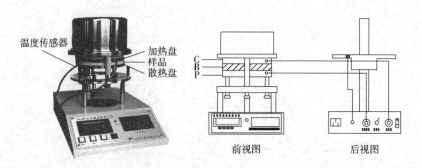

图 6-4　热导率测定仪外观及其结构示意图
C—待测圆盘样品；B—铜散热盘；P—支架

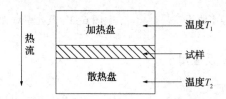

图 6-5　热导率测定实验简图

该实验装置是根据在一维稳态情况下，通过平板的导热量 Q 与平板两面的温度差 ΔT、平板的厚度以及导热系数分别成正比的关系来设计的。设加热盘的温度为 T_1，位于试样下面散热盘的温度为 T_2，当传热达到稳定状态时，根据傅里叶热传导定律，在 Δt 时间内通过样品的热量 ΔQ 满足下式

$$\frac{\Delta Q}{\Delta t} = \lambda \frac{T_1 - T_2}{4h_1} \pi R_1^2 \tag{6-3}$$

式中，λ 为样品的导热系数；h_1 为样品的厚度；S 为样品的平面面积，实验中样品为圆盘状，设圆盘样品的半径为 R_1。

利用上式测量材料的热导率 λ，需解决两个关键的问题：一个是如何测定材料内的温度梯度 $(T_1 - T_2)/h_1$，另一个是如何测量材料内由高温区向低温区的传热速率 $\Delta Q/\Delta t$。

当传热达到稳定状态时，只要测出样品的厚度 h 和两块铜板的温度 T_1 和 T_2 后，就可以确定样品内的温度梯度 $(T_1 - T_2)/h_1$。

当传热达到稳定状态时，样品上、下表面的温度不变，这时可以认为加热盘通过样品传递的热流量与散热盘向周围环境的散热量相等。因此可以通过散热盘在稳定温度时的散热速率来求出传热速率 $\Delta Q/\Delta t$。

实验时，当测得稳态时的样品上、下表面温度 T_1 和 T_2 后，将试样抽去，让加热盘与散热盘接触，当散热盘的温度上升到高于稳态时的 T_2 值 20℃ 或者 20℃ 以上后，移开加热盘，让散热盘在电扇作用下冷却，记录散热盘温度 T 随时间 t 的下降情况，求出散热盘在 T_2 时的冷却速率 $\Delta T/\Delta t \big|_{T=T_2}$，则散热盘在 T_2 时的散热速率为

$$\frac{\Delta Q}{\Delta t} = mc \frac{\Delta T}{\Delta t} \bigg|_{T=T_2} \tag{6-4}$$

在试样传热过程中，只考虑散热盘下表面和侧面散热，散热盘的上表面并未暴露在空气中。而测定散热盘散热速率时，散热盘上、下表面和侧面都参与散热，而冷却物体的冷

却速率与它的散热表面积成正比。因此，稳态时散热盘的散热速率的表达式在作面积修正后如下

$$\frac{\Delta Q}{\Delta t}=mc\left.\frac{\Delta T}{\Delta t}\right|_{T=T_2}\left(\frac{R_2+2h_2}{2R_2+2h_2}\right) \tag{6-5}$$

将式(6-5)代入式(6-3)中，得到导热系数表达式为

$$\lambda=mc\left.\frac{\Delta T}{\Delta t}\right|_{T=T_2}\left(\frac{R_2+2h_2}{2R_2+2h_2}\right)\left(\frac{h_1}{T_1-T_2}\right)\left(\frac{1}{\pi R_1^2}\right) \tag{6-6}$$

（3）热传导测量的应用

工业上有许多以热传导为主的传热过程，如橡胶制品的加热硫化、钢锻件的热处理等。在窑炉、传热设备和热绝缘的设计计算及催化剂颗粒的温度分布分析中，热传导规律都占有重要地位。在高温高压设备(如氨合成塔及大型乙烯装置中的废热锅炉等)的设计中，也需用热传导规律来计算设备各传热间壁内的温度分布，以便进行热应力分析。

6.1.4　材料的热稳定性

通常固态物体受热膨胀，受冷收缩。当规则形状的物体受到外界温度迅速加热时，外表的温度比中心部分的高，从中心到外表形成一个温度梯度，由此出现暂态应力。此时，由于外表比中心膨胀得快，外表受到的是压应力，而中心受到的是拉应力；反之，从某一温度迅速冷却时则外表受到拉应力而中心受到压应力。由于脆性材料的抗拉伸强度低，当拉应力超过材料的拉伸强度极限时，就引起破坏。热稳定性是指材料承受温度的急剧变化而不被破坏的能力，也称为抗热冲击性。热稳定性分为两类，一类是抗热冲击断裂性，一般适用于脆性和低延展性材料，如陶瓷；另一类是抗热冲击损伤性，主要适用于高延展性材料。

6.1.4.1　材料热稳定性的表示方法

通常，无机材料的热稳定性较差。其热冲击损坏有两种类型：一种是材料发生瞬时断裂，抵抗这类破坏的性能称为抗热冲击断裂性；另一种是材料在热冲击循环作用下，材料表面开裂、剥落，并不断发展，最终碎裂或变质，抵抗这类破坏的性能称为抗热冲击损伤性。抗热冲击断裂性对于脆性或低延性材料尤其重要。对于一些高延性材料，热疲劳是主要的问题，此时，虽然温度的变化不如热冲击时剧烈，但是其热应力水平也可能接近于材料的屈服强度且这种温度变化反复地发生，最终导致疲劳破坏。因应用场合的不同，对材料的热稳定性的要求各异。目前，还不能建立实际材料或器件在各种场合下热稳定性的数学模型，实际上对材料或制品的热稳定性评定，一般还是采用比较直观的测定方法。如陶瓷热稳定性的测定方法，是以一定规格的试样，加热到一定温度，然后立即置于室温的流动水中急冷，并逐次提高温度和重复急冷，直至观测到试样发生龟裂，则以产生龟裂的前一次加热温度来表征其热稳定性。

6.1.4.2　热应力的产生

由于温度变化而引起的应力称为热应力。热应力可能导致材料热冲击破坏或热疲劳破坏。对于光学材料将影响光学性能。因此，了解热应力的产生及性质，对于尽可能地防止和消除热应力的负面作用具有重要意义。以下三个方面是产生热应力的主要原因。

第一是构件因热胀或冷缩受到限制时产生应力。第二是材料中因存在温度梯度而产生热应力，固体材料受热或冷却时，内部的温度分布与样品的大小和形状以及材料的热导率和温度变化速率有关。当物体中存在温度梯度时，就会产生热应力。第三是多相复合材料因各相膨胀系数不同而产生的热应力，具有不同膨胀系数的多相复合材料，可以由于结构中各相膨胀收缩的相互牵制而产生热应力。

6.1.4.3　提高材料热稳定性的措施

根据上述热应力产生原因的分析，有如下提高材料抗热冲击断裂性能的措施：

① 提高材料强度、减小弹性模量。

② 提高材料的热导率。热导率大的材料传递热量快，使材料内外温差较快地得到缓解、平衡，因而降低了短时期热应力的聚集。

③ 减小材料的热膨胀系数。热膨胀系数小的材料，在同样的温差下，产生的热应力小。

④ 减小表面热传递系数。为了降低材料的表面散热速率，周围环境的散热条件特别重要。

⑤ 减小产品厚度。

以上所列，针对的是密实性陶瓷材料、玻璃等脆性材料，目的是提高抗热冲击断裂性能，但对多孔、粗粒、干压和部分烧结的制品则不同。近期的研究工作证实，显微组织对抗热震损伤的能力很重要。发现微裂纹对抵抗灾难性破坏有显著的作用，例如，晶粒间相互收缩引起的裂纹。由表面撞击引起的比较尖锐的初始裂纹，在较轻的热应力作用下就会导致破坏。A10-Ti 陶瓷内晶粒间的收缩孔隙可使初始裂纹变钝，从而阻止裂纹扩展。利用各向异性热膨胀，有意引入裂纹，是避免灾难性热震破坏的有效途径。

6.1.4.4　材料热稳定性的测量

（1）热稳定性的测量原理

因应用场合的不同，对材料的热稳定性的要求各异。目前，还不能建立实际材料或器件在各种场合下热稳定性的数学模型，因此实际上对材料或制品的热稳定性评定，一般还是采用比较直观的测定方法。

日用瓷热稳定性的表示方法为：取一定规格的试样，加热到一定温度，然后立即置于室温的流动水中急冷，并逐次提高温度和重复急冷，直至观测到试样发生龟裂，则以产生龟裂的前一次加热温度来表征其热稳定性。

普通耐火材料热稳定性的表示方法为：将试样一端加热到 850℃，并保温 40min，然后置于 10~20℃ 的流动水中 3min，或在空气中 5~10min。重复操作直至试样失重 20% 为止，以这样操作的次数来表征材料的热稳定性。

某些高温陶瓷材料的热稳定性评定方法为：将材料加热至设定温度后迅速在水中急冷，然后测量其抗折强度的损失率。

用于红外窗口的热压 ZnS，要求样品具有经受从 165℃ 保温 1h 后，立即取出投入 19℃ 水中，保持 10min，在 150 倍显微镜下观察不能有裂纹，同时其红外透过率不应有变化。

如果制品具有复杂的形状，如高压电瓷的悬式绝缘子等，则在可能的情况下，可直接用制品来进行测定，这样可避免形状和尺寸带来的影响。测试条件应参照使用条件或更严格，以保证使用过程中的可靠性。总之，对于无机材料尤其是制品的热稳定性，尚需提出一些评定因子。下面以陶瓷为例，简述陶瓷的热稳定性测试方法。

（2）陶瓷热稳定性测量仪器及测量方法

图 6-6 为陶瓷热稳定性测定仪结构示意图。主要由炉体、水槽和温度控制部分构成。一般炉体最高温度为 400℃，区间内温差为 ±5℃。水槽控温范围为 10~50℃。

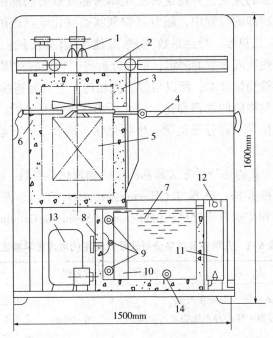

图 6-6　陶瓷热稳定性测定仪结构示意图

1—搅拌风扇；2—炉门小车；3—加热炉；4—拉料挂料杆；

5—试料筐；6—热电偶；7—恒温水槽；8—搅拌水轮；9—水温传感器；

10，11—换热器；12—淋水管；13—压气机；14—水温传感器

测试时，将若干试样放入样品筐内，并置于炉腔中。给恒温水槽中注入水。打开电源开关，调整炉温至设定值及水温设定值并打开搅拌开关。根据需要选择"单冷""单热"或"冷热"。"单冷"即仪器只启动制冷设备，超过给定温度时，自动制冷至给定温度后自动停止，"单热"即仪器只启动加热设备，低于给定温度时自动加热至给定温度后自动停止。"冷热"即当水温超过给定温度时，仪器自动制冷，当水温低于给定温度时，仪器自动加热，保证水温在所需温度处。接通电源以 2℃/min 的速度升温。当温度达到测量温度时，保温 15min（使试样内外温度一致）后，拨动手柄，使样品筐迅速坠入设定温度的水中，冷却 5min。每坠入一次试样，就要更换一次水，目的是使水温保持不变。从水中取出试样，擦干净，将不上釉和上白釉的试样放在酒精溶液中，检查裂纹将上棕色釉的试样放在薄薄一层氧化铝细粉的盘内，来回滚动几次或手拿着试样在氧化铝粉上擦几次，检查是否开裂（如开裂，表面有一条白色裂纹），并详细记录。将没有开裂的试样放入炉内，加热到下次规定的温度（每次间隔 20℃），重复实验至 10 个试样全部开裂为止。记录试样在水中热交换的次数，以作为衡量陶瓷热稳定性的数据。热交换次数越多，说明该瓷器的热稳定性越好。

6.1.5 材料的综合热分析

6.1.5.1 材料的热分析概述

热分析法(Thermalanalysis, TA)是指在程序控制温度条件下, 研究样品中物质在受热或冷却过程中其性质和状态的变化, 并将这种变化作为温度或时间的函数来研究其规律的一种技术。物质在加热或冷却的过程中, 随着其物理状态或化学状态的变化, 通常伴有相应的热力学性质(如热熔、比热容、导热系数等)或其他性质(如质量、力学性质、电阻等)的变化, 因而通过对某些性质或参数的测定, 可以分析研究物质的物理变化或化学变化过程。热分析法是一种动态跟踪测量技术, 所以与静态法相比, 它具有连续、快速、简单等优点。目前从热分析技术对研究物质的物理和化学变化所提供的信息来看, 热分析技术已广泛地应用于无机化学、有机化学、高分子化学、生物化学、冶金学、石油化学、矿物学和地质学等各个学科领域。

表6-1所列为几种主要的热分析方法及其测定的物理化学参数。本节主要介绍其中常用的和具有代表性的三种方法: 热重法(Thermogravimetry, TG)、差热分析法(Differential Thermal Analysis, DTA)和差示扫描量热法(Differential Scanning Calorimetry, DSC)。

表6-1 几种主要的热分析法及其测定的物理化学参数

热分析法	定 义	测量参数	温度范围/℃	应用范围
差热分析法(DTA)	程序控温条件下, 测量在升温、降温或恒温过程中样品和参比物之间的温差	温度	20~1600	熔化及结晶转变、二级转变、氧化还原反应、裂解反应等分析研究, 主要用于定性分析
差示扫描量热法(DSC)	程序控温条件下, 直接测量样品在升温、降温或恒温过程中所吸收或释放出的能量	热量	-170~725	分析研究范围与DTA大致相同, 但能定量测定多种热力学和动力学参数, 如比热容、反应热、转变热、反应速率和高聚物结晶度等
热重法(TG)	程序控温条件下, 测量在升温、降温或恒温过程中样品质量发生的变化	质量	20~1000	熔点、沸点测定, 热分解反应过程分析, 脱水量测定; 生成挥发性物质的固相反应分析, 固体与气体反应分析等
动态热机械法(DMTA)	程序控温条件下, 测量材料的力学性质随温度、时间、频率或应力等改变而发生的变化量	力学性质	-170~600	阻尼特性、固化、胶化、玻璃化等转变分析, 模量、黏度测定等
热机械分析法(TMA)	程序控温条件下, 测量在升温、降温或恒温过程中样品尺寸发生的变化	尺寸或体积	150~600	膨胀系数、体积变化、相转变温度、应力应变关系测定, 重结晶效应分析等

6.1.5.2 材料的热重分析

热重法是在程序控温条件下, 测量物质的质量与温度关系的热分析方法。热重法记录的热重曲线以质量为纵坐标，以温度或时间为横坐标，即 m-T（或 t）曲线。用于热重法的仪器是热天平，又称为热重分析仪。热天平由天平、加热炉、程序控温系统与记录仪等几部分组成。热天平测定样品质量变化的方法有变位法和零位法。变位法利用质量变化与天平梁的倾斜程度成正比的关系，用直接差动变压器控制检测。零位法是靠电磁作用力使因质量变化而倾斜的天平梁恢复到原来的平衡位置（零位），施加的电磁力与质量变化成正比，而电磁力的大小与方向可通过调节转换机构中线圈的电流实现，因此检测此电流值即可知样品质量变化。通过热天平连续记录质量与温度的关系，即可获得热重曲线。图 6-7 为带光敏元件的自动记录热天平示意图。天平梁的倾斜（平衡状态被破坏）由光电元件检出，经电子放大后反馈到安装在天平梁上的感应线圈，使天平梁又返回到平衡状态。凡物质受热时发生质量变化的物理或化学变化过程，均可用热重法分析和研究。图 6-8 所示为聚酰亚胺亚胺在不同气氛下的热重曲线，图中所标注的百分数为样品损失质量占总质量的比例。该图不仅提供了聚酰亚胺热分解温度的信息，而且还表达了不同气氛对聚酰亚胺热分解的影响。

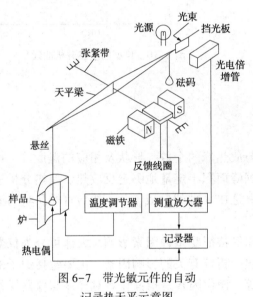

图 6-7　带光敏元件的自动
记录热天平示意图

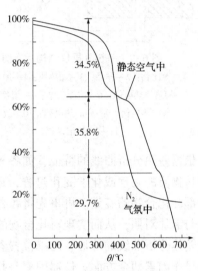

图 6-8　聚酰亚胺在不同
气氛中的热重曲线

热重曲线中质量（m）对时间（t）进行一次微商可得到 $\mathrm{d}m/\mathrm{d}t$-T（或 t）曲线，称为微商热重（DTG）曲线，它表示质量随时间的变化率（失重速率）与温度（或时间）的关系。相应地，称以微商热重曲线表示结果的热重法为微商热重法。目前，新型的热天平都有质量微商单元电路可直接记录和显示微商热重曲线。微商热重曲线与热重曲线的对应关系是：微商曲线上的峰顶点与热重曲线的拐点相对应，微商热重曲线上的峰数与热重曲线的台阶数相等，微商热重曲线峰面积则与样品失重成正比。

6.1.5.3　材料的差热分析

差热分析法是在程序控温条件下，测量样品与参比物（又称为基准物，即在测量温度范围内不发生任何热效应的物质，如 α-Al_2O_3、MgO 等）之间的温差与温度关系的一种热分析方法。在实验过程中，将样品与参比物之间的温差作为温度或时间的函数连续记录下来，即为差热分析曲线。

差热分析装置如图6-9所示。具体地讲，将试样和参比物放在相同的加热或者冷却条件下，采用差示热电偶记录两者随温度变化所产生的温差(ΔT)。差示热电偶的两个工作端分别插入试样和参比物中。在加热或者冷却过程中，当试样无变化时，两者温度相等，无温差信号。当试样有变化时，两者温度不等，有温差信号输出。差热分析曲线是差热定性、定量分析的主要依据。图6-10所示为一典型的差热分析曲线。其中基线相当于$\Delta T = 0$，样品无热效应发生，而向上和向下的峰分别反映了样品的放热、吸热过程。

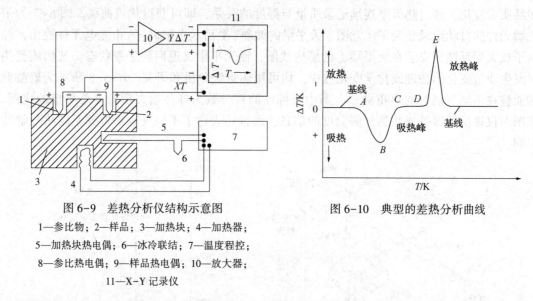

图6-9　差热分析仪结构示意图

1—参比物；2—样品；3—加热块；4—加热器；

5—加热块热电偶；6—冰冷联结；7—温度程控；

8—参比热电偶；9—样品热电偶；10—放大器；

11—X-Y记录仪

图6-10　典型的差热分析曲线

依据差热分析曲线的特征，如各种吸热与放热峰的个数、形状及相应的温度等，可定性分析物质的物理或化学变化过程，还可依据峰面积半定量地测定反应热。差热分析法可用于部分化合物的鉴定。可事先将各种化合物的DTA曲线制成卡片，然后将样品实测DTA曲线与卡片对照，从而实现对化合物的鉴定。

差热分析曲线的峰形、出峰位置和峰面积等特征受多种因素影响，大体可分为仪器因素和操作因素两个方面。仪器因素是指与差热分析仪有关的影响因素，主要包括炉子的结构与尺寸、坩埚的材料与形状、热电偶性能等。操作因素是指操作者对样品与仪器操作条件选取不同而对分析结果产生的影响，主要有以下几个方面：①样品粒度（影响峰形和峰位，尤其是有气相参与的反应）；②参比物与样品的对称性（包括用量、密度、粒度、比热容及导热系数等，两者都应尽可能一致，否则可能出现基线偏移、弯曲，甚至造成缓慢变化的假峰）；③气氛的使用；④升温速率（影响峰形与峰位）；⑤样品用量（过多会影响热效应温度的准确测量，妨碍两相邻热效应峰的分离）等。

总之，DTA的影响因素是多方面的、复杂的，有的因素也是较难控制的。因此，要用DTA进行定量分析比较困难，一般误差很大。如果只作定性分析（主要依据是峰形和要求不很严格的温差ΔT），则很多影响因素可以忽略。这种情况下，样品量和升温速率便成了主要的影响因素。

6.1.5.4　材料的差示扫描量热法

差示扫描量热法是在程序控温条件下，测量输给样品与参比物的功率差与温度关系的一种热分析方法。由于上述差热分析法是以温差ΔT的变化来间接表示物质物理或化学变化过程中热量的变化(吸热和放热)，且差热分析曲线影响因素很多，难以定量分析，便发展了差示扫描量热法。目前主要有两种差示扫描量热法，即功率补偿式差示扫描量热法和热流式差示扫描量热法。下面以功率补偿式差示扫描量热法为例作一简要介绍。

图 6-11 所示为功率补偿式差示扫描量热仪示意图。与差热分析仪比较，差示扫描量热仪有功率补偿加热器。样品池与参比池中装有各自的热敏元件和补偿加热器。在热分析过程中，当样品发生吸热或放热时，通过电能供给对样品或参比物的热量进行补偿，从而维持样品与参比物的温度相等($\Delta T=0$)。补偿的能量大小即相当于样品吸收或放出的能量大小。

典型的差示扫描量热曲线以热流率(dH/dt)为纵坐标、以时间 t 或温度 T 为横坐标，即 dH/dt-$t(T)$ 曲线，如图 6-12 所示。图中曲线离开基线的位移大小代表样品吸热或放热的速率(mJ/s)，而曲线中峰或谷包围的面积代表热量的变化。因而差示扫描量热法可以直接测量样品在发生物理或化学变化时的热效应。

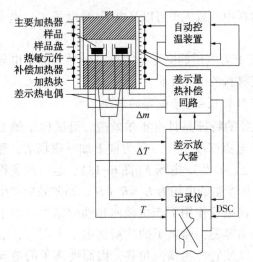

图 6-11　功率补偿式差示扫描量热仪示意图　　　图 6-12　典型的差示扫描量热曲线

差示扫描量热法与差热分析法的应用功能有较多相同之处，但由于差示扫描量热法克服了差热分析法以 ΔT 来间接表达物质热效应的缺陷，具有分辨率高、灵敏度高等优点，因而能定量测定多种热力学和动力学参数，且可进行晶体微细结构分析等工作。

6.2　材料的电学性能

在材料的许多应用中，电导性能是十分重要的。导电材料、电阻材料、电热材料、半导体材料、超导材料和绝缘材料等都是以材料的电导性能为基础的。本节在介绍电导率、迁移率、离子的电导、电子的电导本质及其特性的基础上，介绍材料的电导性能分析仪器及原理。

6.2.1　电导的物理现象

6.2.1.1　电导率与电阻率

当在材料两端加电压 U 时，材料中有电流 I 通过，这种现象称为导电，电流 I 值可用欧

姆定律表示，即

$$I=U/R \tag{6-7}$$

式(6-7)中，R 是材料的电阻，其值不仅与材料的性质有关，还与材料的长度 L 及截面积 S 有关，$R=\rho L/S$，ρ 为材料的电阻率，ρ 的量纲为 $\Omega \cdot m$。由于电阻率 ρ 只与材料的本性有关，而与几何尺寸无关，因此评定材料的导电性常用电阻率 ρ 而不用电阻 R。导体的电阻率 $\rho<10^{-2}\Omega \cdot m$，绝缘体的电阻率 $\rho>10^{10}\Omega \cdot m$，半导体的电阻率 $\rho=10^{-2}\sim10^{10}\Omega \cdot m$。

电阻率的倒数为电导率，用 δ 表示，即 $\delta=1/\rho$，电导率 δ 的大小反映物质输送电流的能力。

6.2.1.2 电导的物理特性

电流是电荷的定向运动。电荷的载体称为载流子。任何一种物质，只要存在载流子，就可以在电场作用下产生导电电流。

金属导体中的载流子是自由电子，无机材料中的载流子可以是电子(负电子 e^-、电子空穴 h^+)、离子(正离子、负离子、空位)。

载流子为离子的电导称为离子电导，载流子为电子的电导称为电子电导。电子电导和离子电导具有不同的物理效应，由此可以确定材料的电导性质。

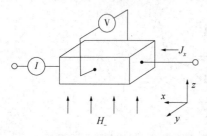

图 6-13　霍尔效应示意图

（1）霍尔效应-电子电导的特征

电子电导的特征是具有霍尔效应。沿试样 x 轴方向通入电流 I(电流密度 J_x)，z 轴方向上加一磁场 H，那么在 y 轴方向上将产生一电场 E(图 6-13)，这一现象称为霍尔效应。所产生的电场为 $E_y=R_h J_x H_z$。霍尔效应产生的原因是电子在磁场作用下产生横向移动的结果。因电子质量小，运动容易，而离子的质量比电子大得多，磁场作用力不足以使它产生横向位移，因而纯离子的电导不呈现霍尔效应。可利用霍尔效应的存在与否来检验材料是否存在电子电导。

（2）电解效应-离子电导的特征

离子电导的特征是存在电解效应。离子的迁移伴随着一定的质量变化，离子在电极附近发生电子得失而形成新的物质，这就是电解现象。利用此效应除了可检验材料中是否存在离子电导外，还可判定载流子是正离子还是负离子。

6.2.2　导电性能的测量仪器与原理

固体材料导电性能进行测量时，常常采用电阻测量仪进行分析检测，而液体的导电性能进行测量时，使用电导率仪进行电导测量。所以本章节在对固体材料进行导电性能测试描述时，使用材料的电阻测试，而对液体的导电性能测试描述时，采用液体的电导测试描述，对于液体的电导分析，在本书的第 5.2 节中已有论述，此处不再赘述。

（1）固体材料的电阻测试仪器

材料电阻测试是指对材料导电性能进行测试和评估的过程。在工程和科学研究中，材料的导电性能是一个重要的参数，它直接影响着材料在电子器件、电路、传感器等领域的应用。因此，对材料的电阻进行准确的测试和分析，对于材料的选用和性能评估具有重要意义。材料电阻测试方法有很多，一般而言有电阻计法和四点探针法。

电阻计法是一种常用的测试材料电阻的方法。通过将待测试材料与电阻计相连，利用电阻计测量通过材料的电流和电压，从而计算出材料的电阻值。这种方法简单易行，适用于各种材料的电阻测试。

四点探针法是一种精密的电阻测试方法。在测量高导电率材料或小电阻器件的电阻时，不仅电路中的接触电阻不可忽略不计，甚至导线的电阻都不是无穷小量。有些试样的尺寸很小(薄膜)，有些很大(大块样品或大尺寸板状样品)又不允许拆剪成合适尺寸时更是如此。四点探针法通常用于微电阻或小电阻的测量，尤其是测量电阻率时。这种方法具有以下特点：一是当样品尺寸很大时，样品尺寸、形状等几何参数对测量结果不产生影响，因此不必制作特殊规格的试样，二是可在工件、器件或设备上直接测量电阻率。四点探针电阻测试仪的另一个重要特点是测量系统与试样的连接非常简便，只需将探头压在样品表面确保探针与样品接触良好即可，无须将导线焊接在试样表面。这种方法在不允许破坏试样表面的电阻试验中优势明显。

(2) 四点探针法的原理

如图 6-14 所示，前端精磨成针尖状的 1、2、3、4 号金属细棒中，1、4 号和高精度的直流稳流电源相连，2、3 号与高精度(精确到 $0.1\mu V$)数字电压表或电位差计相连。四根探针有两种排列方式，一是四根针排列成一条直线[图 6-14(a)]，探针间可以是等距离也可是非等距离；二是四根探针呈正方形或矩形排列[图 6-14(b)]。

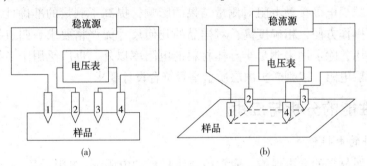

图 6-14　四点探针电阻测量原理示意图

对于大块状或板状试样(尺寸远大于探针间距)，两种探针排布方式[图 6-14 中的(a)和(b)]都可以使用；对于细条状或细棒状试样，使用第二种方式[图 6-14 中的(b)]更为有利。当稳流源通过 1、4 号探针提供给试样一个稳定的电流时，在 2、3 号探针上测得一个电压值 V_{23}。若采用第一种探针排布形式，其等效电路图见图 6-15。

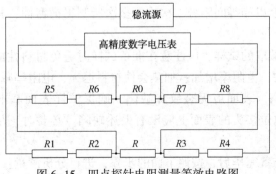

图 6-15　四点探针电阻测量等效电路图

$R1$、$R4$、$R5$、$R8$ 为导线电阻，$R2$、$R3$、$R6$、$R7$ 为接触电阻，$R0$ 为数字电压表内阻，被测电阻 $R=R(R0+R5+R6+R7+R8)/(R+R0+R5+R6+R7+R8)$，当被测电阻很小，而电压表内阻很大时，$R5$、$R6$、$R7$、$R8$ 和 $R0$ 对实验结果的影响在有效数字以外，测量结果足够精确。

（3）四点探针法仪器的使用

为了保证测试结果的准确性，四点探针法对测试样品是有要求的。粉末样品按体积至少需要 1mL 以上；块状/薄膜样品，厚度>1mm（太薄了探针可能会刺穿样品，影响测试结果）。对于粉末和块状/薄膜电阻率测试而言，分为低阻计和高阻计。低阻计一般测试金属、石墨烯、石墨等导电性较好物质，电阻<10kΩ；高阻计一般是测试塑料、布等导电性不好的物质，电阻>10kΩ。测试可以在不同温度下进行，但测试前需要确定具体的温度范围和条件。

四点探针法测量方法为：首先要在待测材料表面选择四个位置，分别施加四点电极进行测量。然后，通过两个电极施加电流，另外两个电极测量电压。在测量电压时，需要注意电极与材料表面的接触质量，以确保测量结果的准确性。最后，根据测量得到的电流和电压数据，可以计算出材料的电阻率。

测试中，探针的间距和压力会直接影响测试结果，因此探针间需要保持一定距离，一般为几毫米到几厘米不等，具体间距根据样品尺寸和测试精度要求而定。同时，探针的压力也会影响样品的导电性能，过大的压力会导致样品表面产生划痕，影响测试结果。

这种方法可以减少电极接触电阻对测量结果的影响，提高了测量的准确性。其主要优点在于设备简单，操作方便，精确度高，对样品的几何尺寸无严格要求。四点探针法在半导体工艺中最为常用，除了用来测量半导体材料的电阻率以外，也广泛用于半导体器件生产中测量扩散层薄层电阻，以判断扩散层质量是否符合设计要求。

6.2.3 导电性能的分析与应用

（1）金属材料的电性能

如前所述，金属材料的导电性能，通常用金属材料的电阻率（电阻系数）、电导率及电阻温度系数来衡量。为了对金属材料的电阻率进行比较，电阻率通常分为体积电阻率、质量电阻率和单位长度电阻率。

对金属材料的电阻率测试，对试样有如下要求：

① 试样为截面大体上均匀的任何形状的杆材、线材、带材、排或管材等，其表面应光滑。

② 沿试样标距长度以相等间距分 5 次或更多次所测得横截面，其相对标准偏差应不超过 1%。

③ 从大块材料中截取的试样，应注意在准备试样时避免材料性能发生明显变化。塑性变形会使材料加工变硬，电阻率增加；加热会使材料退火，电阻率减小。

④ 试样应设有接头。表面应无裂纹和缺陷。确保试样表面基本上无斑疤、灰尘、油污，特别是在电流和电位接头的表面上应没有上述缺陷。必要时，在测量试样尺寸之前应将试样清洗干净。

测试的金属材料准备完毕后，按照下面的步骤，进行分析测量：

① 试样电阻为 10Ω 及以下者，应采用四点法，电阻大于 10Ω 的，可以采用两点法。

② 标准电阻和试样均应处于 15~25℃ 温度条件下。在整个试验过程中，温度引起的总误差应不大于±0.06%。

③ 在试验温度 t 时测定试样两电位点之间的标距长度 L，并精确到±0.05%。截面积测量误差应不超过±0.15%。

④ 在满足试验系统灵敏度要求的情况下，应尽量选择最小的测试电流，以免引起过大的温升。

⑤ 四点法测量电阻时，电位接触点应由相当锐利的刀刃构成，且互相平行，均垂直于试样纵轴。接点也可是锐利针状接点。每个电位接点与相应的电流接点之间的距离应不小于试样断面周长的 1.5 倍。消除由于接触电势和热电势引起的测量误差，可采用电流换向法读取一个正接读数和一个反向读数，取算术平均值。也可以采用平衡点法(补偿法)，达到闭合电流时检流计上基本观察不到冲击。

考虑到电阻及线性尺寸都随温度而变化，表述测量结果时，需要标注测量温度，或者将试验温度 t 时测得的数值换算到标准温度 t(20℃) 的电阻。

（2）高分子材料的电性能

通常高分子材料作为绝缘体来讲，主要功能是使带电的导体彼此绝缘，并使电导体与地绝缘，所以，对绝缘材料要求的最主要特性是它阻止电流泄漏的能力。绝缘电阻越高，绝缘就越好，绝缘电阻可以再分为体积电阻和表面电阻。

在试样的相对两表面上(截面)放置的两电极间，施加直流电压与流过两个电极之间稳态电流之商，称为体积电阻。稳态状态可用电化时间来判定，电化时间可从 1min、2min、10min、50min、100min 中选取。一般情况下采用 1min 电化时间。单位体积内的体积电阻称为体积电阻率。

在试样的某一表面上两电极间所加电压与经过一定时间后(一般电化时间为 1min)流过两电极间的电流之商，称为表面电阻。单位面积内的表面电阻称为表面电阻率。

高分子材料的电阻测试，对样品和测量的电极有一定的要求。

测定体积电阻率和表面电阻率的试样一般分为平板试样和管状试样两种，其与电极配置见图 6-16 和图 6-17。

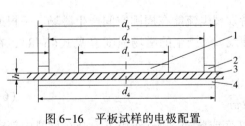

图 6-16　平板试样的电极配置

1，2，3—电极；4—试样

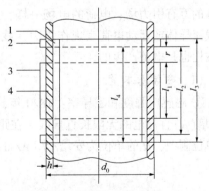

图 6-17　管状试样的电极配置

1，2，3—电极；4—试样

图 6-16 和图 6-17 给出了三电极装置的配置，测量电极、保护电极、不保护电极直径或长度以及间隙 r 等应遵循有关规定。

对电极的接点可采用锡箔、铝箔等金属或导电银漆。通常以精炼凡士林等粘贴剂将金属箔粘贴到试样上，应充分压紧，以消除产生的皱褶、气泡和多余黏合剂。也可以采用真空镀膜或金属喷镀电极。还可以采用胶体石墨、导电橡皮和液体(汞)电极。

除非另有要求，均应采用原厚度试样，其应比电极最大尺寸每边至少多 7mm，每组试样至少 3 个。试样厚度以在测量电极范围内沿直径方向测量三点，三点算术平均值作为试样厚度，测量误差不大于 1%。

测量的电源为直流稳压电源，试验电压通常为 100V、250V、500V、1000V；电压误差应小于±5%。测量高电阻常用的方法是直接法和比较法。直接法是测量加在试样上的直流电压和流过试样的电流而求得试样电阻。

对于大于 $10^{10}\Omega$ 的电阻，仪器误差应在±20%的范围内，对于不大于 $10^{10}\Omega$ 的电阻，仪器误差应在±10%的范围内。

6.3 材料的磁学性能

磁性不只是物质宏观的物理性质，而且与物质的微观结构密切相关。它不仅取决于物质的原子结构，还取决于原子间的相互作用、键合情况、晶体结构。因此，研究磁性是研究物质内部结构的重要方法之一，同时随着现代科学技术和工业的发展，磁性材料的应用也越来越广泛。

6.3.1 磁学的基本概述

自然界中有一类物质，如铁、镍和钴，在一定的情况下能相互吸引，由于这种性质称它们具有磁性。使之具有磁性的过程称为磁化。能够被磁化的或能被磁性物质吸引的物质叫作磁性物质或磁介质。

如果将两个磁极靠近，在两个磁极之间产生作用力-同性相斥和异性相吸。磁极之间的作用力是在磁极周围空间传递的，这里存在着磁力作用的特殊物质，称之为磁场。磁场和物体的万有引力场、电荷的电场一样，都具有一定的能量，磁场还具有本身的特性：磁场对载流导体或运动电荷表现作用力，载流导体在磁场中运动要做功。物理研究表明，物质的磁性也是电流产生的。

（1）磁学基本量

① 磁感应强度和磁导率：1820 年，奥斯特发现电流能在周围空间产生磁场，一根通有 I 安培(A)直流电的无限长直导线，在距导线轴线 r 处产生的磁场强度 H 见式(6-8)，在国际单位制中，H 的单位为安培/米(A/m)。

$$H = \frac{I}{2\pi r} \tag{6-8}$$

材料在磁场强度为 H 的外加磁场(直流、交变或脉冲磁场)作用下，会在材料内部产生一定磁通量密度，称其为磁感应强度 B，即在强度为 H 的磁场被磁化后，物质内磁场强度的大小。单位为特斯拉(T)或韦伯/米(Wb/m^2)。B 和 H 是既有大小、又有方向的向量，两

者关系为

$$B = \mu H \tag{6-9}$$

μ 为磁导率，是磁性材料最重要的物理量之一，反映了介质的特性，表示材料在单位磁场强度的外加磁场作用下，材料内部的磁通量密度。在真空中，

$$B_0 = \mu_0 H \tag{6-10}$$

式中，μ_0 为真空磁导率，$\mu_0 = 4\pi \times 10^{-7}$ 亨利/米（H/m）。

磁矩是表示磁体本质的一个物理量。任何一个封闭的电流都具有磁矩 m（图6-18）。其方向与环形电流法线的方向一致，其大小为电流与封闭环形的面积的乘积 $I\Delta S$。在均磁场中，磁矩受到磁场作用的力矩 J 为

$$J = m \cdot B \tag{6-11}$$

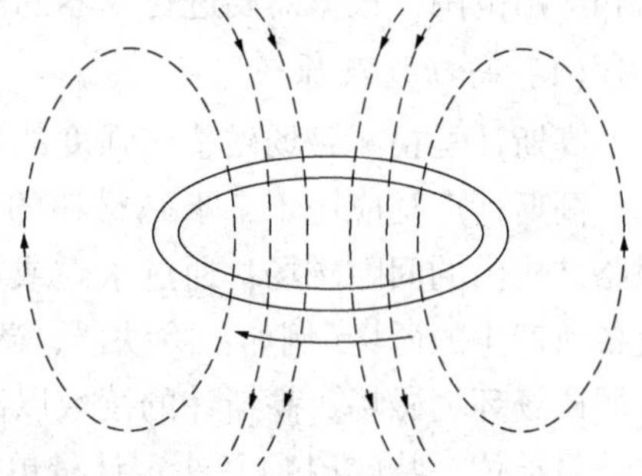

② 磁矩：是表征磁性物体磁性大小的物理量。磁矩愈大，磁性愈强，即物体在磁场中所受的力也愈大。磁矩只与物体本身有关，与外磁场无关。磁

图 6-18　磁矩

矩的概念可用于说明原子、分子等微观世界产生磁性的原因。电子绕原子核运动，产生电子轨道磁矩，电子本身自旋，产生电子自旋磁矩。以上两种微观磁矩是物质具有磁性的根源。

③ 磁化强度：电场中的电介质由于电极化而影响电场，同样，磁场中的磁介质由于磁化也能影响磁场。在一外磁场 H 中放入一磁介质，介质受外磁场作用，处于磁化状态，则磁介质内部的磁感应强度 B 将发生变化，表示为

$$B = \mu_0(H + M) \tag{6-12}$$

式中，M 称为磁化强度，它表征物质被磁化的程度。对于一般磁介质，无外加磁场时，其内部各磁矩的取向不一，宏观无磁性。但在外磁场作用下，各磁矩有规则地取向，使磁介质宏观显示磁性，这就叫磁化。磁化强度的物理意义是单位体积的磁矩。设体积元 ΔV 内磁矩的矢量和为 $\sum m$，则磁化强度 M 为

$$M = \sum m / \Delta V \tag{6-13}$$

式中，m 的单位为 $A \cdot m^2$，V 的单位为 m^3，因而磁化强度 M 的单位为 $A \cdot m^{-1}$，即与 H 的单位一致。

（2）物质的磁性分类

根据物质的磁化率，可以把物质的磁性大致分为五类。

抗磁体：磁化率非常小，大约在 10^{-6} 数量级。它们在磁场中受微弱斥力。金属中约有一半简单金属是抗磁体。

顺磁体：磁化率为 $10^{-3} \sim 10^{-6}$，它们在磁场中受微弱吸力。

铁磁体：在较弱的磁场作用下，就能产生很大的磁化强度，且与外磁场呈非线性关系变化。

亚铁磁体：这类磁体有些像铁磁体，但磁化率没有铁磁体那样大。通常所说的磁铁矿（Fe_3O_4）铁氧体等属于亚铁磁体。

反铁磁体：这类磁体的磁化率值是小的正数，在温度低于某温度时，它的磁化率同磁场的取向有关，高于这个温度，其行为像顺磁体。具体材料有 α-Mn、铬、氧化镍、氧化锰等。

6.3.2　磁场的测量仪器和原理

用于检测磁场的仪器主要有高斯计、磁通计、超导量子干涉仪、原子磁力仪、质子磁力仪、光泵磁力仪、磁通表、磁敏电阻、磁共振法和磁光效应等。不同的仪器有不同的作用和适用范围，根据需要进行仪器的选择非常重要。

（1）高斯计及原理

高斯计是检测磁场磁感应强度的专用仪器，是磁性测量领域中用途广泛的测量仪器之一。高斯计广泛应用于，永磁材料的表面空间磁场的分布（即我们通常所说的表磁测量）；磁路结构内的间隙磁场；通过永磁或交直流电流产生的磁场作用力应用于吸取铁磁材料的设备所产生的磁场（例如：除铁器、磁选机、永磁吸盘、电磁铁、退磁器）和铁磁物质的剩余弱磁场环境磁场。高斯计的读数以高斯（GS）或特〔斯拉〕T 为单位，高斯（GS）是常见非法定计量单位，特〔斯拉〕是法定计量单位。

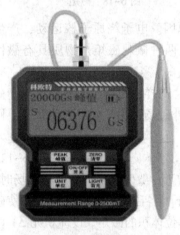

图 6-19　科欧特 KT-101 高斯计
磁场测试仪

高斯计是由作为传感器的霍尔探头及仪表整机两部分组成（图 6-19）。其中探头内霍尔元件的尺寸、性能与封装结构对磁场测量的准确度起着关键的作用。

高斯计的工作原理是霍尔探头在磁场中因霍尔效应而产生霍尔电压，测出霍尔电压后根据霍尔电压公式和已知的霍尔系数可确定磁感应强度的大小。所谓霍尔效应是电磁效应的一种，这一现象是美国物理学家霍尔于 1879 年在研究金属的导电机制时发现的。当电流垂直于外磁场通过半导体时，载流子发生偏转，垂直于电流和磁场的方向会产生一个附加电场，从而在半导体的两端产生电势差，这一现象就是霍尔效应，这个电势差也被称为霍尔电势差。

（2）磁性动态分析系统

磁性动态分析系统也称为磁通门磁力仪，又称为磁饱和式磁敏传感器。它是利用某些高导磁率的软磁性材料（如坡莫合金）作磁芯，以其在交直流磁场作用下的磁饱和特性及法拉第电磁感应原理研制的测磁装置。

这种磁敏传感器的最大特点是适合在零磁场附近工作的弱磁场环境中进行测量。传感器可做成体积小、质量小、功耗低，不受磁场梯度影响，测量的灵敏度可达 0.01nT。由于该磁测仪对磁材料的测量非常简便，故已较普遍地应用于航空、地面、测井等方面的磁法勘探工作中，在军事上，也可用于寻找地下武器（炮弹、地雷等）和反潜，还可用于预报天然地震及空间磁测等。

铁、钴、镍及其众多合金以及含铁的氧化物（铁氧体）均属铁磁物质。其特性之一是在外磁场作用下能被强烈磁化，故磁导率 $\mu=B/H$ 很高。另一特征是磁滞，铁磁材料的磁滞现象是在反复磁化过程中磁场强度与磁感应强度 B 之间关系的特性。即磁场作用停止后，铁磁物质仍保留磁化状态，图 6-20 为铁磁物质的 B 与 H 之间的关系曲线。

将一块未被磁化的铁磁材料放在磁场中进行磁化，图 6-20 中的原点 O 表示磁化之前铁磁物质处于磁中性状态，即 $B=H=0$，当磁场强度 H 从零开始增加时，磁感应强度 B 随之从零缓慢上升，如曲线 Oa 所示，继之 B 随 H 迅速增长，如曲线 ab 所示，其后 B 的增长又趋缓慢，并当 H 增至 H_S 时，B 达到饱和值 B_S，这个过程的 $OabS$ 曲线称为起始磁化曲线。如果在达到饱和状态之后使磁场强度 H 减小，这时磁感强度 B 的值也要减小。图 6-20 表明，当磁场从 H_S 逐渐减小至 O 时，磁感应强度 B 并不沿起始磁化曲线恢复到"O"点，而是沿另一条新的曲线 SR 下降，对应的 B 值比原先的值大，说明铁磁材料的磁化过程是不可逆的。比较线段 OS 和 SR

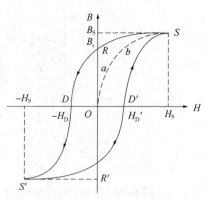

图 6-20　铁磁物质 B 与 H 的
关系曲线

可知，随着 H 减小，B 相应也减小，但 B 的变化滞后于 H 的变化，这种现象称为磁滞。磁滞的明显特征是当 $H=0$ 时，磁感应强度 B 并不等于 0，而是保留一定大小的剩磁 B_r。

当磁场反向从 0 渐变至 $-H_D$ 时，磁感应强度 B 消失，这说明要消除剩磁，可以施加反向磁场。当反向磁场强度等于某一定值 H_D 时，磁感应强度 B 才等于 0，H_D 称为矫顽力，它的大小反映了铁磁材料保持剩磁状态的能力，曲线 RD 称为退磁曲线。如果再增大反向磁场的磁场强度 H，铁磁材料又可被反向磁化达到反向的饱和状态，逐渐减小反向磁铁的磁场强度至 0 时，B 减小为 B_r。这时再施加正向磁场，B 逐渐减小至 0 后又逐渐增大至饱和状态。

图 6-20 还表明，当磁场按 $H_S \rightarrow O \rightarrow -H_D \rightarrow -H_S \rightarrow O \rightarrow H_D' \rightarrow H_S$ 顺序变化时，相应的磁感应强度 B 则沿闭合曲线 $SRDS'R'D'S$ 变化，可以看出磁感应强度 B 的变化总是滞后于磁场强度 H 的变化。这条闭合曲线称为磁滞回线。当铁磁材料处于交变磁场中(如变压器中的铁芯)时，将沿磁滞回线反复被磁化→去磁→反向磁化→反向去磁。磁滞是铁磁材料的重要特性之一，研究铁磁材料的磁性就必须知道它的磁滞回线。不同铁磁材料有不同的磁滞回线，主要是由于磁滞回线的宽度不同和矫顽力大小不同。

铁磁材料在交变磁场作用下反复磁化时会发热，要消耗额外的能量，因为反复磁化时磁体内分子的状态不断改变，所以分子振动加剧，温度升高。使分子振动加剧的能量是产生磁场的交流电源供给的，并以热的形式从铁磁材料中释放，将这种在反复磁化过程中能量的损耗称为磁滞损耗，理论和实践证明，磁滞损耗与磁滞回线所围面积成正比。应该说明的是，初始状态为 $H=B=0$ 的铁磁材料，在交变磁场强度由弱到强依次进行磁化，可以得到面积由小到大向外扩张的一簇磁滞回线，如图 6-21 所示，这些磁滞回线顶点的连线称为铁磁材料的基本磁化曲线。

基本磁化曲线上点与原点连线的斜率称为磁导率，由此可近似确定铁磁材料的磁导率 $\mu=B/H$，它表征在给定磁场强度条件下，单位 H 所激励出的磁感应强度 B，直接表示材料磁化性能强弱。从磁化曲线上可以看出，因 B 与 H 非线性，铁磁材料的磁导率不是常数，而是随 H 而变化的，如图 6-22 所示。当铁磁材料处于磁饱和状态时，磁导率减小得较快。曲线起始点对应的磁导率称为初始磁导率，磁导率的最大值称为最大磁导率，这两者反映了 μ-H 曲线的特点。另外铁磁材料的相对磁导率 $\mu_0=B/B_0$ 可高达数千乃至数万，这一特点是它用途广泛的主要原因之一。

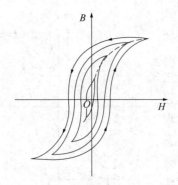

图 6-21　铁磁材料的基本磁化曲线

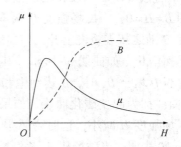

图 6-22　铁磁材料 μ-H 曲线

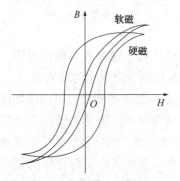

图 6-23　不同铁磁材料的磁滞回线

可以说磁化曲线和磁滞回线是铁磁材料分类和选择的主要依据，如图 6-23 所示，为常见的两种典型的磁滞回线。其中，软磁材料的磁滞回线狭长、矫顽力小（$<10^2\text{A/m}$），剩磁和磁滞损耗均较小，磁滞特性不显著，可以近似地用它的起始磁化曲线来表示其磁化特性，这种材料容易磁化，也容易退磁，是制造变压器、继电器、电机、交流磁铁和各种高频电磁元件的主要材料。而硬磁材料的磁滞回线较宽，矫顽力大（$>10^2\text{A/m}$），剩磁强，磁滞回线所包围的面积较大，磁滞特性显著，因此硬磁材料经磁化后仍能保留很强的剩磁，并且这种剩磁不易消除，可用来制造永磁体。

6.3.3　磁场的分析与应用

在物理学领域中广泛应用于磁场测量和研究。例如，通过测量磁场强度，可以研究磁性材料的性质和电磁场的分布规律。

电气工程：在电气工程领域，高斯计用于研究和开发电磁场相关的设备和系统。例如，高斯计可以用于电力设备、电机、变压器等设备的磁场测量和性能测试。

地质勘测：在地质勘测中，高斯计可用于测量地磁场强度，从而了解地质构造和地层等信息。这对于地质研究和矿产资源勘探具有重要意义。

电子设备检测：高斯计还可用于检测电子设备的磁场强度和电磁干扰。例如，对于硬盘驱动器、手机等设备，通过高斯计可以检测其磁场强度和电磁干扰是否符合标准。

汽车工业：在汽车工业中，高斯计可用于测量发动机和电机等部件的磁场强度，以确保其性能和安全性。

总之，高斯计作为一种测量磁场强度的仪器，在多个领域都有着广泛的应用。通过了解高斯计的工作原理和应用场景，我们可以更好地理解其在不同领域中的重要作用。

第7章　可靠性分析试验

可靠性分析理论源于 20 世纪 50 年代。在 1956 年，穆尔（Moore）和 C. E. 香农（C. E. Shannon）研究了可靠性系统和冗余理论，奠定了可靠性理论的基础，特别是在可靠性系统和冗余方面的工作，这标志着可靠性理论作为一个独立学科的开始。把可靠性理论运用到电子材料及器件，则始于 20 世纪 60 年代末。当时，由于电子产品规模扩大，产品的种类日益增加，系统安全可靠的问题日益突出。加之电子产品的日益普及，促使各国都高度重视相关产品的可靠性问题。电子产品的可靠性分析即是指研究导致薄弱环节的内因和外因，找出规律，给出改进措施和改进后对电子产品的可靠性的影响。

特别是在电子产品开发中，为了保证使用寿命和安全性问题，可靠性试验和评价是不可或缺的重要环节。一般的环境试验自不必说，更接近实际环境的复合测试，以及根据客户要求的定制测试等试验也必不可少。本章就是针对各种可靠性试验，结合一些实例加以阐述。

7.1　可靠性概述

7.1.1　可靠性的基本概念

所谓可靠性是指产品在规定条件下和规定时间内，完成规定功能的能力。产品的可靠性与"规定条件"是分不开的。这里所说的规定条件是指产品使用时的应力条件、环境条件和储存时的储存条件等。"规定条件"不同，电子产品的可靠性也不同。例如，同一半导体器件使用时，在不同功率输出状态下，其可靠性是不同的。一般的规律是小于额定功率时可靠性较高，等于额定功率时可靠性次之，大于额定功率时可靠性较差。

产品的可靠性与"规定时间"（即规定的工作时间）密切相关。一般来说，元器件经过筛选、整机经过老练后，产品在某一段时间内（较长的时间）可靠性水平较高。此后，随着使用时间的延长，可靠性水平逐渐降低；时间愈长，可靠性水平愈低。

产品的可靠性与"规定功能"有密切关系。一个产品往往具备若干项功能，或者说具有若干项技术指标。产品在使用时，要完成的是功能的全部而不是其中的一部分，或者说是要达到所有的技术指标而不是达到某一部分技术指标。

产品在实际使用中发生的失效往往与各种偶然因素有关。要判断某种产品会在什么时候发生故障是无法做到的，但大量的偶然事件——我们称其为随机事件中，隐藏着一定的规律性，偶然事件中包含着必然性。虽然我们不能精确地知道发生故障（或失效）的时间，但我们可以估计在某段时间（从产品开始使用算起）产品完成规定功能的能力大小，也即所谓产品可靠度的大小。

所谓可靠度，是指"产品在规定条件下和规定时间内，完成规定功能的概率"。例如，产品使用 1000h 的可靠度为 98%，这就意味着如果多次抽取 100 个同样的产品在规定的条件下工作 1000h，平均约有 98 个能完成规定的功能。

7.1.2　失效规律

产品失效规律的分析和研究是可靠性研究的主要内容之一。对产品的失效规律的分类通常有两种方法：一种是按产品的寿命特征分类；另一种是按产品的失效形式分类。

大量使用、试验结果表明，电子产品失效率随着时间的推移可划分为三个阶段，即早期失效期、偶然失效期和耗损失效期。

早期失效期是指产品加工制成后，投入工作的较早时期。其特点是失效率高，且产品的失效率随时间的增加而迅速下降。这一阶段是产品发生早期失效的阶段，也就是说，由于设计和制造工艺上的缺陷等因素而导致产品失效。尤其是设计不当、材料缺陷、加工制造缺陷检验不严等，最容易造成产品的早期失效。

偶然失效期出现在早期失效之后，此期间产品的失效纯属偶然事件。其特点是失效率低，工作较稳定。失效率近似为常数，与时间变化关系不大。失效原因均属偶然因素，产品的偶然失效期是产品可靠的工作时期，研究这一时期的失效因素，有重要的意义。

耗损失效期出现在产品使用的后期，是产品主要的失效时期。其特点是失效率随时间的延长而上升。这一时期又称衰老期、老化期，故障发生的原因主要是组成产品的元器件老化、疲劳、磨损、损耗以及维护保养不当等。

但是并不是所有电子产品都有三个失效期，有的产品只有其中的一个或两个失效期。某些质量低劣的产品其偶然失效期很短甚至在早期失效之后，紧接着就进入了耗损失效期，对于这样的产品进行任何可靠性筛选也是不行的。

7.1.3　失效分析

随着电子产品及器件可靠性水平的提高，以寿命试验为基础的传统失效分析方法已不能完全适应发展的需要。由于微电子学的发展，一种短时间、高应力的加速试验方法及其相应的分析方法逐步形成。对批量产品，以一定抽样程序，抽取一定数量的产品样品对其进行加速试验。对试验中的失效样品进行深入的物理分析，弄清其失效形式及失效原因，从而提出改进措施，以提高产品的可靠性水平。

失效分析往往采用较精密的仪器设备和分析手段进行电测试以及物理、化学、金相、显微等分析，并加以深刻的失效机理研究，以尽可能彻底地解决问题。采用失效机理分析的特点是效率高、成本低、摸清失效原因快，缺点是不能精确地估计产品的失效率。

失效形式分析过程分为以下几种。

① 失效调查：通过调查收集零部件的失效数量、应力、时间、任务、次数等失效数据并记录。

② 失效特征描述：根据失效部位的形状、大小、位置、颜色及化学组成、物理性质，科学地表达和说明与上述失效形式有关的现象或效应。

③ 失效形式鉴定：失效形式就是失效状态，如产品的物理性能恶化等。根据收集的失效数据的调查和失效现象的描述，鉴别失效形式。

④ 失效机理推断：根据上述有关特征的描述，结合产品的性质、有关制造工艺理论和实践，寻找可能导致该失效形式的内在原因或规律性，推断失效的机理。

⑤ 实验证实：通过一些有关的实验验证上述失效机理的推断是否正确。为了使结论准确、可靠，此种实验必须进行多次操作。

⑥ 改进措施：根据上述失效机理的判断，提出消除产品失效因素的有关建议与措施。

⑦ 新的失效因素的探索：由于改进措施的实行，产品可靠性水平提高了，但又可能出现新的失效因素，这就需要进一步探索和解决。

各种产品的失效形式和失效机理不会完全相同的，即使同一种产品，由于原材料来源不同或制造工艺不同，失效形式也不会完全相同。因此，在失效分析中要注意具体情况具体分析。失效机理的分析，通常有两种方法：一种是简单剖析法，一种是特殊仪器探测法。特殊仪器探测法又称非破坏性检验法，可以在不损伤物体的情况下，获取物体的内部结构和特性信息，如采用红外线扫描仪、红外显微镜、扫描电子显微镜、电子探针、X光仪等进行检验。

7.2 可靠性试验

可靠性试验指的是检验产品可靠性的手段和方法。它的分类有四种不同的方法。

① 按试验项目分类，可分为环境试验、寿命试验、特殊试验以及现场使用试验。

② 按对产品的损坏性质分类，可分为破坏性试验和非破坏性试验。

③ 按试验目的分类，可分为验收试验和鉴定试验。

④ 按产品种类分类，可分为元器件试验和设备试验。

对某一选定的产品进行可靠性试验时，主要是对其进行第一种分类中所规定的环境试验、寿命试验、特殊试验及现场使用试验。

7.2.1 环境试验

这里所说的环境，是指产品生产出来后所面临的一切可能接触的环境条件，它对产品性能影响的试验，要用模拟的方法进行。

环境条件大致有以下几种。

① 气候条件：如温度、湿度、气压、风、雨、雪、霜、沙尘、盐雾、腐蚀性气体等。

② 机械条件：如冲击、振动、离心、碰撞、跌落、摇摆、静力负荷、失重、爆炸音响激励、冲击波等。

③ 辐射条件：如太阳辐射、核辐射、宇宙射线辐射、磁场、电场、电磁波等。

④ 生物条件：如霉菌、昆虫、啮齿类动物等。

⑤ 电条件：如雷击、电晕放电、静电等。

⑥ 人为因素：如使用、维护、运输等。

影响产品性能的环境条件很多，但不可能对所有环境条件都进行模拟试验，而只是模拟其中的主要项目。例如元器件环境试验项目有冲击、振动、离心、温度、热冲击、潮热、盐雾、低气压等。

7.2.2　寿命试验

产品的寿命有三种提法：一是全寿命，二是有效寿命，三是平均寿命。所谓全寿命是指产品从开始使用直到报废所经历的实际使用时间。所谓有效寿命，是指某些产品的性能指标下降到额定值70%（产品并未损坏，只是性能指标下降）的使用时间。比如显像管或示波管的阴极发射率下降造成亮度下降，某些元器件参数变化造成性能变差，某些整机由于使用时间过长而引起机器衰老、性能下降等。所谓平均寿命，多数是指整机的平均无故障工作时间，通常表示为 MTBF（Mean Time Between Failure）。对于某种可修复产品，MTBF 是指各个产品相邻两次失效之间的工作时间的平均值。

产品寿命的提法还有不少，如储存寿命、可靠寿命、中位寿命、使用寿命等。寿命试验是可靠性试验的重要内容，通过这种试验可以了解产品的寿命特征、失效规律计算出产品的失效率和平均寿命等可靠性指标。寿命试验分为长期寿命试验和加速寿命试验两种。

（1）长期寿命试验

长期寿命试验包括长期储存寿命试验和长期工作寿命试验。长期储存寿命试验，就是将元器件在一定的条件下储存，定期测试其参数，并定期进行必要的例行试验，根据参数的变化和规定的失效标准，来确定产品的储存寿命或失效率。长期工作寿命试验又分为静态试验和动态试验。静态试验就是加大直流额定负荷的寿命试验，如电阻器、电位器、半导体管在规定温度下加上额定功率。采用此种方法试验的优点是设备简单，有一定的价值，但耗时、耗资。动态试验是模拟元器件实际工作情况的试验，其准确度比静态试验好。但由于该项试验要求更多的设备和费用，故只在某些必要的场合下应用。一般以静态试验为主。

（2）加速寿命试验

由于元器件可靠性水平的迅速提高，长期寿命试验的方法已不能适应需要，例如，要验证置信度为90%，失效率为 10^{-8}/h 的元器件。如果采用长期寿命试验方法进行试验，则要用23万只元器件工作1000h；或采用1000只元器件工作 $23×10^4$h（26 年），且不允许有一只失效。这样试验不仅代价高而且也是不现实的。因此，人们想出了加大应力、缩短时间的试验方法，即加速寿命试验法。其具体方法又有三种：

① 恒定应力加速寿命试验，将一定数量的样品分成几组，每组固定一种应力条件，一直试验到每组有一定数量的产品失效为止。

② 步进应力试验（又称阶梯应力试验），将一定数量的样品分为几组，每组固定一个逐级提高应力的时间，应力按规定时间由低向高逐级增加，一直到样品大量失效时为止。

③ 序进应力试验，一种随时间等速增加应力的方法，用于评估产品在复杂环境下的性能表现，这种试验方法需要有专门的设备。

为了迅速了解产品的寿命分布，分析产品的失效机理，提高产品的可靠性水平，加速寿命试验是一种值得引起重视的方法，在我国已广泛应用于电阻、电容、半导体管、接插件、继电器、绝缘材料、集成电路等产品的寿命试验上。

7.2.3　特殊试验

所谓特殊试验，就是用特殊的仪器进行的试验和检查。它在可靠性筛选工艺和筛选试验中使用较多。以下是几种主要的特殊试验和检查的方法。

① 红外线检查：当元器件设计不合理或有缺陷时，就会在局部产生过热点或过热区。用红外线探测和照相原理，可发现这些过热点或过热区。这样可在使用前将不可靠的元器件筛除。

② X射线检查：利用X射线照相方法可以检查导线、电缆等内部是否有缺陷，也可以透过半导体管和集成电路的封装外壳发现里面的污物、金属微尘和键合不良的引线等。

③ 氦质谱检漏：氦质谱检漏主要用来检查元器件的密封程度，其方法是将待检元器件在气压为零点几兆帕的氦气中放置一定时间，然后再放到氦质谱仪的真空中，此时氦气将从漏气孔中漏出，通过计算，即可算出漏气速率。

④ 放射性示踪检漏：放射性示踪检漏是将待检漏的元器件在气压为零点几兆帕的放射性示踪气体(如氪85)中放几个小时至几十个小时，取出后吹去剩余气体，放在一个辐射探测器中，根据它的读数可以推算出元器件的漏气率。

此外，还可以应用电子微探针、β射线仪、超声波、电子显微镜、微波设备等非破坏性仪器进行检查。这些方法用于对产品进行深入的检查和测试，以发现潜在的问题或缺陷，从而提高产品的可靠性和质量。

7.2.4　现场使用试验

现场使用试验是指在使用现场对产品工作可靠性进行的测量、试验，它是评价、分析产品寿命特征的试验。这种试验的环境条件就是产品使用的实际条件，通过这项试验可以获得产品在真实使用环境下的性能数据，从而更准确地评估产品的可靠性和寿命特征。

现场使用试验是最符合实际情况的试验。前述几种试验均属于人工模拟试验，模拟试验的正确与否，尚有待于实际使用情况的证实。因此，现场使用试验应该作为设计制造过程中的一个环节来加以规定。特别是电子设备和电子系统，不经过现场试验是不允许大量投入生产的。例如一部雷达、一架飞机、一枚导弹，也只有经过现场使用试验，合格后才能正式投产。可见，现场使用试验应该是电子设备研制过程中的一个程序。一台电子设备从出厂起，就要有一份设备履历表跟随着它，表中记载有此设备的制造厂家、出厂日期、使用单位、工作时间、环境条件、使用和维修情况。这份表相当于设备的档案，人们可以通过对同类设备履历表的统计分析，求得设备的失效率和无故障工作时间，找出失效原因，采取对策来改进产品性能，提高产品的可靠性水平。同时，这些现场统计数据还为今后电子设备的可靠性设计和预测提供参考。

7.3　可靠性试验的应用

7.3.1　高/低温试验

高低温试验具有模拟大气环境中温度变化规律。主要针对电工、电子产品以及其元器件和其他材料在高温、低温综合环境下运输、使用时的适应性试验。用于产品设计、改进、鉴定及检验等环节，以评估产品在极端温度条件下的性能表现和可靠性。

（1）高/低温试验的分类及方法

高/低温试验根据试验方法与行业标准可分为交变试验、恒温试验，两种试验方法都是在高/低温试验箱的基础上进行升级拓展的。

高温试验是用来确定产品在高温气候环境条件下储存、运输、使用的适应性。试验的严苛程度取决于高温的温度和暴露持续时间。参考的测试标准有 GB/T 2423.2—2008、IEC 60068-2-2 和 MIL-STD-810F 等。

低温试验是用来确定产品在低温气候环境条件下储存、运输、使用的适应性。试验的严苛程度取决于低温的温度和暴露持续时间。参考的测试标准有 GB/T 2423.1—2008、IEC 60068-2-1 和 MIL-STD-810F 等。

交变试验也称为温度冲击试验，是确定产品在温度急剧变化的气候环境下储存、运输、使用的适应性。试验的严苛程度取决于高/低温、驻留时间、循环数。参考的测试标准有 IEC 60068-2-14、GB/T 2423.22—2012 和 GJB 150—2009 等。

高/低温试验箱与高/低温交变试验箱（温度冲击试验箱）的区别主要在于控制部分与制冷部分。高/低温试验箱的控制部分主要是通过数显仪表控制的，而高/低温交变试验箱是通过可编程控制器控制的。数显仪表一般都为手动控制，能执行的命令一般为单次，而可编程控制器则是全自动控制的，可以预先把要设置的参数以及试验的次数设置进去，然后按照所设置的程序工作。高/低温试验箱的制冷部分比较单一，只要能够恒定在一定的温度就可以。而高/低温交变试验箱需要测算一定的冷量，以便在不同的温度点输出不同的冷量，来实现交变。它们的箱体结构基本一样，技术参数也是一样的。

（2）高/低温试验箱的性能指标

温度波动度：这个指标也有叫温度稳定度，控制温度稳定后，在给定任意时间间隔内，工作空间内任一点的最高和最低温度之差。这里的"工作空间"并不是指"工作室"，而是大约工作室去掉离箱壁各自边长的 1/10 的一个空间。这个指标考核高/低温试验箱的控制技术。

温度范围：指产品工作室能耐受和（或）能达到的极限温度。通常含有能控制恒定的概念，应该是可以相对长时间稳定运行的极值。一般温度范围包括极限高温和极限低温。一般标准要求指标为≤1℃或±0.5℃。

温度均匀度：旧标准称均匀度，新标准称梯度。温度稳定后，在任意时间间隔内，工作空间内任意两点的温度平均值之差的最大值。这个指标比下面的温度偏差指标更可以考核高低温试验箱的核心技术。一般标准要求指标为≤2℃。

温度偏差：温度稳定后，在任意时间间隔内，工作空间中心温度的平均值和工作空间内其他点的温度平均值之差。虽然新旧标准对此指标的定义和称呼相同，但检测已有所改变，新标准更实际，更苛刻一点，但考核时间略短。一般标准要求指标为±2℃，纯高温试验箱 200℃以上可按实际使用温度±2%要求。

（3）高/低温试验设备的选择

选择环境及可靠性试验设备时主要的依据是工程产品的试验规范和试验标准，图 7-1

显示的是恒温恒湿及高低温试验设备。环境及可靠性试验设备的选择应遵循以下基本原则。

(a)恒温恒湿设备   (b)高低温实验设备

图 7-1 恒温恒湿及高低温实验设备

① 环境条件的再现性：在试验室内完整而精确地再现自然界存在的环境条件是不可能的。但是，在一定的容差范围之内，试验设备可以提供非常相似的工程产品在使用、储存、运输等过程中所经受的外界环境条件。同时也应满足试验规范中对温度场的均匀性和温度控制精度的要求。只有这样，才能保证在环境试验中环境条件的再现性。

② 环境条件的可重复性：一台环境试验设备可能用于同一类型产品的多次试验，而一台被试的工程产品也可能在不同的环境试验设备中进行试验，为了保证同一台产品在同一试验规范所规定的环境试验条件下所得试验结果的可比较性，必然要求环境试验设备所提供的环境条件具有可重复性。也就是说，环境试验设备施用于被试验产品的应力水平(如热应力、振动应力、电应力等)对于同一试验规范的要求是一致的。环境试验设备所提供环境条件的可重复性是由国家计量检定部门依据国家技术监督机构所制定的检定规程检定合格后提供保证。为此，必须要求环境试验设备能满足检定规程中的各项技术指标及精度指标的要求，并且在使用时间上不超过检定周期所规定的时限。

③ 环境条件参数的可测控性：任何一台环境试验设备所提供的环境条件必须是可观测的和可控制的，这不仅是为了使环境参数限制在一定的容差范围之内，保证试验条件的再现性和重复性要求，而且从产品试验的安全出发也是必需的，以便防止因环境条件失控导致被试产品的损坏，带来不必要的损失。

④ 环境试验条件的排他性：每一次进行的环境或可靠性试验，对环境因素的类别、量值及容差都有严格的规定，并排除非试验所需的环境因素渗透其中，以便在试验中或试验结束后判断和分析产品失效与故障模式时，提供确切的依据，故要求环境试验设备除提供所规定的环境条件外，不允许对被试产品附加其他的环境应力干扰。

⑤ 箱体容积的选择：将被试产品(元器件、组件、部件或材料)置入气候环境箱进行试验时，为了保证被试产品周围气氛能满足试验规范所规定的环境条件，箱体工作空间尺寸与被试产品外廓尺寸之间应遵循以下几点规定：

（Ⅰ）被试产品的体积($W×D×H$)不得超过试验箱有效工作空间的20%~35%（推荐选用20%）。对于在试验中发热的产品推荐选用不大于30%。

（Ⅱ）被试产品的迎风断面积与该断面上试验箱工作腔总面积之比不大于35%~50%（推荐选用35%）。

（Ⅲ）被试产品外廓表面距试验箱壁的距离至少应保持100~150mm（推荐选用150mm）。

⑥ 试验设备的安全可靠性：环境试验，特别是可靠性试验，试验周期长，试验的对象有时是价值很高的产品，试验过程中，试验人员经常要在现场周围进行操作或测试工作，因此要求环境试验设备必须具有运行安全、操作方便、使用可靠、工作寿命长等特点，以确保试验本身的正常进行。试验设备的各种保护措施及安全联锁装置应该完善可靠，以保证试验人员、被试产品和试验设备本身的安全可靠性。

（4）高/低温试验设备的使用

① 合理选择高/低温试验箱试验设备。为保证试验正常进行，应该根据试验样品的不同情况，选择合适的试验设备，试验样品和试验箱的有效容积之间也要保持一个合理的比例。对于发热试验样品的试验，其体积应不大于试验箱有效容积的十分之一。对于不发热试验样品其体积应不大于试验箱有效容积的五分之一。

② 正确放置试验样品。高低温试验箱试验样品的安放位置，应离开箱壁10cm以上，对多个样品应尽量放在同一平面上。样品放置应不堵塞出风口和回风口，应给温湿度传感器也留出一定距离，以保证试验温度的正确。

③ 对湿热试验箱的使用。湿热试验箱用湿球纱布（湿球纸）是有一定要求的，不是任何纱布都能代用，这是因为相对湿度的读数是根据温湿度之差得出的，严格说还与当地当时的大气压力、风速有关。湿球温度示值与纱布吸入的水量、表面蒸发的情况密切相关。这些都直接与纱布质量有密切关系，所以气象上规定，湿球纱布必须是亚麻织成的专用"湿球纱布"，以保证湿球温度计（湿度）的正确性。另外湿球纱布的安放也有明确规定，纱布长度：100mm，紧密缠绕传感器探头，探头离湿度水杯20~30mm，纱布浸入水杯，这样才能保证设备控制的正确性和湿度的正确性。

④ 对于试验中所需加入介质的环境试验，应根据高低温试验箱试验要求正确添加。如湿热试验箱用水，有一定要求：试验箱用水电阻率不得低于500Ω·m。一般自来水电阻率较低，仅为10~100Ω·m，不满足要求；而蒸馏水和去离子水的电阻率较高，分别为100~10000Ω·m和10000~100000Ω·m，因此更适宜作为湿热试验用水。同时，用水必须新鲜，因为水与空气接触后，易受到二氧化碳和灰尘污染，导致电阻率下降。

7.3.2　恒温恒湿试验

恒温恒湿试验箱又称为"可程式恒温恒湿试验箱"，是指能同时施加温度、湿度应力的试验箱。它主要用于检测材料在各种环境下的性能，包括耐热、耐寒、耐干、耐湿等特性，适用于电子、电气、手机、通信、仪表、车辆、塑胶制品、金属、食品、化学、建材、医疗、航天等多个领域的产品质量检测。

（1）恒温恒湿试验箱原理

恒温恒湿箱由制冷系统、加热系统、控制系统、温度系统、空气循环系统和传感器系统等组成，图7-2为ESPEC(爱斯佩克)GPL系列可编程恒温恒湿试验箱。通过安装在箱体内顶部的旋转风扇，将空气排入箱体实现气体循环、平衡箱体内的温、湿度，由箱体内置的温、湿度传感器采集的数据，传至温、湿度控制器(微型信息处理器)进行编辑处理，下达调温调湿指令，通过空气加热单元、冷凝管以及水槽内加热蒸发单元共同完成。

图7-2 ESPEC(爱斯佩克)GPL
系列可编程恒温恒湿试验箱

恒温恒湿箱温度调节是通过箱体内置温度传感器，采集数据，经温度控制器(微型信息处理器)调节，接通空气加热单元来实现增加温度或者调节制冷电磁阀来降低箱体内温度，以达到控制所需要的温度。而湿度调节是通过箱体内置湿度传感器，采集数据，经湿度控制器(微型信息处理器)调节，接通水槽加热元件，通过蒸发水槽内的水来实现增加箱体内的湿度或者调节制冷电磁阀来实现去湿作用，以达到控制所需要的湿度。

加湿是恒温恒湿试验箱不同于高低温试验箱的最主要一部分，恒温恒湿试验箱通常采用外置隔离式，全不锈钢锅炉式浅表面蒸发式加湿器。除湿方式采用机械制冷除湿，将空气冷却到露点温度以下，使大于饱和含湿量的水汽凝结析出。

（2）恒温恒湿试验箱的选择

恒温恒湿箱的选择可参照高/低温试验箱的选择，在此不再赘述。

（3）恒温恒湿试验箱的使用

① 为了便于箱体散热及维护保养，恒温恒湿箱的安放应与相邻的墙壁或器物保持300mm的距离。且温度范围为15~35℃，相对湿度约为85%的场所。

② 恒温恒湿试验箱加湿器内的储水应每月更换一次，确保水质清洁，加湿水盘应每月清洗一次，确保水流顺畅。

③ 恒温恒湿试验箱运转时，超温保护的设定最高值需加20~30℃。试验箱内的温度升至超温保护的设定点时，加热器的供电会自动停止。如果试验箱长时间自动运行，建议在运转前务必检查超温保护器是否设定妥当，以确保试验箱的安全运行。

④ 当湿球测试布表面不干净或变硬，必须更换测试布。测试布约三个月更换一次，更换时应用清洁布擦拭测温体，更换新测试布时应先清洗干净。

⑤ 对于恒温恒湿试验箱湿球水位的检查与调整。积水筒水位不可过高，使水溢出积水筒，或过低，导致湿球测试布吸水不正常，影响湿球的准确性，水位大约保持六分满即可。积水筒水位之调整，可调整积水盒的高低。

⑥ 恒温恒湿试验箱长期停机不使用，应每月给设备通电，通电时间不小于1h。

7.3.3 温湿度循环试验

在自然环境中，温度和湿度是不可分割的两个自然因素，不同地区由于不同的地理位置，产生的温度、湿度效应也各不相同。例如我国北方地区冬天是低温低湿的环境，而南方地区的夏天是高温高湿的环境。

温湿度循环试验作为自然环境的模拟，可以用来确认产品在温湿度气候环境条件下储存、运输、使用的适应能力，常用于产品在开发阶段的型式测试、元器件的筛选测试。

（1）温湿度循环试验的应用范围

温湿度循环试验主要针对电工电子产品及材料、仪器仪表、军工、航空电子、光通信、家用电器、汽摩配件、工业电器、化工涂料及其他相关产品零部件。

（2）温湿度循环试验的目的

验证产品及材料在高低温及大气湿度条件下，所承受环境变化的能力。

高低温循环试验目的：检验产品及材料受到长时间冷热温度交变作用后热应力对产品性能的影响作用。

湿热试验目的：检验产品受到高温高湿环境时的劣化特性，评价材料的吸湿特性、结露特性，及产品在湿热环境下的储存和使用性能。

（3）温湿度循环试验设备及方法

一般采用恒温恒湿试验箱进行试验，其控制方式为，设定一个目标温度及湿度值，试验箱具有自动恒温到目标温度湿度的能力。试验箱还能设定一条或者多条高低温变化、循环的程序，有能力根据预置的曲线完成试验过程，并且可以在最大升温、降温速率能力的范围内，精确控制升温、降温的速率。

温度循环的技术参数设定如图7-3所示，有高温温度、高温保持时间、下降速率、低温温度、低温保持时间、上升速率、循环次数。试验的严苛程度取决于高/低温、湿度和暴露持续时间。相关的测试参考标准有：GB/T 2423.34—2012、IEC 60068-2-38：2009等。

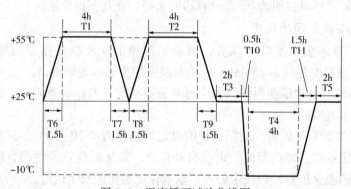

图7-3　温度循环试验曲线图

T1、T2、T3期间，湿度为(93±3)%RH，T4期间无规定。

其他区间的湿度为80%RH以上，该设定为JIS C 60068-2-38所规定。

7.3.4　冷热冲击试验

冷热冲击试验又名温度冲击试验或高低温冲击试验，是金属、塑料、橡胶、电子等材料行业必备的测试设备，用于测试材料结构或复合材料，在瞬间下经极高温及极低温的连续环境下忍受的程度，得以在最短时间内检测试样因热胀冷缩所引起的化学变化或物理伤害，确认产品的品质。

冷热冲击试验主要的适用对象包括电子电气零组件、自动化零部件、通信组件、汽车配件、金属、化学材料、塑胶等行业及国防工业、航天、兵工业、BGA、PCB基扳、电子芯片

IC、半导体陶瓷及高分子材料的物理性能变化。冷热冲击试验应符合 GB/T 2423.1.2—2008、
GB/T 10592—2023 等相关标准。

（1）冷热冲击试验箱的结构

图 7-4 为冷热冲击试验箱的外观，冷热冲击试验箱
根据试验需求及测试标准分为三箱式和两箱式，区别在
于试验方式和内部结构不同。三箱式分为蓄冷室，蓄热
室和试验室。产品在测试时是放置在试验室。两箱式分
为高温室和低温室，是通过电机带动提篮运动来实现高
低温的切换，产品放在提篮里，是随提篮一起移动的。

液槽式冷热冲击试验箱，液槽式冷热冲击试验是将
样品交替浸泡在高温和低温的液体介质（具有电绝缘性、
难燃的氟类有机溶剂）中的试验。与气槽式冷热冲击试
验相比，液槽式冷热冲击试验可以得到更急剧的温度变
化，这是其显著特点。

图 7-4　冷热冲击试验箱（两箱）

由于液槽式冷热冲击试验要比气槽式冷热冲击试验
严苛，所以液槽式试验与气槽式试验没有相关性，其结果一定要注明采用的试验方式。

（2）冷热冲击试验箱的使用

一般来说，冷热冲击试验箱的操作分为五步：预处理、初始检测、试验、恢复、最后
检测。

预处理：将被测样品放置在正常的试验大气条件下，直至达到温度稳定。

初始检测：将被测样品与标准要求对照，符合要求后直接放入冷热冲击试验箱内。

试验：试验样品应按标准要求放置在试验箱内，并将试验箱（室）内温度升到指定温度，
保持一定的时间至试验样品达到温度稳定。高温阶段结束后，在 5min 内将试验样品转换到
已调节到低温（如-55℃）的低温试验箱（室）内，保持 1h 或者直至试验样品达到温度稳定。
低温阶段结束后，在 5min 内将试验样品转换到已设定的高温试验箱（室）内（如 70℃），保
持 1h 或者直至试验样品达到温度稳定。如此，不断重复完成所规定的循环周期，图 7-5 显
示了冷热冲击试验的循环曲线。

恢复：试验样品从试验箱内取出后，应在正常的试验大气条件下进行恢复，直至试验样
品达到温度稳定。

检测：对照标准中的受损程度及其他方法进行检测结果评定。

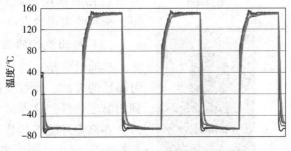

图 7-5　冷热冲击的循环曲线

(3) 冷热冲击试验的注意事项

虽然一般的冷热冲击试验标准中对冷热冲击试验的起始温度不予提及或不作硬性规定，但这却是试验进行时必须考虑的问题。实际上，起始温度的选择对于测试的进行和结果有着重要的影响，这是因为起始温度直接关系到测试是在低温还是高温状态下结束，进而决定了测试结束后是否需要对产品进行烘干以及烘干的时间长短，这些都可能影响到测试的总时长和成本。

如果试验结束在低温标准下，受试产品从冷热冲击试验箱(室)内取出后，应在正常的试验大气条件下进行恢复，直到样品达到温度稳定，该操作过程中，测试样品表面可能会产生凝露，这可能会对产品产生影响，从而改变试验的性质。为了消除这一影响避免长时间恢复延长试验实施时间，可将样品在50℃的高温箱中恢复，再在常温中达到温度稳定。实施指南中提出可改变起始冲击温度，从低温开始试验，以使试验结果在高温，避免产品移出冷热冲击试验箱时产生凝露。

两种试验方法(一种为从高温开始实验，一种为从低温开始实验)都使受试样品经受六次极端温度(三次高温，三次低温)作用及五次温度冲击过程，只是不同冲击方向的次数有所不同，这两种试验可能达到的试验效果是基本相同的，但后一种试验方法无须增加烘干时间，从而缩短了冷热冲击试验时间。

7.3.5 热油试验

热油试验通常用来测试印制电路板(PCB)的耐热性能，特别是铜箔与基材、通孔中铜层与孔壁的附着力和耐热性。这种测试方法通过将PCB暴露在高温的热油环境中，观察其是否能够承受温度变化带来的影响，从而评估其在实际使用中可能遇到的温度波动下的可靠性和稳定性。

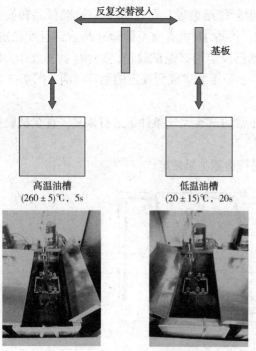

图7-6 热油试验箱的工作原理

热油试验通常是用来对制成的印制电路板，特别是铜箔与基材、通孔中铜层与孔壁的附着强度的评价。所对应的评价方法如日本的工业标准JIS C5012 9.3 和IPC-6011 等。

(1) 热油试验箱的结构

热油试验箱的结构如图7-6所示，它是由两个高低温油箱部分，样品传送控制部分和样品的电阻测试部分所组成，通过印制电路板通孔的铜层电阻或基材表面铜箔的电阻，来判断铜层的剥离(断裂)的情况。

(2) 热油试验的应用

热油试验是一种评估印制电路板(PCB)可靠性的方法，通过模拟实际使用中可能遇到的温度条件。这种试验方法主要用于评估PCB在高温环境下的稳定性和可靠性，特别是在考察PCB的连接部分是否能够在高温条件下保持正常工作，不出现失效的情况。通过这种方式，可以在短时间内对批量生产的 PCB 进行质量检查，确保产品的品质符合标准。同时基于该加速性试验的结果，也可以对新型基材进行评价和筛选。

7.3.6 结露循环试验

结露循环试验是一种可靠性试验，旨在模拟和评估产品在温度变化环境下结露现象的影响。主要是测试安装在有一定湿度区域的电子元器件或材料暴露在极限湿度下能否满足功能要求。结露循环试验对于揭示和评估由温度变化引起的潜在材料和制造质量缺陷具有重要意义。

（1）凝露现象

当湿热的环境空气遇到低于露点温度的产品表面时，水汽就会凝结在其表面并形成露滴。凝露实际上是水分子在产品上吸附的一种现象，但它是在试验温度变化时产生的，在升温阶段，产品表面温度低于周围空气露点温度时，水蒸气便会在产品表面凝结成液体形成水珠，在交变湿热试验的升温阶段，由于产品的热惯性，使得它的温度上升滞后于试验箱的温度。因此，表面产生凝露量的多少取决于产品本身的热容大小以及升温速度和升温阶段的相对湿度。在交变湿热试验的降温阶段，封闭外壳的内壁比壳内空气降温快，因此也会出现凝露现象。

（2）结露试验方法

通常在高湿（90%RH～100%RH）环境下，将温度从40℃或55℃变化到25℃，使测试样品表面结露，利用如图7-7所示的循环试验参数通过绝缘电阻的变化来评价线路板的耐受性（如图7-8所示）。

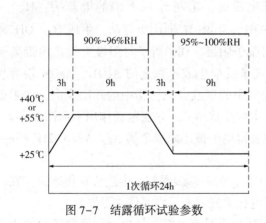

图7-7 结露循环试验参数

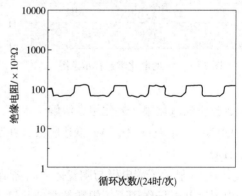

图7-8 结露循环试验结果

结露试验可以在一个具有结露功能的气候箱中完成。在结露试验的过程中，因为气流的原因，测试样品应被摆放在试验箱的中心位置保证试验箱内的温度和湿度能够均匀地作用于样品，避免由于位置不当导致试验条件的不一致。同时，试验过程中还需要注意控制试验箱内的气流，确保样品周围的风速不低于规定值，以模拟实际使用环境中的气流条件。通过此流程得到理想结露试验结果的前提是，所使用的气候箱提供的试验室内墙和试验室温度的温度差，小于试验件和试验温度的温度差。试验件上结露薄膜密集度取决于试验室内的相对湿度和水浴温度的梯度。结露试验仅允许使用蒸馏水（在气候试验箱的试验盘中导电性最大为 5μS/cm）。

从试验的起始温度开始试验，为了让试验件适应环境，气候箱要保持起始温度半个小时，紧接着结露阶段开始。试验开始后 30min 直至结束前 30min，所有的功能测试都要在温度升高 10K 的情况下进行。测试循环不得超过 2min，否则试验样品可能会因为过热而无法正确模拟实际使用中的结露情况，从而影响测试结果的准确性。

7.3.7　电迁移试验

电迁移指在电子产品内部，距离较近的两个金属电极之间，具有一定的电压且环境湿度较大的情况下，阳极金属(或氧化物)溶解形成离子。这些离子在电场作用下会发生迁移，运动到另一极金属处并得到电子形成金属(或氧化物)沉积的过程。

随着电子产品向小型化/集成化的发展，线路和层间间距越来越小，电迁移问题也日益受到关注。一旦发生电迁移会造成电子产品绝缘性能下降，甚至短路。电迁移失效同常规的过应力失效不同，它的发生需要一个时间累积，失效通常会发生在最终客户的使用过程中，可能在使用几个月后，也可能在几年后，往往会造成经济和声誉上的重大损失。

(1) 电迁移机理模型

① 经典电化学迁移模型：在经典模型中，电化学迁移机理是阳极的金属被氧化形成金属离子，并且在阴极(低电位)还原形成金属枝晶，该模型是银迁移的第一种理论解释，后来发现其他金属也有相似现象。发生经典电化学迁移的常见金属有：Ag、Cu、Sn、Pb、Mo、Zn 等。

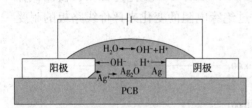

图 7-9　Ag 的电化学迁移示意图

以 Ag 的电化学迁移为例，如图 7-9 所示，在潮湿的环境下两极间产生液膜，当两极间施加直流电压时，电场作用下水的电解为：$H_2O \rightarrow H^+ + OH^-$，其中 H^+ 向阴极移动，生成 H_2，OH^- 离子富集于阳极。OH^- 离子与阳极上氧化的银离子 Ag^+ 离子反应生成不稳定的 AgOH，AgOH 很容易和空气中的氧或合成树脂中的基团反应，在阳极侧生成胶质的氧化银。氧化银会溶解于水中，水解生成 Ag^+，并在电场作用下向阴极移动。$Ag^+ + OH^- \rightleftharpoons Ag_2O + H_2O$。$Ag^+$ 抵达阴极，在阴极得电子被还原成金属 Ag。$Ag_2O + 2H^+ + 2e \rightarrow 2Ag + H_2O$

图 7-10 显示了端电极与陶瓷体之间烧结不良，为内部银颗粒发生迁移提供通道，在一定的温湿度及电场作用下，银颗粒腐蚀并发生电化学迁移而导致元件功能失效。

② 污染物电化学迁移模型：指的是在正常环境下具有良好的抗电化学迁移能力的贵金属，如 Au、Pt、Pd 等，当有卤素、酸碱等杂质存在时，受到污染而产生电化学腐蚀所引起的电化学迁移行为。

以 Au 的电化学迁移为例，如图 7-11 所示，在潮湿环境下两极之间产生液膜，当两电极间施加直流电压时，由于存在卤素或酸碱等污染性离子，如在 Cl^- 的作用下，Au 会发生特定络合反应，这个反应会导致 Au 离子化，并在电场的作用下发生迁移。

$$AuCl_4^- + OH^- \longrightarrow [Au(OH)_x Cl_y]^{n+}(pH \geqslant 7)$$

$$AuCl_4^- + H^+ \longrightarrow H[AuCl_4] \longrightarrow H^+ + Cl^- + Au^{3+}(pH < 7)$$

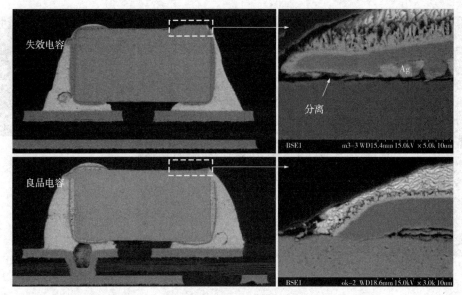

图 7-10　端电极与陶瓷体烧结后的 SEM 图片

形成 Au 的阳离子或阳离子基团，Au 阳离子在电场的作用下定向移动至阴极，Au 阳离子在阴极得电子，沉淀为金枝晶：$Au^{3+}+3e^-\rightarrow Au$。

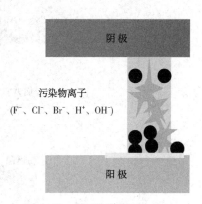

图 7-11　基于污染物 Au 的电化学迁移

在污染致电化学迁移中，Cl^- 的腐蚀是最常见也是较为严重的。由于 Cl^- 的半径小、活性大，因此 Cl^- 常常能从钝化膜或三防漆结构的缺陷处渗透过去，与电极表面的金属离子发生相互作用，从而将其从电极表面拉出来。当芯片表面水膜中 Cl^- 含量达到 0.1~0.001mol/L 时，阳极易获得金属的电子，金属会在阳极溶解形成金属阳离子。此外，H^+、OH^- 的污染都会造成阳极的金属发生溶解，引发电化学迁移。在实际生活中，如蟑螂屎为酸性物质，洗衣粉、洗涤剂、水泥、石灰等都是碱性物质，都可能会对电子元器件、电路板造成污染致电化学迁移。

如图 7-12 所示，PCB 表面位置 1 处的焊点表面存在异物，量测异物的引脚发现短路现象，清除异物后量测，短路现象消失。通过电子显微镜进行进一步放大，并对中间部分进行元素分析，可观察到焊点处的锡溶解并迁移到了中间位置。

③ 阳极枝晶生长模型：指在阳极表面上生长出枝晶，主要集中于 Ni、Co、Cu 等金属及其化合物，即金属离子可与氢氧根反应生成带负电荷的酸式盐。一般情况下很难理解如何在阳极形成枝晶，目前较合理的解释为金属酸式盐的分解反应和歧化反应。

以 Ni 的电化学迁移为例，如图 7-13 所示，在潮湿的环境下两极间产生液膜，当两极间施加直流电压时，Ni 阳极金属发生阳极腐蚀，生成金属 Ni^{2+} 离子，

$$Ni \longrightarrow Ni^{2+}+2e^-$$

Ni^{2+} 发生进一步的化学反应，生成带负电荷的酸式盐，如

$$Ni^{2+}+2H_2O \longrightarrow HNiO_2^-+3H^+$$

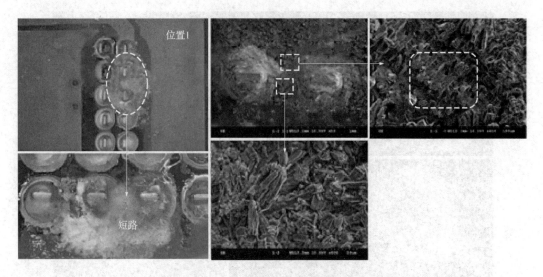

图 7-12　在 PCB 焊点间，由于助焊剂污染导致 Sn 的电化学迁移

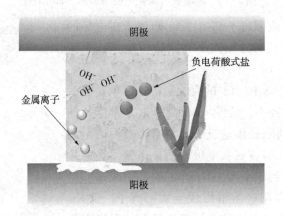

图 7-13　基于 Ni 阳极枝晶生长的电化学迁移

负电荷酸式盐在电场作用下向阳极移动，在阳极表面发生电化学反应产生沉积物。

$$HNiO_2^- + H^+ \longrightarrow Ni_3O_4 + 2H_2O + 2e^-（酸性）$$

$$HNiO_2^- + Ni^{2+} \longrightarrow Ni + Ni_3O_4 + 2H_2O + 2e^-（中性）$$

$$HNiO_2^- + OH^- \longrightarrow Ni + O_2 + 2H_2O + 2e^-（碱性）$$

④ 绝缘组分还原致电化学迁移模型：指金属离子来源于器件或电路中的绝缘组分，如陶瓷、玻璃陶瓷基电子器件、封装或者互连材料，含有多种混合材料，特别是无机黏结剂包含各种组分，例如金属氧化物，而非金属电极或金属涂层，绝缘组分中的金属化合物在化学作用下变成金属离子，最终沉积到阴极上形成枝晶。

如图 7-14 所示，绝缘组分中的金属氧化物 M_2O_n，在化学作用下变成金属离子 M^{n+}，如 $Bi_2O_3 + H^+ \rightarrow 2Bi^{3+} + 3H_2O$。金属离子 Bi^{3+} 在电场作用下发生定向移动，聚集于阴极表面，阴极表面的金属离子 Bi^{3+} 得电子，沉积生成金属枝晶，$Bi^{3+} + 3e^- \rightarrow Bi$。

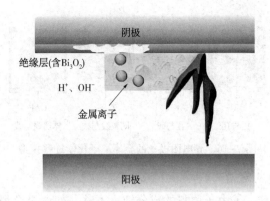

图7-14　绝缘组分中 Bi_2O_3 还原的电化学迁移模型

⑤ 虚拟化学迁移模型：指沉积金属来源于靠近阴极附近的电介质层，电解质层中的氧化物在电化学作用下得电子局部被还原成金属单质，沉积于阴极的过程。例如：电介质层中含有 Bi_2O_3 和 CuO 等。

如图7-15所示，当电解质层中含有易还原的金属氧化物时，在两电极间施加直流电压，则金属氧化物被还原沉积成金属枝晶。$M_2O_n + H^+ + 2ne^- \rightarrow M + nH_2O$ 虚拟化学迁移在阴极只存在一个电化学过程，没有离子化和离子迁移过程。

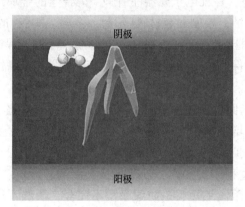

图7-15　虚拟化学迁移模型

⑥ 导电阳极丝（CAF）模型：指由于玻纤与树脂间存在缝隙，在后期的正常使用过程中由于孔间电势差作用，在湿热的条件下，铜发生水解反应并沿着玻纤缝隙的通道迁移并沉积所形成。

图7-16所示铜在线路板的玻纤与树脂间的迁移模型，当树脂和玻纤间存在间隙时，可为离子迁移提供通道，在潮湿的环境下，当在两者媒介存在电势差时，可为离子的迁移提供足够的动力。如印制电路板的孔与孔之间存在间隙，Cu 发生如下电化学反应。

阳极反应为

$$Cu \longrightarrow Cu^{2+} + 2e^-$$

$$H_2O \longrightarrow 1/2O_2 + H^+ + 2e^-$$

阴极反应为

$$Cu^{2+} + 2e^- \longrightarrow Cu, \quad H_2O + 2e^- \longrightarrow 1/2H_2 + OH^-$$

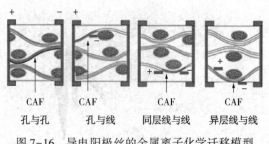

CAF | CAF | CAF | CAF
孔与孔 | 孔与线 | 同层线与线 | 异层线与线

图 7-16　导电阳极丝的金属离子化学迁移模型

（2）电迁移的原因及防治

电迁移的原因主要有：①由于原料的成分纯度不够，如电极金属原料中含有杂质金属，构成原电池促进电化学腐蚀；②工艺辅料中含有超标的卤素离子或其 pH 值不合格；③工艺加工质量不到位，焊接、三防漆涂覆存在工艺缺陷；④工艺加工环境的湿度超标或存在超标的粉尘、尘土等；⑤人工操作过程中手上或身上的汗液黏附到器件表面；⑥含有腐蚀性物质、金属杂质在工艺过程中黏附到器件上；⑦产品在工作环境的温度和湿度超过了标准要求。

为了有效防止电化学迁移的产生，需要做到以下几点：

① 严格控制原料质量，保证电子元器件引脚、键合丝的金属纯度，避免含有杂质金属形成原电池加速电化学腐蚀；控制封装材料（塑封、金属、陶瓷）的杂质含量。

② 严格控制工艺辅料质量，保证焊锡膏、助焊剂、焊料、焊锡丝、胶黏剂、防潮油和清洗剂等材料的质量，确保其成分符合标准，不会引入卤素等腐蚀性离子；固含量、酸度等适用于产品的应用需求。

③ 添加三防漆、纳米保护涂层、采用灌装工艺等，根据电化学迁移发生的条件通过隔绝水汽、污染物、杂质，增加两极之间的介电性等方式；在易发生电化学迁移的部位添加防电化学腐蚀或迁移的保护措施。

④ 规范及控制工艺过程中的操作，规范焊接、清洗、涂覆、电镀、密封等工艺过程，避免焊点过大导致两电极距离缩短、三防漆涂覆不完全、清洗不彻底等情况，确保每个工艺过程达到标准。

⑤ 控制储存及工艺过程环境的湿度、空气中尘土等。原料储存或器件工艺加工环境的湿度过大会造成加工材料表层的水分被封进元器件或 PCB 板内部，大大增加了发生电化学迁移的概率。空气中的粉尘、尘土若散落在器件上，可能会阻碍散热，导致局部温度升高。尘土中可溶性盐类可以吸收大气中的水分，增加两极间形成液膜的概率。带电尘土吸附在电路板上可能会形成分布电容改变电路板表面的电场分布等。

⑥ 提高产品制造的机械化程度、减少人工污染。人体的汗液中含有大量的 NaCl，其中 Cl^- 是导致电化学失效最常见且严重的污染物。因此，尽量减少关键环节的人工操作，提高产品的机械化程度，有利于控制电化学迁移的发生。

⑦ 从设计端着手，修改元器件分布、排线等，细化工艺精密度。关键元器件避免使用易迁移的金属引脚、引线等；使用抗迁移能力强的钎料；避免不同元器件间电场的耦合叠加等影响，加速电化学腐蚀；合理规划电路板的排线，在电场较大的区域保证足够的预留空间；设计芯片、电路的过程中引入"冗余设计"理念，扩大工艺参数窗口；对生产设备进

行及时计量、更新，细化工艺精密度，保证精细度，符合设计要求，特别是微型的元器件。

（3）电迁移评估试验方法

水滴试验：指在带有一定电压的两个电极间滴上一滴电解液，利用微安表记录回路中的电流变化情况，同时可以用显微镜、成分分析仪原位观察和分析（SEM、EDS、XPS、TEM）电化学迁移行为。

模拟环境试验法：包括加速式温度湿度偏置试验和高加速温度湿度及偏压试验。通常将样品置于高温、高湿度的密闭环境中，并在电极的两端加上一定的电压测试样品的抗电化学迁移性能。

在工业上主要采用表面绝缘电阻法测试电路或电子元器件的抗电化学迁移性能，该方法是指在特定温度、湿度的环境中，将额定的电压施加在电路两端，在此期间，采用高阻计或兆欧表监测电路间是否有瞬间短路或出现绝缘失效的缓慢漏电情况发生。图7-17（a）为测试PCB板，将该PCB板置于温度为（85±2）℃，湿度为87%RH±2%RH的恒温恒湿箱中，施加100V的电压（通常是服役环境电压的2倍），测试结果如图7-17（b）所示，在近600h时，由于铜的迁移，导致PCB板的失效。

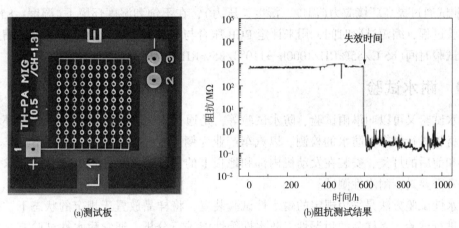

(a)测试板   (b)阻抗测试结果

图7-17　PCB板孔内铜的电化学迁移

7.3.8　高加速温度和湿度压力试验（HAST）

高加速温度和湿度压力试验（HAST）主要用于评估在湿度环境下产品或者材料的可靠性，是通过在高度受控的压力容器内设定和创建温度、湿度、压力的各种条件来完成的。这些条件加速了水分穿透外部保护性塑料包装，并将这些应力条件施加到材料本体或者产品内部。相对于传统的高温高湿测试，如85℃/85%RH（双85试验），HAST增加了容器内的压力，使得可以实现超过100℃条件下的温湿度控制，能够加速温湿度的老化效果（如迁移，腐蚀，绝缘劣化，材料老化等），大大缩短可靠性评估的测试周期，节约时间成本。HAST高加速老化测试已成为某些行业的标准，特别是在PCB、半导体、太阳能、显示面板等产品中，作为标准高温高湿测试（如85℃/85%RH-1000h）的快速有效替代方案。

（1）HAST的适用范围

HAST试验广泛用于PCB、IC半导体、连接器、线路板、磁性材料、高分子材料、EVA、光伏组件等行业相关产品作加速老化寿命试验，用于评估产品密封性、吸湿性及老化性能。

（2）HAST 的试验目的及标准

为了提高环境应力（如温度）与工作应力（施加给产品的电压、负荷等），加快试验过程，缩短产品或系统的寿命试验时间，因此用来确定成品质量的测试时间也相应增加了许多为了提高试验效率、减少试验时间。相关的试验标准有 IEC 60068-2-66，JES D22-A102-B，EIAJED4701，EIA/JESD22 和 GB/T 2423.40—2013。

（3）HAST 的应用

PCB 离子迁移问题。PCB 为确保其长时间使用质量与可靠度，需进行表面绝缘电阻的试验，通过其试验方式找出 PCB 是否会发生离子迁移与 CAF（阳极导电细丝）现象，离子迁移是在加湿状态下（如 85℃/85%RH），施加恒定偏压（如 50V），离子化金属向相反电极间移动（阴极向阳极生长），相对电极还原成原来的金属并析出树枝状金属的现象。这种迁移往往会造成 PCB 导体间短路问题，是 PCB 非常重要的检测项目。

由于通过常规温湿度的环境来激发迁移的发生，通常需要一个比较长的周期，甚至动辄 1000h 或 2000h，对于一些产品开发周期较短的产品来说，这样的试验周期会拖后腿。HAST 测试通过提高环境应力（温度、湿度、压力），在不饱和湿度环境下（湿度：85%RH）加快试验过程，缩短试验时间，用来评定 PCB 压合与相关材料的吸湿效果状况，缩短高温高湿的试验时间（85℃/85%RH/1000h→110℃/85%RH/264h）。

7.3.9　耐水试验

耐水试验又可以叫淋雨试验、防水试验等，是通过人工模拟系统自然雨水的环境，对产品或材料进行可靠性防水的检测。以汽车产业为例，在汽车的零部件中，不仅车轮周围的零件和前后的灯类，安装在发动机内部和地板上的零件对耐水性也有很高的要求，这些产品通常需要进行耐水性测试。

耐水性试验方法是采用规定的耐水性试验装置，将样品放置于规定的状态下，按规定的条件进行试验，对样品的耐湿性、防水性等性能进行分析。通常耐水性试验有 4 类，如表 7-1 所示。图 7-18 显示了样品在试验箱内不同的淋水状态。

表 7-1　耐水性试验种类及目的

试验种类	试验目的
湿气试验	样品承受湿气的能力
	高温、多湿条件下的样品试验
淋水试验	水接触样品的试验
	间接受到风雨或水淋的样品测试
喷水试验	直接受到风雨或水淋的样品测试
	遭受强受水状态的样品测试
浸水试验	可能会暂时泡水的样品测试
	经常泡水的样品或为了完全防水的样品测试
	考察特殊的防水性能试验

图 7-18   样品在试验箱内不同淋水状态

7.3.10   盐雾试验

腐蚀是材料或其性能在环境的作用下引起的破坏或变质。大多数的腐蚀发生在大气环境中，大气中含有氧气、湿度、温度变化和污染物等腐蚀成分和腐蚀因素。盐雾腐蚀就是一种常见的最有破坏性的大气腐蚀。盐雾对金属材料表面的腐蚀是由于含有的氯离子穿透金属表面的氧化层和防护层与内部金属发生电化学反应引起的。氯离子对金属材料的腐蚀是一个复杂的过程，主要由于其具有一定的水合能，易被吸附在金属表面的孔隙、裂缝中，排挤并取代氧化层中的氧，将不溶性的氧化物转变为可溶性的氯化物，导致钝化态表面变为活泼表面，从而引发腐蚀现象。

盐雾测试是一种利用盐雾试验设备创造人工模拟盐雾环境条件，来考核产品或金属材料耐腐蚀性能的环境试验。它分为两大类，一类为天然环境暴露试验，另一类为人工加速模拟盐雾环境试验。人工模拟盐雾环境试验是利用一种具有一定容积空间的试验设备——盐雾试验箱，在其容积空间内人工模拟盐雾环境来对产品的耐盐雾腐蚀性能质量进行考核。与天然环境相比，盐雾环境的氯化物浓度，可以是一般天然环境盐雾含量的几倍或几十倍，使腐蚀速度大大提高。对产品进行盐雾试验，得出结果的时间也大大缩短，如在天然暴露环境下对某样品进行试验，待其腐蚀可能要 1 年，而在人工模拟盐雾环境条件下试验，只要 24h 即可得到相似的结果。

（1）盐雾试验分类

人工模拟盐雾试验又包括中性盐雾试验（NSS）、醋酸盐雾试验（ASS）、铜盐加速醋酸盐雾试验（CASS）和交变盐雾试验（CCT）。

中性盐雾试验（NSS）是出现最早，应用领域最广的一种加速腐蚀试验方法。一般情况下，它采用 5% 的 NaCl 盐水溶液，溶液 pH 值调在中性范围（6.5~7.2）作为喷雾用的溶液。试验温度设定在 35℃，要求盐雾的沉降率在 $1~3mL/80cm^2 \cdot h$ 之间。

醋酸盐雾试验（ASS）是在中性盐雾试验的基础上发展起来的。它是在 5%NaCl 水溶液中加入一些冰醋酸，使溶液的 pH 值降为 3 左右，溶液变成酸性，最后形成的盐雾也由中性盐雾变成酸性。它的腐蚀速度要比中性盐雾试验快 3 倍左右。主要用于对金属材料以及金属上的金属镀层或非金属无机镀层的检验，以评估其耐腐蚀性能。

铜盐加速醋酸盐雾试验（CASS）是国外新近发展起来的一种快速盐雾腐蚀试验，试验温度为 50℃，在 5% 的氯化钠溶液中加入少量铜盐（氯化铜），强烈诱发腐蚀。它的腐蚀速度大约是中性盐雾试验的 8 倍，能够更快地模拟和评估材料在长时间暴露于恶劣环境下的腐蚀情况。

交变盐雾试验（CCT）是一种综合盐雾试验，它实际上是中性盐雾试验加恒定湿热试验。它主要用于空腔型的整机产品，通过潮态环境的渗透，使盐雾腐蚀不但在产品表面产生，也在产品内部产生。它是将产品在盐雾和湿热两种环境条件下交替转换，最后考核整机产品的电性能和机械性能有无变化。

（2）试验标准

盐雾试验标准是对盐雾试验条件，如温度、湿度、氯化钠溶液浓度和 pH 值等做的明确具体规定，另外还对盐雾试验箱性能提出技术要求。同种产品采用哪种盐雾试验标准要根据盐雾试验的特性和金属的腐蚀速度及对盐雾的敏感程度选择。下面介绍几个盐雾试验标准，如 GB/T 2423.17—2024《环境试验 第 2 部分：试验方法 试验 Ka：盐雾》、GB/T 2423.18—2021《环境试验 第 2 部分：试验方法 试验 Kb：盐雾，交变（氯化钠溶液）》和 QB/T 3826—1999《轻工产品金属镀层和化学处理层的耐腐蚀试验方法中性盐雾试验（NSS）法》。

盐雾试验的目的是考核产品或材料的耐盐雾腐蚀质量，而盐雾试验结果判定正是对产品质量的宣判，它的判定结果是否正确合理，是正确衡量产品或材料抗盐雾腐蚀质量的关键。盐雾试验结果的判定方法有，评级判定法、称重判定法、腐蚀物出现判定法、腐蚀数据统计分析法。

评级判定法是盐雾试验中的一种结果评定方法，把腐蚀面积与总面积之比的百分数按一定的方法划分成几个级别，以某一个级别作为合格判定依据，它适合平板样品进行评价。通过观察样品表面的腐蚀程度，如点蚀、均匀腐蚀等，以及腐蚀深度和面积，来对样品的耐腐蚀性能进行评级。评级标准通常分为 0～10 级，其中 0 级表示无腐蚀，10 级表示腐蚀最严重，其他级别则根据腐蚀程度的不同进行划分。通过评级判定法，可以直观地了解样品在盐雾环境下的耐腐蚀性能，为产品的质量控制和改进提供依据。

称重判定法是通过对腐蚀试验前后样品的重量进行称重的方法，计算出受腐蚀损失的重量来对样品耐腐蚀质量进行评判，它特别适用于对某种金属耐腐蚀质量进行考核。

腐蚀物出现判定法是一种定性的判定法，它以盐雾腐蚀试验后，产品是否产生腐蚀现象来对样品进行判定，一般产品标准中大多采用此方法。在盐雾试验中，腐蚀物出现判定法是一种简单而直接的方法，适用于快速判断样品的耐腐蚀性能。该方法不需要精密的仪器和复杂的计算，只需通过观察样品表面是否出现腐蚀现象即可进行判定。这种方法在实际应用中具有广泛的适用性和便捷性。

腐蚀数据统计分析方法提供了设计腐蚀试验、分析腐蚀数据、确定腐蚀数据的置信度的方法，它主要用于分析、统计腐蚀情况，一般不用于某一具体产品的质量判定。

（3）试验方法

① 试验溶液。

对于一般的金属镀层和化学处理层的溶液是，将化学纯的氯化钠溶于蒸馏水或去离子水中，其浓度为（50±5）g/L。用酸度计测量溶液的 pH 值，也可以用经酸度计校对过的精密 pH 试纸用于日常检测溶液的 pH 值，使用一段时间的氯化钠溶液，由于受大气环境的影响，pH 值会发生变动，可用化学纯的盐酸或氢氧化钠进行调整。使试验箱内盐雾收集液的 pH

值为 6.5~7.2。为避免喷嘴堵塞,溶液使用之前必须过滤。

对于铝及铝合金阳极氧化零件的试验溶液是,将分析纯的氯化钠溶于蒸馏水或去离子水中,使其浓度为 $(50\pm5)g/L$。在此氯化钠溶液中加入分析纯氯化铜 $(CuCl_2 \cdot 2H_2O)$,使其浓度为 $(0.26\pm0.02)g/L$。用分析纯冰醋酸和氢氧化钠将溶液的 pH 值调至 3.0~3.1。pH 值应在 25℃时用 pH 计测量,或用精密 pH 试纸进行日常检测。溶液在使用前必须过滤,以免堵塞喷嘴。

② 试样。

试样的类型、数量、形状和尺寸,应根据被试覆盖层或产品标准的要求而定。试验前试样必须充分清洗,清洗方法视试样表面状况和污物性质而定。试样洗净后,必须避免沾污。如果试样是从工件上切割下来的,不能损坏切割区附近的覆盖层。除有规定外,必须用适当的覆盖层,如油漆、石碏或黏结胶带等,对切割区进行保护。

③ 试样放置。

试样放在试验箱内,被试面朝上,让盐雾自由沉降在被试面上,被试面不能受到盐雾的直接喷射,试样放置的角度是重要的。平板试样的被试面与垂直方向呈 15°~30°,并尽可能接近 20°。表面不规则的试样(如整个工件),也应尽可能接近上述规定。试样不能接触箱体,也不能相互接触。试样之间的距离应不影响盐雾自由降落在被试面上。试样上的液滴不得落在其他试样上。试样支架用玻璃、塑料等材料制造,支架上的液滴不得落在试样上。悬挂试样的材料,不能用金属,须用人造纤维、棉纤维或其他绝缘材料。

④ 试验条件。

喷雾箱内温度为 $(35\pm2)℃$。经 24h 喷雾后,对于一个 $80cm^2$ 的收集面积,盐雾的沉降量应为 1~2mL/h。所使用的盐溶液中含氯化钠浓度为 $(50\pm5)g/L$,pH 值 6.5~7.2。为了确保试验的准确性和可重复性,通过试样区的雾液不得再使用。

⑤ 试验周期。

试验的时间,应按被试覆盖层或产品标准的要求而定。若缺乏明确的标准,可以通过相关方面的协商来决定试验时间,通常推荐的试验时间为:2h、6h、16h、24h、48h、96h、240h、480h、720h。在规定的试验周期内,喷雾不得中断。仅在需短暂观察试样时,才能打开盐雾箱。若试验的目的是确定开始出现腐蚀的时间,那么需要经常性地检查试样。因此这些试样不能同已有预定试验周期的试样一起试验。对预定周期的试验,可按上述周期进行检查。但在检查过程中,必须确保不破坏试面且开箱检查试样的时间应尽可能短。

⑥ 试验后试样的清洗。

试验结束后,取出试样。为减少腐蚀产物的脱落,试样在清洗前,放在室内自然干燥 0.5~1h。然后用不高于 40℃的清洁流动水轻轻清洗,以除去试样表面残留的盐雾溶液,清洗完成后,立即用吹风机吹干。这一操作流程有助于保持试样的状态,确保后续对试验结果评估的准确。

⑦ 试验结果的评价。

对所测定的试验结果与金属基体上金属和其他无机覆盖层经腐蚀试验后的试件需与试件评级 GB/T 6461—2002 技术标准以及双方协议进行对照,若试验结果在标准范围内,则判为"合格",反之则判为"不合格"。

7.3.11 气体腐蚀性试验

电气、电子产品因使用时间而发生的故障，通常是因导电材料、电触点件、装配件中的金属发生腐蚀所致。就金属材料在大气中的腐蚀而言，其周围存在的腐蚀性气体影响最大(特别是靠近工业区的污染环境)。气体的腐蚀性试验是一项用于评估材料在特定气体环境下耐腐蚀性能的测试。在许多工业领域，材料的耐腐蚀性是至关重要的。该试验通过模拟大气中存在的腐蚀性气体，如二氧化硫、二氧化氮、氯气、硫化氢等，对材料或产品进行加速腐蚀，以重现其在一定时间范围内所遭受的破坏程度。通过腐蚀性试验，可以评估材料在不同气体环境下的耐腐蚀能力，提供准确的数据和评估结果。

(1) 气体腐蚀测试的类别

气体腐蚀测试标准主要根据产品类别来进行划分，GB/T 2423.51—2020、IEC 60068-2-60—2015 都是电工电子产品进行气体腐蚀测试时经常使用的标准，它们互为等效关系，可以相互完全代替。GR-63-CORE—2012 则是通信类产品的气体腐蚀测试标准。表 7-2 显示了各腐蚀性气体的特征。

表 7-2　各种腐蚀性气体的特征

腐蚀性气体	主要发生源	特征
SO_2	火力发电厂及炼钢厂等排出的废气，内燃机排出的废气	对铜及镍的影响大
H_2S	地热发电厂，造纸厂，污水处理厂	在湿度不大的情况下也会发生腐蚀，对银及铜的影响大
NO_2	火力发电厂及炼钢厂等排出的废气，内燃机排出的废气，电弧放电	对铜及铜合金影响大
Cl_2	化工厂，自来水厂，燃烧产物(HCl 形式排出)	几乎对所有的金属腐蚀

GB/T 2423.51—2020、IEC 60068-2-60—2015 两个标准同样适用于工作或储存在室内环境的电工电子产品元件、设备与材料，特别是接触件与连接件的腐蚀影响。

(2) 试验方法

试验方法共有两类，当试验气体不含氯或测量氯浓度的方法不受试验气体中其他气体的干扰时，采用如下步骤：

① 首先注入湿空气，并调节和稳定温度和湿度。

② 向湿空气中导入腐蚀性气体，并使其稳定。

③ 测量与调节气体浓度，使其稳定。如需要测量氯浓度时，应将存在于试验气体中的总氯量(不仅是 Cl_2)作为试验气体中氯的浓度值。

④ 将铜检测片与试验样品一起进行暴露。

⑤ 在试验过程中，温度、湿度和气体浓度应保持在规定的限度内。

⑥ 试验结束，取出试验样品及腐蚀检测材料。

另一类是当试验气体中含有氯，并且测量氯含量的方法受到试验气体中其他气体的干扰时，采用下述步骤：

① 先注入湿空气，并调节稳定温度和湿度。

② 向湿空气中导入 Cl_2，并使其稳定。

③ 测量与调节氯的浓度，确保稳定。

④ 将铜检测片与试验样品一同暴露。

⑤ 通入其他气体，并使其稳定。

⑥ 在试验过程中，保持温度、湿度和气体浓度在规定限度内。

⑦ 实验结束时，停止通入除 Cl_2 以外的其他任何气体，氯气仍保持流动。

⑧ 等待足够时间让其他气体排出，直至不影响氯的分析。

⑨ 测量氯的浓度，确保其在规定限度内，以保证试验的有效性。

⑩ 试验结束，取出试验样品及腐蚀检测材料。

无论是哪一类试验方法，在整个测试过程中，有一些重要的注意事项：

① 试验期间允许打开试验箱，但开箱次数应有限制。一般试验持续时间少于 4d 的不允许开箱；持续时间为 4~10d 的允许开箱一次；持续时间超过 10d 的允许每周开箱一次。

② 箱门密封胶条要黏紧且性能良好，具有防腐蚀性，以保证箱内气体不会泄漏，否则会影响试验结果。

③ 应按照相关试验流程进行操作，发生故障时应及时关掉电源开关并由专业人员处理。

7.3.12　耐臭氧试验

耐臭氧试验是指高分子材料在模拟强化空气氧化的条件作用下，材料产生的各种变化进行测试的一种方法。臭氧是化学活性极高的物质，较分子氧更容易与含双键的高分子化合物发生化学反应。不饱和高分子化合物在应力作用下遇臭氧易产生垂直于应力方向的裂纹，称之为臭氧龟裂。为了评价加速臭氧老化，通常会使用臭氧老化箱进行测试，其臭氧浓度可分为低、中、高三个范围。试验结果综合考虑试样的外观、力学性能老化前后的变化情况以及龟裂程度等因素进行评价。

耐臭氧老化就是将试样暴露于密闭无光照的含有恒定臭氧浓度的空气和恒温的试验箱中，按预定时间对试样进行检测，从试样表面发生的龟裂或其他性能的变化程度，以评定试样的耐臭氧老化性能。臭氧老化分为静态拉伸测试和动态拉伸测试，在这个测试中臭氧浓度、温度、试样定伸比是非常重要的三个参数。

耐臭氧试验有很多的测试标准，相关的推荐测试标准如，ASTM D1149—2007（2012）（橡胶，静态或动态）、ISO 7326：2016（橡胶和塑料软管，静态）、GB/T 24134—2009（橡胶和塑料软管，静态）、GB/T 7762—2014（橡胶，静态）、GB/T 13642—2015（橡胶，动态）。

7.3.13　阻燃性试验

阻燃试验指物质或材料经处理后具有的明显推迟火焰蔓延的性质。这一性质在材料使用范围选择上起着重要的指导作用，特别是用于建材、船舶，车辆，家电等材料阻燃性要求高的领域。目前评价阻燃性方法主要有氧指数测定法、水平或垂直燃烧试验法等。

阻燃性能测试方法依据不同材料（如建材、电缆、塑料、电子电气等）、不同行业（如飞机、家具、机车、船舰等）、不同的标准（如 ISO、ASTM、UL、BS、EN、IEC、GB），在试验方法、试验要求上有所不同。所有阻燃性测试的方法在相应的标准内均有阐述，由于涉及的测试方法较多，本文仅就最重要的几个阻燃参数和常用的测试方法进行介绍。

图 7-19　UL 系列水平垂直燃烧试验仪

在材料阻燃性能试验方法中，水平及垂直燃烧试验最具代表性，且应用也最为广泛，图 7-19 为 UL 系列水平垂直燃烧试验仪。该试验方法测定材料表面火焰传播性能，其原理系水平或垂直地夹住试样的一端，对试样自由端施加规定的点燃源，测定线性燃烧速率（水平法）或有焰燃烧及无焰燃烧时间（垂直法）等来评价试样的阻燃性能。常用的标准规范为 UL94、ASTM D635、IEC 60695 - 11 - 10、IEC 60707、ISO 1210、ASTM D3801、ASTM D5048、IEC 60695 - 11—20、ISO 9772、ASTM D4804、ISO 9773、ASTM D4986、ASTM D5025、ASTM D 5207、ISO 10093、ISO 103351、GB/T 2408、GB/T 5169.17、GB/T 8332。下面分别以 UL94 的试验方法为例，介绍水平燃烧试验法和垂直燃烧试验法。

（1）水平燃烧试验法

水平燃烧试验法（如图 7-20 所示）是一种用于评估材料阻燃性能的标准试验方法。以下是该试验的详细步骤：

① 试样准备：

●将试样水平放置在试样架上，确保试样稳固且水平。

② 火焰调节：

●点燃本生灯，并调节火焰高度为 20mm。

●使本生灯与水平方向倾斜约 45°，以确保火焰均匀作用于试样表面。

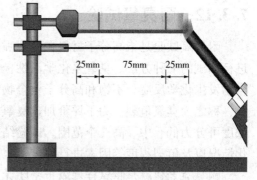

图 7-20　水平燃烧试验

③ 施加火焰：

●在保持本生灯位置不变的条件下，对试样施加火焰 30s。

●如果施焰时间不足 30s，而火焰前沿已达到 25mm 标线时，应立即移开本生灯，停止施焰。

④ 记录数据：

●记录燃烧前沿从 25mm 标线到燃烧终止时的燃烧时间 t（单位：s）。

●记录从 25mm 标线到燃烧终止端的烧损长度 L（单位：mm）。

●如果移开点火源后，火焰即灭或燃烧前沿未达到 25mm 标线，则不计燃烧时间、烧损长度和线性燃烧速度。

●燃烧速率 $V = 60L/t$

⑤ 结果评估：

●根据记录的燃烧时间和烧损长度，可以评估试样的阻燃性能。

● 通常，燃烧时间越长，烧损长度越短，表明试样的阻燃性能越好。

● 通过水平燃烧试验法，可以有效地评估材料在火焰作用下的阻燃性能，为材料的选择和应用提供重要的参考依据。

（2）垂直燃烧试验法

垂直燃烧试验法（如图 7-21 所示）同样是一种常见的评估材料阻燃性能的试验方法。具体步骤如下：

① 试样准备：

● 将试样垂直固定在试样夹上。

② 火焰调节：

● 调节本生灯火焰（蓝焰）高度为 20mm。

③ 施加火焰：

● 第 1 次施加火焰时间 10s，移开火源并记录第一次的有焰燃烧时间 $t_1(s)$。

● 第 1 次的有焰燃烧熄灭后，马上进行第 2 次施加火焰，时间 10s，移开火源并记录第 2 次的有焰燃烧时间 $t_2(s)$ 和无焰燃烧时间 $t_3(s)$。

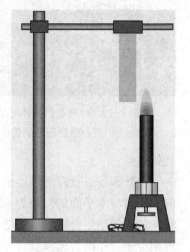

图 7-21　垂直燃烧试验

④ 结果记录：

● 记录是否有滴落物引燃下方的脱脂棉。

该方法用于评估材料在垂直状态下的阻燃性能，为材料的选择和应用提供重要参考。

7.3.14　耐候性加速试验

塑料、涂料、橡胶、纺织品等高分子材料在实际使用中由于受到环境因素如光、水、温度的影响，其物理性能和机械性能会劣化或丧失，如表面褪色、失光、开裂、粉化、起泡、硬化等，这种现象称为气候老化。高分子材料在自然气候环境下暴露时的耐气候老化能力即高分子材料的耐候性。

高分子材料在使用过程中会遇到气候老化的问题。为了预知高分子材料的耐候性，我们可以通过实验的方法来实现。

评价高分子材料的耐候性有多种指标，如外观变化、物理化学性能变化、机械性能变化、光学性能变化、电学性能变化等。评价指标的选择极为重要，它不仅影响实施耐候性试验时间的长短，而且直接影响评定结果的可靠性。为了快速有效得到可靠的试验数据和结果，应当选择在老化过程中变化比较灵敏、单调，易于测定又能真实反映高分子材料老化规律的指标。

（1）耐候性加速试验种类

常用的高分子材料耐候性测试方法有自然气候老化试验、人工气候老化试验。

① 自然气候老化试验：又称自然气候暴露试验，即将待试的试样或制品暴露于自然大气环境中，使其经受日光、温度、水分、氧和臭氧等各种气候因素的综合作用，观测其性能随时间而发生的变化的试验。自然气候老化试验是最早采用的、现在还广泛使用的方法。

自然气候老化试验在自然大气暴露场进行。暴露场规定必须建在能代表某一种最严酷气候类型或环境条件近似于产品实际应用条件的地区，依据有两个：能代表某种"气候类

图7-22 吐鲁番自然环境试验研究
中心塑料制品试验区

型"为标准的暴露场,称为"标准气候"暴露场;以近似于产品实际应用环境条件为标准的,称为"非标准气候"暴露场。图7-22为吐鲁番自然环境试验研究中心塑料制品试验区。

在我国,标准的自然大气暴露场主要设在海南的琼海(北热带高温高湿城郊环境气候)、万宁(北热带高温高湿海洋型气候)、广州(南亚热带湿润型城市气候)、北京(中温带亚湿润型城郊气候)、江津(亚热带高温高湿城郊环境气候)和拉萨(亚热带高温高湿城郊环境气候)等典型气候地点。

在暴露场进行自然气候老化试验时,如无特殊的研究要求,暴露架的方向选择正南朝向,架面与水平面的倾角为45°或调整为当地的纬度角,以确保试样接收最大的太阳辐射量。试验的结果会随投试季节而改变,尽管这种影响会随暴露时间的延长而减少。当暴露周期少于一年时,若需获得产品的完整特性,则应在六个月后对该样板进行一次重复试验。

暴露试验开始的时间最好定在春末夏初。试验期限可根据试验目的、要求和结果而定,一般可按产品标准的要求或提出预计时间(年、月),也可使用试样接收的太阳辐射量作为暴露期限。测试周期可根据预定的试验期限定出,一般取12个月左右。由于自然气候非人力可控,受时间、地域的制约,环境中的光、水、温度随时都会发生改变,因此在不同的时间开始的试验很难获得一致的结果,导致其试验结果重复性差。尽管如此,自然气候老化试验仍能提供涂料等材料在实际使用环境下的耐候性和老化性能的宝贵数据。

②人工气候老化试验:又称人工加速老化试验,即在实验室利用老化箱模拟自然环境条件的某些重要因素,如阳光、温度、湿度、降雨等对试验样品进行的耐候性试验。该试验方法通过人工模拟自然气候中的光、水、温度对试样产生作用而得到试验结果,并可通过强化自然气候中某一因素或几种因素的作用而缩短耐候性试验周期,从而获得加快试验进程的效果。

由于引起高分子材料气候老化因素的多样性及老化机理的复杂性,自然气候老化无疑是最重要最可靠的耐候性试验方法。但是,自然老化周期相对较长,且不同年份、季节、地区气候条件的差异性导致了试验结果的不可比性。相比之下,人工气候老化试验弥补了这些不足,由于试验条件可控,试验的重复性得到了充分保证。因此,人工气候老化试验和自然气候老化试验一样得到广泛的运用,甚至使用得更多。

实验室光源暴露试验是目前较为常用的一种人工气候老化试验方法,该试验方法可以在一个试验箱中同时模拟大气可见环境中的光、氧、热和降雨等因素,在这些模拟因素中,又以光源最为重要。

经历了约一个世纪的发展,应用于人工加速老化试验的实验室光源已有多种选择,如封闭式碳弧灯、阳光型碳弧灯、荧光紫外灯、氙弧灯、高压汞灯等。在这些光源中,国际标准化组织(ISO)中与高分子材料相关的各技术委员主要推荐使用的是氙弧灯、荧光紫外灯、阳光型碳弧灯三种光源。这些光源的选择主要基于其模拟性和加速倍率,力求在此波长区间内的光谱能量分布曲线与太阳光谱接近,以更准确地模拟自然环境条件对材料的老化影响。

氙灯：目前认为，在人工气候老化试验中，氙灯耐候性试验最具有代表性，也是最重要的，因为在已知的人工光源中氙灯和其他的人工光源相比，其光谱能量分布与阳光中紫外、可见光部分最相似。而且，通过选择合适的滤光片组合，可以滤去大部分到达地面的阳光中存在的短波辐射，获得具有不同光谱能量分布的光，最常用的如：模拟户外阳光或模拟透过玻璃后的阳光。在人工气候老化试验的发展过程中，氙灯耐候性试验越来越普遍采用，并逐步取代其他的试验方法如碳弧灯气候老化试验，成为人工气候老化试验的主流试验方法，广泛应用于产品质量验证、耐候性能评估及预测等领域。

荧光紫外灯：荧光紫外灯在人工气候老化试验中扮演着重要角色。从理论上说，太阳光中 300~400nm 的短波能量是引起高分子材料老化的主要因素。然而，荧光紫外灯不仅使自然日光中的紫外线能量增加，同时还有在地球表面测量时自然日光中没有的辐射能量，而这部分能量会引起高分子材料非自然的破坏。但是，由于它的加速倍率高，通过选择合适型号的灯管可实现对特定材料的快速筛选。

目前，荧光紫外灯可分为荧光 UVA 灯和荧光 UVB 灯两种。荧光 UVB 灯的峰值波长在 313nm 左右，其能量几乎全部集中在 280~360nm 之间。其能量分布的波长范围比日光的要短，在 360nm 以上几乎没有什么能量。因为这种光源的短波紫外线能量比例很大，并且缺少长波紫外线和可见光部分的能量，所以使用 UVB 灯进行加速老化试验时，所得到的被测材料的稳定性经常会与自然气候老化试验中的数据差异较大。荧光 UVA 灯的射线波长主要集中在 340~370nm 之间，例如 UVA340 灯和 UVA351 灯。UVA340 灯的短波辐射与 325nm 下的日光直射很相似，而 UVA351 灯的短波光谱分布和透过窗玻璃的日光相似。由于 UVA 灯不发射陆地日光波长以下的高能辐射，所以使用这种光源的测试效果更接近于自然老化，但是测试时间比 UVB 灯要长。

荧光紫外灯因其高加速倍率和特定型号的灯管选择，适用于对特定材料的快速筛选和老化测试。

阳光型碳弧灯：阳光型碳弧灯在我国应用较少，但在日本是广泛使用的光源，且大部分 JIS 标准都采用它。

阳光型碳弧灯的光谱能量分布较接近于太阳光，但在 370~390nm 紫外线集中加强，模拟性不及氙灯，加速倍率介于氙灯及紫外灯之间。它通常使用三对或四对含有稀有金属盐混合物且表面镀金属(如铜)层的碳棒之间通入电流，碳棒燃烧，释放出紫外光、可见光和红外光。尽管阳光型碳弧灯在某些方面与太阳光相似，但其检测结果与产品的实际耐候性之间的相关性较差。

（2）耐候性试验过程中性能变化评价指标的选择

评价高分子材料气候老化过程中性能变化的测试指标，应根据高分子材料的不同品种、用途和材料本身特性来选择。主要包括以下几个部分：

外观：如颜色、光泽、软硬、脆性、银纹等。

物理化学性能：如密度、玻璃化温度、熔融指数、折光率、透光率、分子量、分子量分布、耐寒等。

机械性能：如拉伸强度、伸长率、冲击强度、弯曲强度、剪切强度、疲劳强度、硬度、弹性、附着力、耐磨强度等。

电性能：如绝缘电阻、表面电阻、介电常数、介电损耗、击穿电压等。

第8章 分析样品的制备

通过对电子器件研磨的断面观察，是对如芯片、印制电路板等电子器件进行可靠性分析或不良解析的重要技术手段。为了清晰地观察电子器件指定的部位，就必须对器件进行研磨至指定的部位。为了获得材料的真实显微组织、芯片的内部连接状况以及线路板焊接等状况，并准确地观察、记录、测量和分析，合理有效的样品制备是至关重要的。要进行上述分析，就必须制备能用于微观观察检验的样品——镶嵌试样。镶嵌样品制备与制备人员操作经验密切相关，制备人员的制样水平决定了试样的制备质量。

一般来说，金相试样的制备包括切割（取样）、镶嵌、研磨、抛光和组织显露。当然，根据我们不同行业的样品不同，测试内容不同，步骤上也不尽相同。既然说制样重要，那我们怎么来制备一个好的分析试样呢？良好的样品制备具有如下要求：

① 没有因磨抛过程造成的划痕和组织或缺陷被掩盖、扩大及混淆的假象；

② 在同一视场或照片上，各相和各类缺陷均能准确确认；

③ 各相的本质特征及结构细节应尽可能充分地显露。

对于制备好的样品，也有几个基本要求：无损伤、无倾斜、无浮凸、无污染。所以制样是一个费时费力的工作，怎么来优化制备过程，提高效率，就是我们接下来要讨论的。制样的每个过程都环环相扣，每一步都很重要。那我们首先来讲讲第一步，取样。

8.1 取样

取样是分析的基础，样品制备好与不好，直接关系到分析的结果。样品制备不好，有可能得不出结果，有可能结果不好，甚至有可能结果错误。因此，取样必须确保不受样品制备引起的假象影响，显示出样品真实的样品结构和性质。不恰当的取样切割对样品有高度破坏性，可能会导致假象，很容易被误解为样品的缺陷。所以有必要对各种切割方式对样品带来的损伤程度有所了解，切割部位距离待观察部位太远，则后续研磨、抛光较为费时；若切割部位距离待观察部位较近，则切割有可能对样品产生不良影响。并且需要长时间的研磨和抛光阶段来恢复切割造成的损伤。

最常见的传统切割方法和产生的变形深度如表 8-1 所示，其中常见的锯条切割对样品产生的影响也可达到 0.200mm 深度。常见的传统切割方法有等离子电弧切割、激光束切割、电火花切割、锯条、湿式砂轮切割和湿式精密切割。

进行样品切割时，有必要选择合适的切割速度和合适的冷却剂。切割速度过快会造成烧伤或者切割片以及样品的损坏，速度过慢会导致效率降低。冷却剂的作用是冷却、润滑及防锈。一般而言，对于镀层样品，通常会采用水冷的方式进行切割。如图 8-1 左图所示，钢镀锌的样品在水冷和室温下切割的样品断面。由图 8-1 右图可知，室温下使用砂轮切割钢镀锌的样品，在钢与锌镀层的界面，产生了孔洞。一般认为，线切割比砂轮切割更保险，可以将试样做得很薄，后续的研磨抛光也比较容易。但是，线切割同样会对试样表面产生灼伤，只是线切割产生的灼伤是由电火花爆燃形成的点状。如果打磨不彻底的话，此假象很可能会误判为材料的孔洞或疏松，尤其是针对铸造成型的样品。

表 8-1 不同切割方法的材料变形深度

切割方法	变形层深度/mm	切割方法	变形层深度/mm
离子电弧切割	1.500	锯条	0.200
激光束切割	0.500	湿式砂轮切割	0.030
电火花切割	0.050	湿式精密切割	0.010

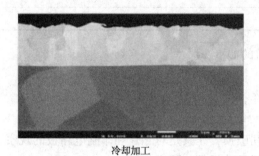
冷却加工

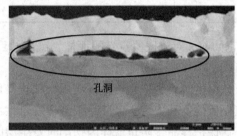
室温加工

图 8-1 钢表面镀锌

8.2 镶嵌

样品镶嵌，是指在试样尺寸较小或者形状不规则，导致研磨抛光难以进行而进行的镶嵌或夹持来使试样抛磨方便，提高工作效率及实验的准确性的工艺方法。一般分为冷镶嵌和热镶嵌。在实践中具体选用热镶嵌还是冷镶嵌取决于试样材质特性、形状尺寸、分析目标、制备效果效率和经济成本等因素。冷镶嵌和热镶嵌两种方法应相辅相成，而不应视为互为竞争的关系，表 8-2 给出了两种方法的综合比较。

表 8-2 冷镶嵌和热镶嵌两种方法的比较

项目	冷镶嵌(在室温下进行)	热镶嵌(在 150~180℃左右进行)
材料	所有材料 多孔材料、脆性材料、裂纹、孔洞等 温度敏感材料	固体材料 温度不敏感材料
相应设备	通风橱、压力锅、真空浸渍仪	热镶嵌机
镶嵌材料	丙烯酸树脂 环氧树脂 聚酯树脂	酚醛树脂 丙烯酸树脂 环氧树脂
添料	铜、陶瓷、石墨、镍、染料	

项目	冷镶嵌(在室温下进行)	热镶嵌(在150~180℃左右进行)
温度	35~120℃	150~200℃
需要时间/过程	5min~24h	5~15min
操作	2~3组分材料(粉末,液体) ——要求精密操作	1组分材料(颗粒状) ——操作简单
气味	丙烯酸类有气味;推荐在通风橱中操作	无明显气味
重复性	中等	良好
模具选择	多种模具和尺寸,比较灵活	依镶嵌机镶嵌筒而定
模具材料	硅橡胶、PTFE、PP	—
成本	低投资成本(后续成本较高)	高投资成本(后续成本较低)

正如前面对镶嵌所定义的那样,镶嵌的目的如下:

① 使小样品容易把持;

② 提供统一的样品尺寸可实现自动化操作;

③ 盖住锋利边缘,保证手工制样安全性;

④ 保护样品,防止试样因切割时发生层间破损,尤其是对芯片和印制电路板的观察;

⑤ 保护样品的边缘倒角、填充孔隙、增强易碎样品的强度;

⑥ 使样品容易识别,如:刻字、包埋标签等。

8.2.1 热镶嵌

通过加热加压的方式,将树脂和样品镶嵌成一个规则形状固定尺寸的样品。适用于对热和压力不敏感的样品。特别是对金属样品进行金相观察时,采用热镶嵌方法较多。

用于热镶嵌的树脂较多,目前应用较多的是酚醛树脂和环氧树脂。热镶嵌树脂的选择需考虑以下因素:

① 边缘保持:边缘保持是镶嵌料对样品边缘保护的能力。理想情况下,镶嵌料和样品的磨损率是相当的。当镶嵌料与样品磨损率不同时,样品与镶嵌料磨抛后会处于不同平面,这将导致后续进行图像分析时难以聚焦,增加边缘检查难度。

② 收缩性:当镶嵌料发生明显收缩时,可能导致镶嵌料和样品间产生间隙。这种间隙可能会在磨抛时夹带磨料并在后续制备步骤中脱落导致样品产生划痕。间隙中也可能夹带悬浮液、水或腐蚀剂并在后续制备过程中渗出,影响样品表面的清晰度。此外,收缩也可能影响边缘保持。

③ 渗透性:渗入是指在成型过程中,镶嵌料对细小样品边缘的渗入能力。多孔材料或那些有裂缝和细小特征的材料,最好使用能够填充这些区域的具有良好流动性的镶嵌料进行镶样。

④ 耐化学性:如果样品制备完成后需要进行腐蚀操作,必须选择耐酸性和耐腐蚀性的镶嵌料。

⑤ 导电性:当使用电子显微镜进行材料检测时,需要使用导电的镶嵌料。导电镶嵌料有助于消除电荷,有助于样品表面上干扰成像的电流收集。

⑥ 标识性：镶嵌料的颜色有助于快速识别特定类型的样品。

镶嵌的好坏对试样的观察起着决定性的作用，如图 8-2 所示，左图由于镶嵌树脂与铜的结合不牢固，产生了缝隙；而右图的树脂与铜结合得非常好，没有缝隙，这样对铜的断面观察不会带来任何影响。

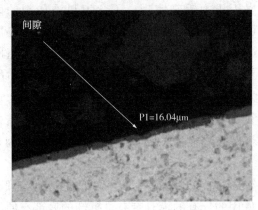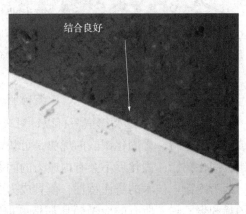

图 8-2　对镀铜试样的镶嵌

8.2.2　冷镶嵌

一般情况下，冷镶嵌技术不需要外加压力和热量，放热量远低于热镶嵌，所以推荐用于那些对压力和温度敏感的样品制样。冷镶嵌的其他优点包括适用于不规则试样、一次性可制备大量样品、环氧类树脂无须额外装置即可获得以及实现高透明度等，但由于涉及树脂和固化剂的调配、混合和浇注数量等因素，受人为影响较大。

常见的冷镶嵌树脂包括丙烯酸和环氧树脂，其次是聚酯树脂。放热峰值温度、黏度、收缩性能及透明程度是冷镶嵌树脂的主要性能参数。环氧树脂固化放热峰值温度低，树脂与试样黏结质量也较好，收缩低，制成试样边缘保持质量更好。大多数环氧树脂在室温下固化成型，固化时间为 1~24h，有些环氧树脂在稍微高的温度下，比如加热到 80℃ 固化可以缩短成型时间。相比于环氧树脂，丙烯酸树脂由于成本低和固化时间短(十几分钟内)而被广泛使用，但收缩是一个主要问题，导致普通型丙烯酸树脂和试样黏结性差，试样与树脂之间易产生缝隙。这类树脂的气味通常比较大，放热峰值温度相对较高，不借助装置直接使用时透明程度也差一些。

在冷镶嵌树脂中加入某些添加剂可实现特定的功能，比如添加染色剂或荧光剂来研究多孔的样品。浇注时，为了提高边缘保持能力，可适量添加小尺寸保边填料，为获得一定的导电率，可将导电的填充颗粒(如镍粉)添加到环氧树脂里。需要注意的是，添加剂的引入会增加树脂的黏性，降低流动性。

虽然冷镶嵌一般在室温环境下操作即可，不需要外加压力和热量，但是真空、压力或光固化等过程支持仍可对特定树脂的应用起到一定的提升作用。

① 真空镶嵌：真空镶嵌在真空浸渍仪中进行，即在真空度较高的环境中浇注树脂，该方法尤其适用于多孔样品，以及样品带有薄孔、细孔或微裂纹时的样品，其原理如图 8-3 所示，使树脂完全流入孔隙中固化。需要注意的是，虽然重复真空-排气过程一般会有助于树脂中残余气体的排出，但多次重复、真空度设置得过高或抽真空时间过长，都会影响聚合

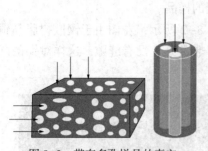

图 8-3　带有多孔样品的真空
冷镶嵌示意图

并造成固化不均匀，导致不同的结果。另外，真空镶嵌仅适用于环氧树脂。

②压力镶嵌：丙烯酸类树脂如果需要更好的透明效果，可连接简单压力装置（500000～600000Pa）或专业镶嵌用压力锅来实现。不含填料添加剂的丙烯酸树脂可以在压力下透明固化，而且压力的应用可以避免微小气泡的形成，同时进一步减少缝隙的产生。需要特别注意的是，压力镶嵌仅针对丙烯酸类树脂。

③光固化镶嵌：这类镶嵌只可以针对改性丙烯酸树脂。聚合反应在 350～400nm 的紫外线或蓝光下进行。光固化镶嵌的优势是可快速获得透明镶嵌样品（几分钟内），而且因为是单组分固化树脂，固化后不会有内应力的问题。

因为冷镶嵌技术的浇注特性，模具成为必备的耗材。冷镶模具分为聚四氟乙烯，硅胶，聚丙烯和聚乙烯。所有的冷镶模具都是可重复使用的。有的模具带有可拆卸的底部，便于将样品从模具中分离出来。

聚四氟乙烯模具：具有高机械稳定性，是自动磨抛的理想选择；

硅胶模具：使用数次后会不再保持圆形而转为椭圆形。这会在自动化单点力制备时带来不利的影响。当使用聚酯树脂时，由于镶嵌树脂和硅胶模具的反应，样品的边缘可能会发生粘连。

聚丙烯和聚乙烯模具：在旧模具中，可拆卸的底部通常不再平坦。

冷镶嵌的影响因素较多，注意如下的操作要点，会有效地制备出合格的冷镶嵌样品。

①首先，进行冷镶嵌时，要确保试样的干燥，树脂和固化调配比例应严格遵循操作规定，混合后搅拌要稳定均匀，否则镶嵌试样可能发生偏软、偏黄、剧烈气泡等缺陷。

②脱模剂的应用在冷镶嵌中特别重要，否则很容易出现难以脱模的问题。

③在冷镶嵌较大样品时，应充分考虑大量树脂固化时的散热问题——制样使用的环氧树脂量越多，放热量越大，产热速度越迅速，会导致大量气泡无法逸出和裂纹的生成。如有必要，可采取浇注—固化—再浇注—再固化的分层操作程序。

④由于固化反应非常快，丙烯酸树脂混合后需立即倒入模具。

⑤在倒入镶嵌树脂前，在样品表面涂抹液态固化剂可以提升边缘保护。

⑥自动磨抛冷镶试样时，有时会由于试样和磨抛介质表面的高张力带来轻微噪声。此时，加入足够的润滑剂和调整磨盘和试样夹持器的旋转方向呈相反方向将是有效的解决方法。

下面以印制电路板的取样和镶嵌为例，进行举例说明。如图 8-4 所示，首先是将待分析的印制电路板进行清洗，最好使用乙醇进行清洗。将清洗干燥后的印制电路板置于聚四氟乙烯模具中，加入环氧树脂和固化剂，将固化后的样品进行切割，取出待分析的部分（这样做的好处在于，待分析印制电路板的部分会得到良好的保护），再对待分析的样品部分进行二次镶嵌，从模具中取出试样后，即可进行后续的研磨和抛光，进而对待分析位置进行显微镜的观察分析。

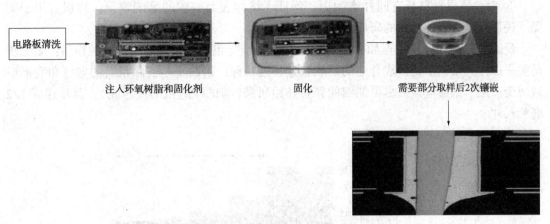

电路板清洗 → 注入环氧树脂和固化剂 → 固化 → 需要部分取样后2次镶嵌

图 8-4　印制电路板的镶嵌流程

8.3　研磨和抛光

8.3.1　研磨

研磨的目的是除去取样切割过程中造成的表面损伤层，提高表面质量并尽量减少对衬底造成的表面损伤与变质，同时达到欲观察的部位。研磨用材料种类很多，如砂纸[图 8-5(a)]、研磨纸、金刚石磨盘[图 8-5(b)]和金刚石抛光磨盘[图 8-5(c)]等。对于电子器件镶嵌后的研磨，通常使用树脂黏 SiC 磨粒的砂纸。

(a)SiC 磨粒砂纸　　　　(b)金刚石磨盘　　　　(c)金刚石抛光磨盘

图 8-5　各种研磨材料

研磨砂纸的目数是指每英寸筛网上的孔眼数目，这个数值越高，表示砂纸的粒径越小，即砂纸越细。常见的砂纸目数包括 80 目、120 目、180 目、320 目、600 目、800 目、1000目和 1200 目等，其中 80 目和 120 目的砂纸较为粗糙，适合初步的打磨和去除大块的物质；180 目和 240 目的砂纸属于中等粗细，适合去除较小的缺陷；而 320 目以上的砂纸则非常细腻，适合抛光和光滑表面的处理。例如，用于金属抛光的砂纸通常选择 800 目，而对于更高要求的抛光，如木材处理，可能会选择 1000 目到 1500 目的砂纸。对于研磨而言，每一道研磨工序必须除去前一道工序造成的变形层，而不是仅仅把前一道工序的磨痕除去。

除了用砂纸进行研磨外，有时也可采用研磨盘进行研磨，研磨盘的特点是：

① 磨削力很强，高效。

② 保证了试样的表面平整度，消除浮凸缺陷，不会出现类似于砂纸的局部凹陷。

③对软硬质材料具有同样磨削力，保证了试样表面一致的磨削效果。特别适用于陶瓷、硬质合金等坚硬材料的研磨。

研磨的原理和操作过程如图8-6所示。第一步是粗磨，去除切割造成的损伤；第二步是整平试样；第三步是形成合适的形状快速接近目标；第四步是去除粗磨的划痕和变形层减薄变形层，细磨应该从尽可能细的颗粒开始研磨（与试样的粗糙度匹配），每步递减1/2磨粒尺寸。

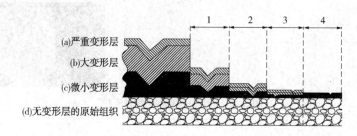

图8-6 研磨的原理和操作过程示意图

8.3.2 抛光

在进行抛光时，最为常用的就是手动抛光，即在抛光台上放置抛光垫加少许抛光液后进行抛光处理。抛光垫一般需要有良好的保持性和适当的刚性，以保证抛光过程的稳定性和均匀性。常用的抛光垫基体有粗布垫、纤维织物垫、聚乙烯垫、聚氨酯垫、细毛毡垫、绒毛布垫等。每一种抛光垫有其适应的试样，如对于氧化镓材料的抛光，比较Polite型阻尼布、Suba 600型无纺布和LP 57型聚氨酯这3种材质的抛光垫效果可知，采用LP 57聚氨酯抛光垫，表现出更优的抛光效果。抛光垫表面纹理构造出的沟槽，能够促进抛光液的流动，对抛光效果的提升也有明显作用。常见的抛光垫表面纹理有放射性纹理、同心圆纹理、栅格纹理和葵花籽状纹理等。同心圆与放射状复合纹路抛光垫的抛光液流动速度要大于同心圆纹理抛光垫。

抛光液在抛光的过程中同时参与了化学作用和机械作用，是核心的耗材之一。抛光液通常包括研磨颗粒、氧化剂、螯合剂、缓冲剂、pH值调节剂、表面活性剂等。常见的研磨颗粒有Al_2O_3、SiO_2、CeO_2、ZrO和金刚石等，其中Al_2O_3和SiO_2是应用最为广泛的研磨颗粒。氧化铝在酸中对铜的去除效率高，在早期铜抛光中应用广泛。随着集成电路特征尺寸的减小，氧化铝的高硬度在抛光铜和阻挡层时所造成的表面缺陷已不能被工艺所接受，所以逐渐被硬度相对低一些的二氧化硅所取代。伴随半导体材料的发展，单一的研磨颗粒已经无法满足需求，多组分研磨颗粒成为新的发展方向。

8.4 组织显露

经抛光后的试样磨面，如果直接放在显微镜下观察时，所能看到的只是一片光亮，除某些夹杂物或石墨外，无法辨别出各种组织的组成物及其形态特征。因此，必须使用浸蚀剂对试样表面进行"浸蚀"，才能清楚地显示出显微组织。最常用的金相组织显示方法是化学浸蚀法。化学浸蚀法的原理是利用浸蚀剂对试样表面所引起的化学溶解作用或电化学作用(局部电池原理)来显示金属的组织，而浸蚀方式则取决于组织中试样的成分和组成相的性质。

对于纯金属或单相合金来说，浸蚀仍是一个纯化学溶解过程。由于晶界上原子排列的规律性差，具有较高的自由能，所以晶界处较易浸蚀而呈凹沟。若浸蚀较浅，则在显微镜下可显示出纯金属或固溶体的多面体晶粒。若浸蚀较深，则在显微镜下可显示出明暗不一的晶粒。这是由于各晶粒位向不同，溶解速度不同，浸蚀后的显微平面与原磨面的角度不同，在垂直光线照射下，反射光线方向不同，显示出明暗不一。二相合金的浸蚀主要是一个电化腐蚀过程。两个组成相具有不同的电位，在浸蚀剂(即电解液)中，形成极多微小的局部电池。较高负电位的一相成为阳极，被迅速溶入电解液中，逐渐凹下去，而较高正电位的另一相成为阴极，保持原光滑平面，在显微镜下可清楚显示出两相，如图8-7所示，铜引脚的焊接断面，经过浸蚀液腐蚀后，清晰地显示出铜与锡的界面。

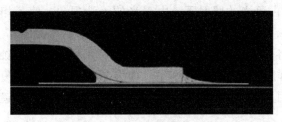

图8-7　铜引脚与锡焊接的断面

多相合金的浸蚀，是一个电化溶解过程。其方法有选择浸蚀法和薄膜浸蚀法，使用的浸蚀剂种类很多，如表8-3所示，选用哪种浸蚀剂，有时需要进行尝试。

表8-3　浸蚀剂的组成

名称	组成(配比)	用途
硝酸酒精溶液	硝酸(1.42)　5mL，乙醇　95mL	可染黑P显现F相界，M及M回火产物的组织用于碳钢、低合金钢和铸铁
苦味酸溶液	苦味酸(结晶)4g，甲醇100mL	
过硫酸铵溶液	过硫酸铵10g，水90g	可染黑铁素体显现铜、黄铜、锡青铜等合金
硝酸盐酸甘油溶液	硝酸(1.42)10mL，甘油30mL，盐酸(1.19)20~30mL	显现淬火状态下的高铬钢、A体高锰钢
王水	盐酸：硝酸＝3：1	显现不锈钢和不锈合金的组织
苦味酸水饱和溶液	苦味酸、水(用稀苛性钠中和)	50℃下浸蚀，显示高锰钢组织
苦味酸钠碱性溶液	苦味酸2g，苛性钠25g，水100mL(85℃)	显现Fe_3C(黑)，Cr、W的碳化物不变色
氯化铜氨水溶液	氨水(0.88)90mL，氯化铜10g	显现铜、黄铜、锡青铜和铝青铜等，黄铜的B相被染黑；也可用来显现宏观组织
氯化铁氨水溶液	a)氯化铁10g，盐酸25mL，水100mL； b)氯化铁5g，盐酸10mL，水100mL	

名称	组成(配比)	用途
氨水与双氧水 (H₂O₂)溶液	氨水(0.88)5份，双氧水(3%)2~5份，水5份	显现铜、青铜组织，须在新配制的情况下用
氢氟酸水溶液	氢氟酸(48%)0.5mL，水99.5mL	显现硬铝及铝基铸造合金组织
苛性钠水溶液	苛性钠1~10g，水99~90g	
混合酸	氢氟酸(浓)1mL，盐酸(1.19)1.5mL，硝酸(1.42)2.5mL，水95mL	显现硬铝组织

① 选择浸蚀法：即选用几种合适的浸蚀剂，依次浸蚀，使各相均被显示出来。

② 薄膜浸蚀法：浸蚀剂与磨面各相起化学反应，形成一层厚薄不均匀的氧化膜层(或反应产物的沉积)，在白色光的照射下，由于光的干涉现象，使各相出现不同色彩而显示组织。

浸蚀方法通常是将试样磨面浸入浸蚀剂中，也可用棉花蘸上浸蚀剂擦拭表面，浸渍时间要适当，一般使试样磨面发暗时就可停止。如果浸蚀不足，可重复浸蚀，浸蚀完毕后立即用清水冲洗，然后用棉花蘸上酒精擦拭磨面并吹干，即可在显微镜下进行组织观察和分析研究。

参 考 文 献

[1] 李同同，吴亭亭，章海霞. 从宏观到超微观记录分子与原子的"一举一动"——材料界面与控制分论坛侧记[J]. 中国材料进展，2018，37(9)：708-709.

[2] 赵贵. 基于 AFM 探针的电晕放电初步研究[D]. 合肥：中国科学技术大学，2011.

[3] 闫云侠. 显微镜的发明和发展[J]. 生物学教学，2012(5)：58-59.

[4] 于俊光，李天侠，闫海根，等. 机械、化学与电解抛光方法对纯钛铸件的耐腐蚀性影响对照研究[J]. 中国实用口腔科杂志，2010，3(2)：113-115.

[5] 王岩国，丁力栋，顾建伟，等. 透射电镜样品制备的表面损伤和观察方法[J]. 分析仪器，2017(5)：71-76.

[6] 王玉鹏，季军宏，唐佳瑜，等. 扫描电镜能谱仪在涂料中的应用研究[J]. 涂料工业，2016，46(3)：57-63.

[7] 田青超，陈家光. 材料电子显微分析与应用[J]. 理化检验：物理分册，2010，46(1)：21-25+33.

[8] 陈龙干. 抓住"光"字进行初中显微镜结构的教学[J]. 生物学教学，2014，39(5)：79.

[9] 张欣宇，凌珊，封小亮，等. 扫描电子显微镜校准方法[J]. 计测技术，2015，35(6)：45-49.

[10] 江小辉. 残余应力生成机理及复杂薄壁件加工精度控制方法研究[D]. 上海：东华大学，2014.

[11] 马辉. 偏振光散射及其应用[C]. 广东省光学学会 2013 年学术交流大会，2013.

[12] 卢照，魏慧欣，陈霞，等. 透射电子显微镜样品的制备方法及技术综述[J]. 科学技术与工程，2023，23(19)：8039-8049.

[13] 马秀梅，尤力平. 微米级颗粒透射电子显微镜样品的简单制备方法[J]. 电子显微学报，2018，37(2)：201-204.

[14] 王晓春，张希艳，卢利平. 材料现代分析与测试技术[M]. 北京：国防工业出版社，2010.

[15] Slobodskky A，Slobodskky T，Hansen W. METHOD and APPARATUS for X-RAY ANALYSIS[P]. TW99133742，2016.

[16] Goldsmith B R，Peters B，Johnson J K，et al. Beyond Ordered Materials：Understanding Catalytic Sites on Amorphous Solids[J]. ACS Catalysis，2017，7(11)：7543-7557.

[17] 刘金娜，徐滨士，王海斗，等. 材料残余应力测定方法的发展趋势[J]. 理化检验（物理分册），2013，49(10)：677-682.

[18] Xiao J，Song Y，Li Y. Comparison of Quantitative X-ray Diffraction Mineral Analysis Methods[J]. Minerals，2023，13(4)：566-580.

[19] 施洪龙，张谷令. X-射线粉末衍射和电子衍射：常用实验技术与数据分析[M]. 北京：中央民族大学出版社，2014.

[20] 宋宝来. 多晶体电子衍射花样的标定[J]. 中国铸造装备与技术，2016(5)：19-20.

[21] 汪卫华. 非晶态物质的本质和特性[J]. 物理学进展，2013，33(5)：177-351.

[22] 赵颖. X 射线光电子能谱仪应用于本科实验教学的实践[J]. 实验室研究与探索，2023，42(10)：

211-215.

[23] 郑国经，计子华，余兴. 原子发射光谱分析技术及应用[M]. 北京：化学工业出版社，2010.

[24] 汤志勇，邱海鸥，郑洪涛. 原子发射光谱分析[J]. 分析试验室，2011，30(12)：109-122.

[25] 张素伟，姚雅萱，高慧芳，等. X 射线光电子能谱技术在材料表面分析中的应用[J]. 计量科学与技术，2021，(1)：40-44.

[26] 陈晓锋. 基于分子内电荷转移态荧光和磷光体系的设计与开发[D]. 合肥：中国科学技术大学，2017.

[27] 袁嘉悦，付鹏翔，高松，等. 高频高场电子顺磁共振技术在自旋量子态研究中的应用[J]. 2024，45(3)：144-156.

[28] 庄亚云，曹亚萍. 紫外可见吸收光谱法及其应用[J]. 市场调查信息，2021(11)：167.

[29] 黄凌凌，胡蕊. 样品的常规仪器分析：电位分析法，紫外-可见吸收光谱法[M]. 北京：化学工业出版社，2023.

[30] 董蕾. 紫外-可见光谱在水质分析中的应用[J]. 中小企业管理与科技，2013(6)：239.

[31] 范英芳，李彩云. 稀土离子 4f~(n-1)5d 组态的配位场理论[J]. 大学化学，2011，26(2)：75-79.

[32] 李昌厚. 紫外可见分光光度计及其应用[M]. 北京：化学工业出版社，2010.

[33] 薛云伟. 朗伯-比尔定律和光[J]. 产业与科技论坛，2013，12(13)：106-107.

[34] 刘芳，胡国海. 红外吸收光谱基团频率影响因素的验证[J]. 景德镇高专学报，2010，25(4)：28-30.

[35] 张国岩. 浅谈傅里叶变换红外光谱仪的基本原理及其应用[J]. 中国科技投资，2013，(11)：138.

[36] 霍瑞岗. 朗伯-比尔定律在化学分析中的应用及局限性[J]. 学周刊，2013(33)：14-15.

[37] 黄红英，尹齐和. 傅里叶变换衰减全反射红外光谱法(ATR-FTIR)的原理与应用进展[J]. 中山大学研究生学刊(自然科学与医学版)，2011，32(1)：20-31.

[38] 陈显柳. 锆酸钡光催化还原二氧化碳性能研究[D]. 南京：南京大学，2015.

[39] 夏杰，施强，许绍俊. 激光拉曼光谱气测原理与应用前景[J]. 录井工程，2013，24(2)：1-7+89.

[40] 李悦，郭东升，阮文娟. 光致发光与荧光传感——光化学基本原理的应用[J]. 大学化学，2019，34(4)：45-50.

[41] 李仁富. 中红外荧光光谱仪的改进研究及应用[D]. 福州：福州大学，2017.

[42] 魏光伟，余永鹏，魏文康，等. 化学发光免疫分析技术及其应用研究进展[J]. 动物医学进展，2010，31(3)：97-102.

[43] 王同心. 斯托克斯位移及其在太阳能光伏器件中的应用[D]. 合肥：中国科学技术大学，2013.

[44] 赵园园. 荧光分光光度计光机结构设计[D]. 天津：天津理工大学，2013.

[45] 张帆，胡一帆，胡泽宇. 超强磁场中核磁共振信号与屏蔽效应的理论研究[J]. 波谱学杂志，2010，27(2)：230-237.

[46] 郭霖，丛海林，隋坤艳，等. Gaussian 软件在高分子化学教学中的应用[J]. 高分子通报，2021，(3)：75-81.

[47] 陈焕文，胡斌，张燮. 复杂样品质谱分析技术的原理与应用[J]. 分析化学，2010，38(8)：1069-1088.

[48] 高国伦. 质谱仪电子轰击离子源测控系统研制[D]. 长春：吉林大学，2021.

[49] 赵楠. 气相色谱结合负化学电离源质谱(GC-NCI-MS)法对脂肪酸，有机酸，氨基酸的定量分析[D]. 沈阳：沈阳农业大学，2020.

[50] 姚如娇，庞骏德，景加荣，等. 基于电喷雾电离源质谱仪系统的八电极线性离子阱性能研究[J]. 质谱学报，2022，43(3)：347-356.

[51] 梁琴琴，赵志耘，赵蕴华，等. 基于专利分析的质谱仪质量分析器现状和趋势研究[J]. 现代情报，2015，35(8)：61-65.

[52] 邹盛强，翟利华，林跃武. 磁电双聚焦质量分析系统的研制[J]. 现代应用物理，2018，9(1)：62-67.

[53] 徐福兴. 新型离子阱质量分析器及小型化质谱仪研制[D]. 上海：复旦大学，2013.

[54] 费泽杰，韩昌财，王永天，等. 双反射飞行时间质量分析器高分辨光电子成像谱仪研制(英文)[J]. Chinese Journal of Chemical Physics，2024，37(2)：153-161.

[55] 肖传勇. 麦氏重排在质谱法检测有机磷类农药残留中的运用[J]. 农业与技术，2022，28(14)：171-178.

[56] 王维德. 例说有机分子结构测定的"三谱"[J]. 数理化学习，2015，(10)：37-38.

[57] 刘明仁. 气相色谱—质谱联用技术在环境有机污染物检测中的应用[D]. 济南：济南大学，2010.

[58] 荣晓娇，石磊，丁士明，等. 基于纳米材料的电化学传感器在重金属离子检测中的应用[J]. 南京工业大学学报：自然科学版，2018，40(3)：115-121.

[59] 杨朝霞，娄景媛，李雪菁，等. 锌镍单液流电池发展现状[J]. 储能科学与技术，2020，9(6)：1678-1690.

[60] Yang Y, Zheng G, Cui Y. A MEMBRANE-FREE LITHIUM/POLYSULFIDE SEMI-LIQUID BATTERY for LARGE-SCALE ENERGY STORAGE[J]. Energy & Environmental Science，2013，6(5)：1552-1558.

[61] 吕江维，曲有鹏，田家宇，等. 循环伏安法测定电极电催化活性的实验设计[J]. 实验室研究与探索，2015，34(11)：30-33.

[62] 廖小燕，谢祥林. 基于学习条件的原电池教学策略[J]. 化学教育，2012，33(8)：35-37.

[63] 靳卫. 电解池中电极产物的判断[J]. 化学工程与装备，2013(3)：69-71.

[64] 马文. 工业电导率仪的测量误差分析及校准维护[J]. 工业计量，2017，27(4)：123-125.

[65] 杨渝，李龙，刘红伟，等. 全固态裸露式 Ag/AgCl 参比电极的研制及应用[J]. 化学传感器，2011，31(3)：45-48.

[66] 孔德星. 电化学生物传感器的应用[J]. 广东化工，2015，42(1)：55+74.

[67] 董陶，张军军，杨慧中. 磷酸盐离子选择电极的制作及其性能特性[J]. 自动化仪表，2011，32(9)：60-63.

[68] 佟桂梅，陈凤华. 简述酸度计的原理及应用[J]. 纯碱工业，2010(5)：45-48.

[69] 杨燎原，袁健，杨慎文，等. 用玻璃电极法准确测定溶液中 pH 值的分析路径[J]. 环境科学导刊，2010，29(S1)：94-95.

[70] 王桂林，陶淑芸. 浅谈自动电位滴定技术发展及在常规检测中的应用[J]. 江苏水利，2013（8）：35-36.

[71] 栾日坚，张珂，马明，等. 电位滴定分析方法在地质样品主量元素检测中的应用[J]. 中国无机分析化学，2017，7（1）：22-27.

[72] 秦雯雯，袁松，张晓明，等. 加强电位滴定法实验课程的探讨[J]. 化学教育，2017，38（12）：12-15.

[73] 周婵媛，赵晓娟，杨春婷. 化学修饰电极检测食品中组胺的研究进展[J]. 食品与发酵工业，2018，44（6）：281-286.

[74] 赖瑢，戴宗，罗学军，等. 电分析化学实验教学改革探索与实践——以伏安法实验为例[J]. 大学化学，2016，31（1）：7-10.

[75] 叶俊辉，王森林，黎辉常，等. 二氧化铅/石墨烯电极的制备及其电化学性能[J]. 华侨大学学报：自然科学版，2018，39（6）：872-878.

[76] 李强，黄多辉，曹启龙. 第一性原理研究 Ir 的热力学和弹性性质[J]. 原子与分子物理学报，2013，30（4）：7.

[77] 包启富，董伟霞，周健儿. 镁质强化瓷的研究[J]. 中国陶瓷，2014，3.

[78] 刘亮，吴爱枝，黄云，等. 两类复合无机相变储热材料高温热稳定性和安全性研究[J]. 化工学报，2020，71（S2）：314-320.

[79] 李杰，张瑜，严彪. 几种金属间化合物电学性能的研究进展与展望[J]. 材料导报，2011，25（21）：58-61.

[80] 尚冰涵. 论述电场对带电粒子的作用[J]. 中文信息，2018（1）：198.

[81] 冯硝. 磁性掺杂拓扑绝缘体薄膜中量子反常霍尔效应的实现与研究[D]. 北京：清华大学，2017.

[82] 胡友根. 无机/聚合物杂化导电材料的制备及其性能研究[D]. 深圳：中国科学院大学（中国科学院深圳先进技术研究院），2017.

[83] 李林，单长吉，徐楠. 电磁学发展历史概述[J]. 吉林省教育学院学报（下旬），2011，27（2）：136-137.

[84] 董鹏，孙哲，邹念洋. 国外磁探潜装备现状及发展趋势[J]. 舰船科学技术，2018，40（11）：4.

[85] 王本菊. 霍尔效应及其应用[J]. 中国校外教育：下旬，2011.

[86] 陈志友，石晴，冯其明. 周期式高梯度磁选机磁系磁场的分析与应用[J]. 武汉工程大学学报，2017，39（5）：482-487.

[87] 潘勇，黄进永，胡宁. 可靠性概论[M]. 北京：电子工业出版社，2015.

[88] 胡湘洪，高军，李劲. 可靠性试验[M]. 北京：电子工业出版社，2015.

[89] 罗道军，倪毅强，何亮，等. 电子元器件失效分析的过去、现在和未来[J]. 电子产品可靠性与环境试验，2021，39（S2）：8-15.

[90] 申德玮，刘涛，刘小建. 电子元器件的可靠性测试与评估技术分析[J]. 集成电路应用，2023，40（12）：383-385.

［91］ 王荣. 失效机理分析与对策［M］. 北京：机械工业出版社，2020.

［92］ 李清，陈京生，周洋，等. 一种基于产品全寿命周期的标准体系构建方法［P］. 北京市：CN202210568643，2022-08-12.

［93］ 陈云霞，金毅. 机械产品寿命设计与试验技术［M］. 北京：国防工业出版社，2022.

［94］ 王晓晗，罗宏伟. 电子元器件检验技术（测试部分）［M］. 北京：电子工业出版社，2019.

［95］ 周海滨，陈伟民，夏谷林，等. 谐振在特高压直流输电设备现场特殊试验中的应用［J］. 电力建设，2015，36（2）：110-114.

［96］ 杨军. 一种用于面漆可程式恒温恒湿试验箱［P］. 上海市：CN202222060729，2023-01-17.

［97］ 胡祥. 一种可程式恒温恒湿试验箱［P］. 江苏省：CN201921852477，2020-07-17.

［98］ 徐瑞财，林为宪，蔡学军，等. 应用内循环均衡粮堆温湿度的储粮试验报告［J］. 粮食加工，2015，40（05）：63-65.

［99］ 陈光，姚伟，臧华兵. 目标飞行器温湿度控制循环泵可靠性分析，试验与评估研究［C］. 中国宇航学会，2012.

［100］ 高育欣，程宝军，麻鹏飞，等. 一种墙板温湿度循环模拟试验装置［P］. 四川省：CN202022810454，2021-08-24.

［101］ 黄天飞，俞林琪，包震吉. 液槽式冷热冲击试验箱及其工作方法［P］. 江苏：CN201610543733，2016-10-12.

［102］ 卜宏坤，徐永法，刘立国. 印制电路板热油试验方法与评价［J］. 印制电路信息，2011（1）：64-66.

［103］ 刘立国，高蕊，张永华. PCB可靠性测试评估方法简述［J］. 印制电路信息，2024，32（1）：30-33.

［104］ 赵光平. 热循环试验中结露的产生与预防［J］. 真空与低温，2012，18（4）：241-243.

［105］ 郭沁，张炜琦，郭雨，等. 温湿度对户外设备凝露现象的影响研究［J］. 高压电器，2018，54（8）：60-64.

［106］ Liu H，Cheng X-B，Jin Z，et al. RECENT ADVANCES in UNDERSTANDING DENDRITE GROWTH on ALKALI METAL ANODES［J］. ENERGYCHEM，2019，1（1）：100003.

［107］ Zhong X，Yu S，Chen L，et al. TEST METHODS FOR ELECTROCHEMICAL MIGRATION：A REVIEW［J］. JOURNAl of MATERIALS SCIENCE：MATERIALS IN ELECTRONICS，2017，28（2）：2279-2289.

［108］ GB/T 17215.9311-2017，电测量设备　可信性　第311部分：温度和湿度加速可靠性试验［S］.

［109］ 韦中军. 一种耐水试验箱［P］. 江苏省：CN201910428726，2019-08-13.

［110］ 杜钢，李光茂，朱晨，等. 金属腐蚀速率监测方法——电化学还原法与称重法对比研究［J］. 环境技术，2022，40（4）：187-191.

［111］ 郑志立，周朋坤，梅卓民. 制动装置用防护橡胶材料耐臭氧老化研究［J］. 机车车辆工艺，2021，（3）：44-45+48.

［112］ 刘淑芳，史会平，王鑫，等. 基于UL94垂直燃烧试验的护套材料阻燃性能评定［J］. 光纤与电缆及其应用技术，2022（6）：16-19.

［113］ 黄亚江，叶林，廖霞，等. 复杂条件下高分子材料老化规律、寿命预测与防治研究新进展［J］. 高分

子通报，2017(10)：52-63.

[114] Yu J, Zhou H, Zhang L, et al. MICROSTRUCTURE and PROPERTIES of MODIFIED LAYER on the 65Mn STEEL SURFACE by PULSE DETONATION - PLASMA TECHNOLOGY [J]. JOURNAL of MATERIALS ENGINEERING and PERFORMANCE, 2021, 31(2)：1562-1572.

[115] 傅俊磊，骆群，范志荣. 钢铁表面锌覆盖层显微组织检验技术研究[J]. 现代冶金，2012(2)：19-22.

[116] Luo Q, Chen J, Lu J, et al. FABRICATION and APPLICATION of GRINDING WHEELS with SOFT and HARD COMPOSITE STRUCTURES for SILICON CARBIDE SUBSTRATE PRECISION PROCESSING[J]. Materials，2024，17(9).